Volkmar Herkner, Franz Ferdinand Mersch, Jörg-Peter Pahl
Lernkonzepte zur Instandhaltung

AF783434

TUD*press*

Zum Entstehen des Bandes

Dieses Buch entstand im Rahmen der Modellversuche »Gestaltung von Lern- und Arbeitsumgebungen in der Berufsschule durch instandhaltungsorientierte Konzepte zum selbstgesteuerten und kooperativen Lernen (LASKO Brandenburg/LASKO Thüringen)«.

Der Verbund-Modellversuch wurde durch

- die Bund-Länder-Kommission für Bildungsplanung und Forschungsförderung (BLK),
- das Bundesministerium für Bildung und Forschung (BMBF),
- das Ministerium für Bildung, Jugend und Sport des Landes Brandenburg und
- das Thüringer Kultusministerium

unter den Kennziffern (FKZ) K 5019.00 (Land Brandenburg) und K 5830.00 (Land Thüringen) gefördert.

Wissenschaftliche Begleitung

Technische Universität Dresden, Institut für Berufliche Fachrichtungen:

Prof. Dr. Jörg-Peter Pahl
Dr. Franz Ferdinand Mersch, Vertretungsprofessor
Studiendirektor Jörn Buck
Dipl.-Ing. (FH) Karl-Heinz Slaby

Universität Flensburg, Berufsbildungsinstitut Arbeit und Technik (biat):
Prof. Dr. Volkmar Herkner

Volkmar Herkner
Franz Ferdinand Mersch
Jörg-Peter Pahl

Lernkonzepte zur Instandhaltung

Beispiele und Materialien für den unterrichtspraktischen Gebrauch

TUDpress

Bibliografische Information der Deutschen Nationalbibliothek
Die Deutsche Nationalbibliothek verzeichnet diese Publikation in der Deutschen Nationalbibliografie; detaillierte bibliografische Daten sind im Internet über http://dnb.d-nb.de abrufbar.

Bibliographic information published by the Deutsche Nationalbibliothek
The Deutsche Nationalbibliothek lists this publication in the Deutsche Nationalbibliografie; detailed bibliographic data are available in the Internet at http://dnb.d-nb.de.

ISBN 978-3-941298-34-7
Dieses Werk und auch einzelne seiner Teile sind als Online-Version unter http://www.ebooks.tudpress.de/ downloadbar.

© 2010 TUDpress
Verlag der Wissenschaften GmbH
Bergstr. 70 | D-01069 Dresden
Tel.: 0351/47 96 97 20 | Fax: 0351/47 96 08 19
http://www.tudpress.de

Layout (Innenteil): Kerstin Behnke
Druck und Bindung: Difo-Druck GmbH, Bamberg
Made in Germany.

Alle Rechte vorbehalten. All rights reserved.
Das Werk einschließlich aller seiner Teile ist urheberrechtlich geschützt. Jede Verwertung außerhalb der engen Grenzen des Urhebergesetzes ist ohne Zustimmung des Verlages unzulässig und strafbar. Insbesondere darf kein Teil dieses Werkes ohne vorherige schriftliche Genehmigung des Verlages in irgendeiner Form (unter Verwendung elektronischer Systeme oder als Ausdruck, Fotokopie oder unter Nutzung eines anderen Vervielfältigungsverfahrens) über den persönlichen Gebrauch hinaus verarbeitet, vervielfältigt oder verbreitet werden.
Für alle in diesem Werk verwendeten Warennamen sowie Firmen- und Markenbezeichnungen können Schutzrechte bestehen, auch wenn diese nicht als solche gekennzeichnet sind. Deren Verwendung in diesem Werk berechtigt nicht zu der Annahme, dass diese frei verfügbar seien.

Inhalt

Vorbemerkungen und Hinweise

Nachdem Überlegungen zu einem „Rahmencurriculum Instandhaltung“[1] veröffentlicht und mehrere instandhaltungsorientierte Unterrichtsverfahren[2] entwickelt und vorgelegt worden sind, werden im vorliegenden Band ausgewählte Unterrichtsbeispiele unter curricularen, didaktischen und insbesondere unter methodischen Aspekten vorgestellt. Die auf den Themenbereich „Instandhaltung“ zugeschnittenen Unterrichtsbeispiele sollen dazu beitragen, dass selbstständige und kooperative berufliche Lernen in der gewerblich-technischen Berufsaubildung zu initiieren und zu fördern. Bei den Unterrichtseinheiten handelt es sich im Wesentlichen um Konkretisierungen von instandhaltungsorientierten Unterrichtsverfahren, die durch mehrfache unterrichtspraktische Versuche optimiert und evaluiert worden sind. Dennoch können – wie es jedem Unterrichtspraktiker sofort einsichtig bekannt ist – solche Beispiele nicht im Verhältnis 1:1 auf andere Lernbedingungen und Adressatengruppen übertragen werden. Eine Lehrkraft, die einen derartigen Transfer auf den anstehenden Unterricht versucht, wird enttäuscht werden. Die Beispiele sollen vielmehr Anregungen für Unterrichte zu instandhaltungsrelevanten Themen bieten.[3] Sie müssen aber auf die konkreten Bedingungen der am Unterricht Beteiligten, also insbesondere der Lernenden, aber auch denjenigen der Lehrkräfte sowie der Lern- und Arbeitsumgebung angepasst werden. Eingehalten und übernommen werden sollte jedoch in etwa die Abfolge der Unterrichtsverfahren, wie sie mit den Beispielen aufgeführt ist. Die hier vorgenommene sequentielle Anordnung ist an die prozeduralen Vorgänge und Arbeitsprozesse im Beschäftigungssystem angelehnt und zugleich unter lernpsychologischen Gesichtspunkten vorgenommen worden.

Werden diese Ratschläge berücksichtigt, kann qualitativ hochwertiger Unterricht initiiert werden, der den Lernenden ein großes Maß an Selbsttätigkeit, Selbststeuerung und sogar Selbstorganisation beim Arbeiten und Lernen einräumt. Die hierbei erworbenen Fähigkeiten sind auch für die zukünftige Lebensgestaltung von Bedeutung. Schülerinnen und Schüler werden damit auf

---

[1] PAHL, J.-P./HERKNER, V.: Rahmencurriculum Instandhaltung. Studientexte Berufsbildung, Arbeit und Innovation Band 3. Bielefeld 2007, ISBN 978-3-7639-3407-2

[2] PAHL, J.-P./HERKNER, V: Instandhaltungsorientierte Unterrichtsverfahren – Eine Arbeitsunterlage für den unterrichtspraktischen Gebrauch. Studientexte Berufsbildung, Arbeit und Innovation Band 4. Bielefeld 2007, ISBN 983-3-7639-3406-5

[3] Die hier vorgestellten Unterrichtsbeispiele sind zu großen Teilen von den am Projekt „Gestaltung von Lern- und Arbeitsumgebungen in der Berufsschule durch instandsetzungsorientierte Konzepte zum selbstgesteuerten und kooperativen Lernen (LASKO Brandenburg/LASKO Thüringen)“ beteiligten berufsbildenden Schulen entwickelt und erprobt worden. Sie sind daher von den an den jeweiligen Lernorten vorherrschenden Rahmenbedingungen mitbestimmt. Dieses erklärt z. B. auch den hohen Anteil an Unterrichtsbeispielen mit dem Gegenstand „Tischbohrmaschine“. Für die Veröffentlichung sind mehrere Beispiele sehr stark überarbeitet worden. Daraus resultiert oftmals ein Kompromiss zwischen „idealen“ Unterrichtsbeispielen und unterrichtlicher Realität auch bei Modellversuchen.

selbstständiges und kooperatives Arbeiten im Beschäftigungssystem mit seinen Arbeitsprozessen im Bereich der Instandhaltung vorbereitet.

Um das selbstständige Lernen und Arbeiten der Schülerinnen und Schüler nicht unnötig durch ein Zeitdiktat in Form von Richtwerten oder sogar Vorgaben zu stören, wird in den Handlungsabläufen der skizzierten Unterrichtsbeispiele auf Zeitangaben verzichtet. Bekannt und von Lehrkräften zu berücksichtigen ist, dass Lernen viel Zeit benötigt. Zu dieser Tatsache treten zwei Aspekte hinzu, mit denen Fragen nach der zur Verfügung stehenden Zeit noch verschärft werden: Erstens ist der Zeitbedarf je nach Voraussetzungen individuell unterschiedlich groß. Nicht alle Schülerinnen und Schüler erreichen einen Kompetenzzuwachs in der gleichen Zeit, wobei sich dieses Problem als noch komplexer erweist, wenn man bedenkt, dass sich die Unterschiede je Lerntyp – mit beispielsweise eher kognitiver oder eher instrumenteller Herangehensweise – und auch noch je nach Unterrichtsbeispiel verändern können. Zweitens – so die Erfahrungen – benötigen selbstgesteuerte Lernprozesse zumindest am Beginn häufig weit mehr Zeit als fremdgesteuerte. Die Botschaft lautet daher, den Unterricht auf die Voraussetzungen der Schülerinnen und Schüler abzustellen und dabei nicht zuletzt deren individuelles Voranschreiten zu berücksichtigen. Deshalb sind Möglichkeiten der Binnendifferenzierung zu nutzen. Den Lernenden ist genügend Zeit zu geben, ohne dabei die Handlungsphasen zu überdehnen. Ein auf solche Weise gestalteter Unterricht verspricht, durch seine Handlungsbezüge und die hohen Anteile an Selbststeuerung sowie kooperativem Lernen die Motivation sowohl der Lernenden als auch der Lehrenden deutlich zu steigern.

Die Verfasser hoffen darauf, dass dieses Buch in der intendierten Weise verwendet und von den mit beruflichem Lernen im Bereich der Instandhaltung Befassten angenommen wird.

Volkmar Herkner, Franz Ferdinand Mersch, Jörg-Peter Pahl

Flensburg, Berlin, Dresden im Herbst 2009

A Instandhaltung im Überblick – Einführende Unterrichtsbeispiele

Am Beginn eines größeren Lernvorhabens zur Instandhaltung sollten Überblick gebende Betrachtungen stehen, mit Hilfe derer die Schülerinnen und Schüler einen ersten Themenaufriss erhalten. Um an die vorhandenen betrieblichen bzw. beruflichen sowie lebensweltlichen Erfahrungen anzuknüpfen, bieten sich hierzu eine Betriebsbesichtigung, ein Planungsspiel, eine Funktionsanalyse und eine Messerallye besonders an.

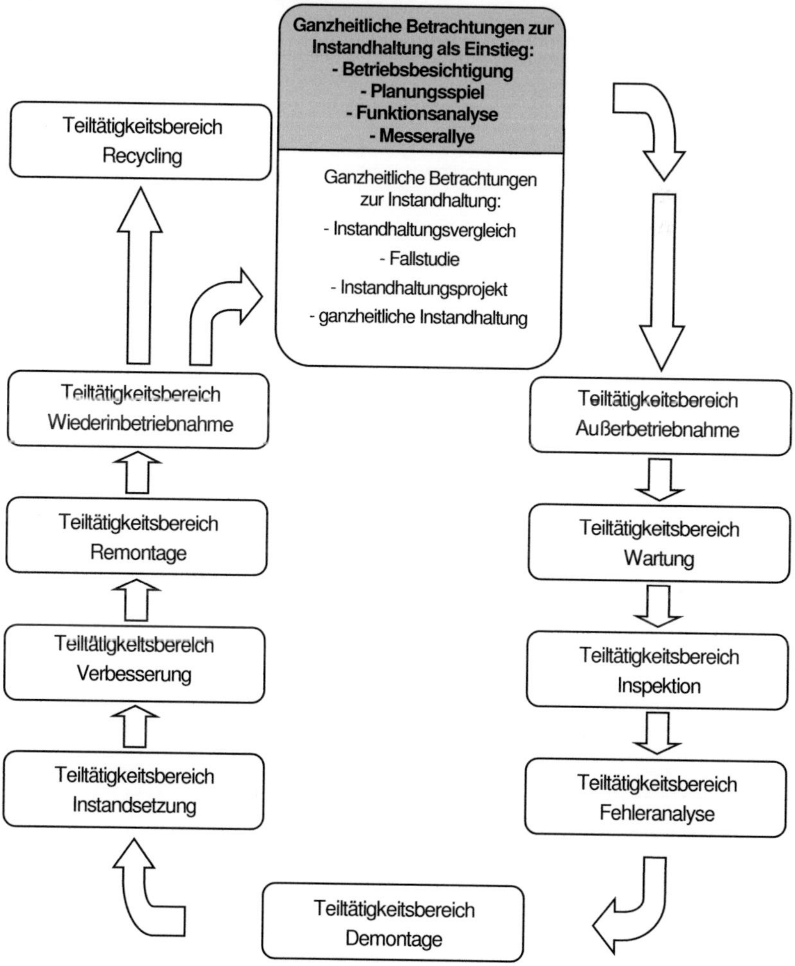

Abb.: Einführende Unterrichtsbeispiele in einer möglichen Makrostrukturierung des Tätigkeits- bzw. Themenbereiches „Instandhaltung“

Unterrichtsbeispiel 1: Betriebsbesichtigung unter dem Aspekt „Instandhaltung“[4]

Unterrichtsverfahren: Betriebsbesichtigung mit Aspekterkundung

Thematische Aspekte

Als „Betriebsbesichtigung unter dem Erkundungsaspekt der Instandhaltung“ kann ein Unterrichtsverfahren bezeichnet werden, bei dem es um den bewusst gestalteten Prozess der Informationserarbeitung geht, zu dessen besonderen Kennzeichen geplante, zielgerichtete, strukturierte und kontrollierte Verfahren der Informationsvermittlung sowie -verwertung gehören. Kernbestandteil ist dabei die Erkundung außerhalb des gewohnten Unterrichtsraumes in einem Betrieb. Hierzu wird ein weites Verständnis des Begriffes „Betrieb“ vorausgesetzt, da z. B. auch eine Universität, ein wissenschaftliches Forschungsinstitut oder eine staatliche Behörde der Zielort sein und unter dem Begriff „Betrieb“ subsumiert werden kann. Die Erkundungsinhalte sind in den Erkenntniszusammenhang zu integrieren, der mit den zu vermittelnden Zielen und dem Lernvorhaben angestrebt wird. Durch die Betriebsbesichtigung mit Erkundungsaspekt sollen Nachteile bzw. Defizite der von ihr zu unterscheidenden allgemeinen Betriebsbesichtigung vermieden werden, die in aller Regel und fälschlicherweise gerade nicht in einen unterrichtlichen Zusammenhang eingebettet ist, sondern eher als eine zufällige Einzelmaßnahme (Ausflug, „pädagogische Touristik“), ohne inhaltliche Vor- und Nachbereitung, praktiziert wird. Mit einer Betriebsbesichtigung unter dem Erkundungsaspekt „Instandhaltung“ wird es möglich, auf dem Weg durch den Betrieb vielfältige Bezüge zur Instandhaltung und deren Zusammenhänge mit anderen Aspekten wie beispielsweise dem Umweltschutz herzustellen. Falls ein Betrieb eine spezielle Instandhaltungsabteilung betreibt oder Facharbeiter mit der fachlichen Spezialisierung auf Instandhaltung unterhält, bieten sich hier besonders geeignete Stationen der Besichtigung an.

Die Betriebsbesichtigung mit Erkundungsaspekt „Instandhaltung“ als Unterrichtsverfahren, wird in der Regel durchgeführt

- von allen Lernenden einer größeren Gruppe während der Zeit des Unterrichts,
- im Rahmen einer mehrstündigen Exkursion,
- in einem Betrieb, umrahmt von Vor- und Nachbereitung am Lernort „Schule“,
- unter dem spezifischen Inhaltsschwerpunkt „Instandhaltung“.

[4] Dieses Unterrichtsvorhaben wurde im Wesentlichen von Katharina Trautmann-Blasius und anderen Lehrkräften des Oberstufenzentrums Elbe-Elster (OSZ EE) Elsterwerda entwickelt und erprobt.

Die Erkundung innerhalb des Betriebes oder einzelner Abteilungen und Arbeitsplätze erfolgt dabei nach didaktischen Kriterien. Dabei bilden Vorbereitung, Durchführung und Auswertung eine didaktische Einheit.

Lern- und Arbeitsumgebung während der Besichtigung ist der Betrieb. Er stellt im Kern eine Arbeitsumgebung dar. Wenn schon während der Besichtigung gelernt wird, lässt sich diese Umgebung auch als Lernumgebung deuten. Dazu tragen im Speziellen die Beobachtungsaufgaben für den Erkundungsaspekt bei. Der Gang durch einen Industriebetrieb ist für Schülerinnen und Schüler technischer Berufe grundsätzlich interessant. Hier können die Lernenden ihre späteren potentiellen Einsatzfelder sehen und ihre zukünftigen Facharbeiterkollegen bei der Arbeit beobachten. Mit einer Betriebsbesichtigung unter dem Aspekt „Instandhaltung" können daher nicht nur bestimmte Lerninhalte vermittelt werden, die im Zuge der Unterrichtsmaßnahmen von der Lehrkraft didaktisch entwickelt worden sind. Vor allem bietet sie den Schülerinnen und Schülern realen Kontakt zur künftigen Arbeitsumgebung, wodurch eine enge Verzahnung von beruflichem Unterricht und betrieblichem Arbeitsplatz hergestellt werden kann.

Lernvoraussetzungen

Es wird nicht schwierig und kaum notwendig sein, die Lernenden für einen Blick in die betriebliche Praxis zu motivieren. Hier lässt sich anknüpfen, um tiefer greifende Ziele anzustreben. Über fachlichen Wissenszuwachs hinaus können durch die Betriebsbesichtigung mit Erkundungsaspekt „Instandhaltung" auch personale Kompetenzen gefördert werden. Besonders bei einer Einzelerkundung ist der Lernende zu Selbstständigkeit und kommunikativem Handeln aufgerufen, damit zum Abschluss der Besichtigung ein sorgfältig bearbeiteter Erkundungsbogen präsentiert werden kann. Darüber hinaus wird nicht nur die Kooperation und Kommunikation in der Gruppe sowie in der Klasse gefordert, sondern zum Teil auch mit den Mitarbeitern des zu besichtigenden Betriebes.
Die Lernenden sollten in der Lage sein, eine sowohl fachlich als auch methodisch sehr anspruchsvolle Planung der Fragen vornehmen zu können, mit denen der spezielle Erkundungsaspekt „Instandhaltung" erfasst und durchdrungen werden kann.

Unterrichtsziele und angestrebter Kompetenzzuwachs

Betriebsbesichtigungen im Rahmen beruflichen Lernens zielen auch unter dem Erkundungsaspekt „Instandhaltung" im Wesentlichen auf den selbstbestimmten Umgang mit Informationen ab, über die in kooperativer Form ein komplexer Bereich realer Arbeits- und Lebensumwelt erschlossen werden soll.

- In der Unterrichtseinheit sollen die Lernenden:
- Beobachtungskriterien für den Erkundungsschwerpunkt „Instandhaltung“ entwickeln und begründen,
- kooperative Entscheidungen zu den Zielen und zur Lernorganisation treffen,
- theoretisch erlerntes Wissen in einen Praxiszusammenhang stellen,
- bestehende und innovative Instandhaltungstechnologien kennen lernen,
- Formen der Instandhaltungsorganisation und -strategien erkunden sowie
- ihr arbeits- und fertigungsbezogenes Wissen erweitern und anwenden.

Didaktisch-methodische Struktur

Die didaktische Relevanz des Verfahrens liegt vor allem in der Realbegegnung mit betrieblicher Instandhaltungstechnik und -arbeit. Zu den Grundvoraussetzungen für Facharbeit gehört die praktische Anwendung theoretisch erlernten Wissens. Jedoch ist die Vermittlung von Inhalten zum Themenkomplex „Instandhaltung“ in berufsbildenden Schulen oftmals theoretisch. Sie führt erst in Zusammenarbeit mit dem Dualpartner dazu, das theoretische Wissen im betrieblichen Geschehen zu prüfen.
Während die allgemeine Betriebsbesichtigung meist keine Vorbereitung von Seiten der Lernenden vorsieht und eine eher allgemeine Zielsetzung enthält, richtet sich die Betriebsbesichtigung mit dem Erkundungsaspekt „Instandhaltung“ vertieft auf die Arbeits- und Sachgebietsaspekte „Instandhaltung“ und – wenn nicht explizit, so doch auch en passant – auf den „Arbeits- und Umweltschutz“.

Handlungsablauf

Im Folgenden ist ein möglicher Ablauf der Unterrichtseinheit in tabellarischer Form dargestellt.

Unterrichtsbeispiel 1: Betriebsbesichtigung unter dem Aspekt „Instandhaltung“					
Nr.	**Lern-phase**	**Handlungsablauf**	**Aktions- und Sozial-form**	**Medien und didaktische Materialien**	**Didaktische Hinweise**
1	Motivation	Es soll eine Betriebsbesichtigung unter dem Aspekt „Instandhaltung“ durchgeführt werden. Die Schülerinnen und Schüler beraten sich anhand der Aufgabenstellung (Arbeitsblatt 1) über die geplante Betriebsbesichtigung. Es werden mögliche Vorkenntnisse vorgetragen. Sind Lernende aus dem zu besichtigenden Betrieb in der Klasse, stellen diese ihn kurz vor. Sollte dies nicht der Fall sein, bekommen die Lernenden die Aufgabe, sich z. B. im Internet über das Unternehmen zu informieren.	Lehrervortrag Partnerarbeit Unterrichtsgespräch	Internet, Info-Mappen des Betriebes, Arbeitsblatt 1	Die Lernenden erhalten Möglichkeiten der Vorinformation.
2	Einstieg	Die Lernenden erhalten ein Portfolio des Unternehmens. Sie informieren sich über die unterschiedlichen Bereiche des Betriebes und deren technische Ausstattungen (Maschinen usw.). Sie bilden verschiedene Beobachtungsgruppen und entwickeln ein Arbeitsblatt zur Information über betriebliche Instandhaltungsprozesse (Arbeitsblatt 2).	Partnerarbeit Gruppenarbeit	Arbeitsmittel aus dem Betrieb Arbeitsblatt 2	
3	Erarbeitung	Auf Grundlage des Fragenkataloges stellen die Schülerinnen und Schüler einen Erkundungsbogen zusammen. Dieser sollte strukturiert und so vorbereitet sein, dass im Betrieb nur kurze schriftliche Ergänzungen erforderlich sind.	Gruppenarbeit	Erkundungsbogen	Bei leistungsstärkeren Klassen kann der Erkundungsbogen selbstständig erstellt werden, bei leistungsschwächeren empfiehlt sich eine Maske (Erkundungsbogen).

4	Kontrolle	Die einzelnen Gruppen stellen ihre Erkundungsbögen vor und zur Diskussion. Dabei ist es möglich, dass Betriebsangehörige gleich auf bestimmte Vorgänge, Abteilungen usw. im Betrieb eingehen.	Unterrichtsgespräch	Erkundungsbogen	
5	Information	Die Lernenden werden durch ein Betriebsmitglied empfangen und über das geforderte Verhalten auf dem Betriebsgelände belehrt. Sie erhalten die Möglichkeit, Fragen zu stellen.	Vortrag durch ein Betriebsmitglied		Dieses Betriebsmitglied kann entweder ein Lernender der Klasse, der Parallelklasse oder ein Mitarbeiter des Unternehmens sein.
6	Durchführung	Die Klasse wird durch den Betrieb geführt. Die Lernenden informieren sich anhand ihres Erkundungsbogens. Sie fertigen eventuell Skizzen an, vermerken Besonderheiten wie beispielsweise Ölsorten u. Ä. Wenn die Möglichkeit besteht, treten sie mit den Maschinenverantwortlichen in Kontakt, um Arbeitsgänge, Zeitrhythmen usw. zu erfragen.	Gruppenarbeit	Erkundungsbogen	Bei leistungsstärkeren Klassen kann der Erkundungsbogen selbstständig erstellt werden. Bei leistungsschwächeren Klassen empfiehlt sich eine Maske (siehe Anlage Erkundungsbogen).
7	Auswertung	Die einzelnen Gruppen besprechen in einem separaten Raum die erhaltenen Informationen bzw. Ergebnisse. Sie ordnen diese eventuell neu, beraten über angefertigte Skizzen, ändern, prüfen und bereiten einen kleinen Vortrag für den Rest der Klasse vor. Dabei können sie Unterstützung von der Lehrkraft und dem Betriebsangehörigen anfordern.	Gruppenarbeit	Erkundungsbogen Betriebsunterlagen	

8	Information	Die einzelnen Teilgruppen stellen ihre Beobachtungsergebnisse vor. Dabei versuchen sie, allgemein gültige Aussagen für ähnliche Maschinen oder Maschinen ihres Betriebes herzuleiten. Sie stellen die grundsätzlichen Vorgehensweisen der beobachteten Abteilung vor und versuchen, diese zu verallgemeinern. Dabei überlegen sie auch Vor- und Nachteile dieses Vorgehens.	Referat	Folie, PowerPoint	Die Lernenden erhalten unterschiedliche Möglichkeiten der Vorinformation.
9	Durchführung	Zusammenfassend werden die Lernenden aufgefordert, ein übergeordnetes Merkmal zu finden (Planung, Pläne usw.). Sie besprechen ihre Ansätze und stellen Verbesserungsmöglichkeiten zur Diskussion.	Plenum		Die Lernenden wissen, dass eine qualifizierte Planung wichtig für die Instandhaltung ist und kennen verschiedene Vorgehensweisen der Instandhaltung.

Didaktische Materialien

Arbeitsblatt 1:
Betriebsbesichtigung unter dem Aspekt „Instandhaltung“

Name: .... Klasse: .... Datum: ....

Ausgangssituation:

Die Haupttätigkeitsfelder des Berufes „Industriemechaniker/-in – Fachrichtung Betriebstechnik“ sind das Inspizieren und Warten von Maschinen und Anlagen. Dabei geht es vor allem um die Sicherung der Funktionsfähigkeit und um die Einhaltung optimaler Betriebswerte. Weiterhin gehören das Wiederherstellen oder Verbessern der Funktionsfähigkeit und die damit verbundenen Fertigkeiten zur Instandsetzung und Modernisierung sowie das Recyceln und Entsorgen ausgetauschter Bauteile, Baugruppen und Hilfsstoffe zu den Arbeitsbereichen.

Lern- und Arbeitsaufgabe:

Erkunden Sie bitte in Ihrem Ausbildungsbetrieb Instandhaltungstätigkeiten, bei denen Sie der Meinung sind, dass dadurch auch ein Beitrag zur Einhaltung umweltschutztechnischer Richtlinien geleistet wird! Ordnen Sie ihre Ergebnisse in die Tabelle auf dem Arbeitsblatt 2 ein!

Notizen:

Arbeitsblatt 2:
Betriebsbesichtigung unter dem Aspekt „Instandhaltung“

Name: ....Klasse: ....Datum: ....

Betrieb: ....

Besichtigter Bereich: ....

Betriebliche Instandhaltungsmaßnahmen

Beschreibung des Instandhaltungsfalles	Zielstellung/ Zuordnung zum Instandhaltungsbereich	einzuhaltende Umweltschutzvorgaben	Bemerkungen

Lösungsvorschlag zu Arbeitsblatt 2:
Betriebsbesichtigung unter dem Aspekt „Instandhaltung“

Name: .... Klasse: .... Datum: ....

Betrieb: *Musterunternehmen GmbH*
Besichtigter Bereich: *Produktionsabteilung*

Betriebliche Instandhaltungsmaßnahmen

Beschreibung des Instandhaltungsfalles	Zielstellung/ Zuordnung zum Instandhaltungsbereich	einzuhaltende Umweltschutzvorgaben	Bemerkungen
Ölwechsel an Arbeitsmaschinen	*Wartung (Aufrechterhalten der vollen Funktion des Öles als Schmiermittel)*	*Das Altöl muss fachgerecht in speziellen Behältern entsorgt werden.*	*Das neue Öl muss den Vorgaben des Maschinenherstellers entsprechen. Auf die Bedienungsanleitung ist zu achten.*
Überprüfen und ggf. Nachstellen von Arbeitsdrücken an Kraftmaschinen	*Wartung (Nachstellen technischer Parameter, um volle Funktionsfähigkeit und Lebensdauer aufrechtzuerhalten)*	*Zu geringer Druck kann in Reifen z. B. zu einem erhöhten Abrieb und damit zu verstärkter Feinstaubbelastung führen.*	*Zu hoher Druck ist ebenfalls zu vermeiden, weil z. B. die Werkstoffe dauerhaft zu stark belastet werden und damit vorzeitig verschleißen.*
Kontrolle der Flüssigkeitsleitungen auf Leckage	*Inspektion (Sichtprüfung zur Vermeidung von Flüssigkeitsverlusten und damit Umweltverschmutzungen)*	*Chemisch bedenkliche Substanzen dürfen nicht unkontrolliert aus dem technischen System austreten.*	*Bei festgestellten Leckagen müssen Maßnahmen der Instandsetzung und ggf. der Verbesserung getroffen werden.*
Austauschen eines defekten Sensors an einem Transportband	*Instandsetzung (Wiederherstellen der vollen Funktionsfähigkeit des Transportbandes)*	*Der ausgetauschte Sensor darf nicht unsortiert im Abfallbehälter landen, sondern sollte separat (z. B. an den Hersteller) zurückgegeben werden.*	*Wird der Fehler nicht behoben, kommt es zu einem Stau zugeführter Bauteile. Dieser wiederum sorgt für unkontrollierte Bewegungen und damit Chaos.*
Prüfen der Riemenspannung im Getriebe	*Wartung (Aufrechterhalten der vollen Funktion des Getriebes)*	*Bei zu geringer Riemenspannung verringert sich der Wirkungsgrad (Energiebilanz).*	*Riemen muss mit dem Finger leicht einzudrücken sein (ca. 1 cm).*

Erkundungsbogen für eine Betriebsbesichtigung	
Name: .... Klasse: .... Datum:	
Gruppenmitglieder	
Betrieb	
Abteilung	
Ansprechpartner	
Anlage/Maschine	
vorhandene Unterlagen	
Information	

Reflexion der Unterrichtseinheit

In der Gesamtreflexion einer Betriebsbesichtigung mit Aspekterkundung ist einigen grundsätzlichen Fragestellungen nachzugehen, um dieses Lernverfahren am jeweiligen Lernort weiter zu etablieren, wie z. B.:

- Konnte u. a. über eine umfassende Vorbereitung die enge Zusammenarbeit von Lehrkräften, Lernenden und Betriebsvertretern sichergestellt werden?
- Konnten die Lernenden Aufgaben des selbstständigen Erkundens – also das Formulieren von Fragen, das Sammeln, Fixieren und Strukturieren von Beobachtungen und Informationen sowie das angemessene Darstellen der ermittelten Ergebnisse – erfüllen, oder sind diese Tätigkeiten zukünftig zu wiederholen und gegebenenfalls weiter zu vertiefen?

Vor einer Überschätzung des von einer Erkundung ausgehenden engen fachlich-inhaltlichen Lernerfolgs ist dennoch zu warnen. Es geht bei der Betriebsbesichtigung mit Aspekterkundung auch um fächerübergreifende Kompetenzen. Gerade schul- und ausbildungsorganisatorische Faktoren (z. B. Zeitmangel bei der Vorbereitung und Durchführung einer Aspekterkundung) sowie betriebsinterne Gründe (z. B. das Problem der Selbstdarstellung von Betrieb und Befragten), aber auch in der Unterrichtsform selbst begründete Schwächen (z. B. die ausschnitthaften, vor dem Hintergrund der Komplexität von Betriebsvorgängen häufig oberflächlichen Wahrnehmungen der Lernenden) können dazu beitragen, den Lernerfolg zu mindern.
Diese Probleme lassen sich durch ein gezielteres Vorbereiten und ein Eingrenzen der Untersuchungsgegenstände, durch begleitendes Lernen in der gewohnten Bildungsstätte und vor allem durch die Berücksichtigung der kognitiven und motivationalen Voraussetzungen der Lernenden mindern.

Unterrichtsbeispiel 2: Planungsspiel zur Havarie an einer CNC-Maschine im Zerspanungszentrum

Unterrichtsverfahren: Planungsspiel

Thematische Aspekte

Das Planungsspiel kann als eine Variante des Planspiels angesehen werden. Es übernimmt den Spielcharakter des Planspiels, erweitert es aber um elementare berufliche und auch gewerblich-technische Aspekte. Dabei geht es um „Planung" in einem weiteren Sinne, also um das Antizipieren, das gedankliche Vorwegnehmen von Arbeitssituationen und Arbeitsabfolgen. Es ermöglicht, Tätigkeiten der Planung und des Spielens in einem beruflichen Kontext zu vereinen – auch um dabei gegenseitige Abhängigkeiten von Aspekten und Bedingungen aus Technik, Arbeit und Bildung bestimmter Themengebiete in der Instandhaltung zu veranschaulichen. Hierzu wird eine der Arbeits- oder Beschäftigungswirklichkeit entnommene Konfliktsituation modellhaft simuliert. Das Planungsspiel führt über das enge Fachliche hinaus und ist fächer- bzw. inhaltsübergreifend angelegt.

Eine thematische Erweiterung kann das Planungsspiel beim kooperativen Instandhaltungslernen erfahren. Hier sind Planungsvorgänge und Entscheidungen mehrerer Partner gegeneinander abzuwägen, und die Beteiligten müssen auf diskursivem Weg zu einer von allen Akteuren vertretbaren Lösung finden. Dabei spielen Meinungsbildungsprozesse eine große Rolle, bei denen die eigene Meinung in konflikthaltigen Situationen von der wahrgenommenen Mehrheitsmeinung beeinflusst und dadurch gegebenenfalls geändert wird. Auch in der beruflichen Arbeitswelt und in der Instandhaltung sind solche Situationen – gerade in Gruppen- oder so genannter Teamarbeit – oft anzutreffen. An ihnen wird deutlich, wie wichtig Kommunikation, einschließlich Rhetorik, Gesprächstaktik und Überzeugungskraft, für das Durchsetzen einer unter fachlichen Aspekten zu begrüßenden Entscheidung ist.

Das im Folgenden vorgestellte Lernkonzept ist ein aus einer instandhaltungsbezogenen Konfliktsituation berufsdidaktisch entwickeltes Unterrichtsspiel. Es ist in seiner Ursprungsform in der einschlägigen Literatur sowohl in der Allgemein- als auch in der Berufsbildung unter Bezeichnungen wie „Weltraum-Spiel", „Seenot-Spiel" oder auch als „NASA-Spiel" bekannt geworden.

Bei dem hier vorgestellten Planungsspiel geht es um eine Gruppe von drei Industriemechanikern, die sich in Ihrem Betrieb auf die Wartung und Instandsetzung von Werkzeugmaschinen spezialisiert hat. Die Mechaniker sind gerade dabei, Ihren Werkstattwagen neu einzuräumen, als sie zum Crash einer CNC-Maschine gerufen werden. Da nur wenig Zeit bleibt, können sie lediglich die für die Instandsetzung voraussichtlich wichtigsten Gegenstände mitnehmen. Sie müssen sich entscheiden.

Lernvoraussetzungen

Für das Planungsspiel sind die instandhaltungsbezogenen, fachlich-inhaltlichen Voraussetzungen im vorliegenden Fall vergleichsweise niedrig. Es ist nur grundlegendes Instandhaltungswissen erforderlich. Die wesentliche Voraussetzung ist für die Lernenden ein hohes Maß an Engagement und Konzentration. Sie haben strategische und kommunikative Kompetenzen einzubringen und Entscheidungen in einem durch den Fortgang des Spielgeschehens vorgegebenen Zeitraum zu fällen. Bedingung für das Gelingen ist grundlegendes Verständnis im Bereich der Instandhaltung und die Fähigkeit des gedanklichen „Durchspielens“ möglicher Vorgehensvarianten bei der Fehlersuche bzw. Fehlerbehebung. So kann das Planungsspiel für berufliches Lernen im Instandhaltungsbereich schon recht früh eingesetzt werden.

Unterrichtsziele und angestrebter Kompetenzzuwachs

Übergeordnetes Unterrichtsziel ist die Erfahrung, dass Aufgabenstellungen und Konfliktsituationen in der Arbeitswelt und insbesondere im Bereich der Instandhaltung üblicherweise selbstständig zu bearbeiten sind, aber sich bevorzugt gemeinsam lösen lassen. Dabei können die Lernenden

- ein Problembewusstsein für instandhaltungstechnische, arbeitsorganisatorische und soziale Zusammenhänge der Arbeitswelt entwickeln,
- erkennen, dass nur das benötigte Set an Werkzeugen bereitgestellt und eine möglichst genaue Auswahl der Arbeitsmittel für einen konkreten Instandhaltungsfall außerhalb der Werkstatt vorgenommen werden sollte,
- bei den zum Montageort mitzunehmenden Instandhaltungswerkzeugen und Arbeitsmitteln zwischen einem „soviel wie nötig“ und einem „so wenig wie möglich“ entscheiden,
- sich Konfliktsituationen in der Instandhaltung stellen sowie Strategien für deren Lösung entwerfen und umsetzen,
- ein Instandhaltungsproblem aus einer multiperspektivischen Sichtweise beurteilen lernen,
- ihre Kooperationsfähigkeit üben und testen,
- ihre Entscheidungsfähigkeit und -bereitschaft als Grundlage der Selbstbestimmung steigern sowie

- erfahren, dass Gruppen häufig bessere Ergebnisse erzielen können als Einzelpersonen, sich aber manche Lernende gegebenenfalls durch das Gruppenergebnis auch verschlechtern können.

Didaktisch-methodische Struktur

Das Planungsspiel lässt sich in seine Hauptphasen „Einstieg", „Hauptteil" und „Schluss" einteilen. Diese Grobstruktur kann in insgesamt sieben Handlungsschritte untergliedert werden.
Diese sind
1) Motivation und Einstieg
2) Spielhandlung (1)
3) Gruppeneinteilung
4) Spielhandlung (2)
5) Auswertung (1 und 2)
6) Evaluation
7) Anwendung und Transfer

Ein wesentliches Kennzeichen des Unterrichtsvorhabens ist die im methodischen Konzept angelegte Änderung der Sozialform. So folgt auf eine erste Spielhandlung, die in Einzelarbeit durchgeführt wird, eine zweite, bei der zwingend in Partner- oder Gruppenarbeit vorgegangen werden muss. Gegebenenfalls kann sich eine dritte Spielhandlung anschließen, bei der in noch größeren Gruppen oder im Klassenverband gehandelt wird. Entsprechend spiegelt sich dieser Wechsel der Sozialformen auch in der Auswertung wider. Nach einer Auswertung, die jeder Einzelne für sich durchführen muss, ist ein abgestimmtes Vorgehen in der Gruppe notwendig. Schließlich sollte auch eine Auswertung im Rahmen der gesamten Klasse erfolgen. Hierbei kann sich eine Wettbewerbssituation ergeben, wobei ermittelt werden kann, welche Gruppe sowie welcher Lernende die besten Ergebnisse erzielten, aber auch wer die größten Verbesserungen durch Gruppenarbeit hatte bzw. wer Verschlechterungen hinnehmen musste.

Handlungsablauf

Der Handlungsablauf kann mit seiner Struktur und Inhaltlichkeit genauer beschrieben werden.

Unterrichtsbeispiel 2: Havarie an einer CNC-Maschine im Zerspanungszentrum					
Nr.	Lern-phase	Handlungsablauf	Aktions- und Sozial-form	Medien und didaktische Materialien	Didaktische Hinweise
1	Einstieg und Motivation	Es wird der Fall geschildert: Eine Gruppe von drei Industriemechanikern, die sich in Ihrem Betrieb auf die Wartung, Inspektion und Instandsetzung von Werkzeugmaschinen spezialisiert haben, ist gerade dabei, ihren Werkstattwagen neu einzuräumen, als sie zum Crash einer CNC-Maschine gerufen wird. Da nur wenig Zeit bleibt, kann sie nur die für die Instandsetzung voraussichtlich wichtigsten Gegenstände mitnehmen. Die Lernenden äußern sich spontan. Danach wird im Unterricht über die Situation diskutiert.	Mediengestützter Vortrag Lehrer-Schüler-Gespräch	Arbeitsblatt 1 als OHP-Folie bzw. Beamer-Projektion	Die Lernenden werden mit der Problemstellung konfrontiert und entwickeln eine intrinsische Motivation, die Aufgabe zu lösen.

2	Spiel-handlung (1)	Alle Lernenden erhalten Arbeitsblattblatt 1, um sich mit dem Planungsspiel vertraut zu machen. In der dann folgenden „ersten Spielrunde“ legen die Lernenden auf dem Arbeitsblatt 2 (Spalte 1) die Reihenfolge unter dem Kriterium der Wichtigkeit und Wahrscheinlichkeit des Einsatzes der Werkzeuge, Geräte und Hilfsmittel für die Instandsetzung fest.	Einzel-arbeit	Arbeits-blatt 1 Arbeits-blatt 2	Das Spiel „lebt“ vom Spannungsverhältnis zwischen Einzel- und Gruppenentscheidung. Für diese erste Phase stehen 15 Minuten zur Verfügung. Die Lehrkraft gibt – falls nötig – Hilfestellung bei der Auslegung des Arbeitsblattes. Sie sollte streng darauf achten, dass einzeln gearbeitet und die Zeit eingehalten wird. Rückfragen der Lernenden (z. B. „Wen kann man denn mit dem Handy anrufen?“) bleiben unbeantwortet. Den Lernenden sollte der Tipp gegeben werden, zunächst mit dem Bleistift zu arbeiten. Danach sollte die Lehrkraft darauf drängen, die endgültige Festlegung mit einem radierfesten Stift nachzuzeichnen.
3	Gruppen-einteilung	Es werden Gruppen entsprechend der Ausgangssituation gebildet. Vor der Gruppenarbeit wird noch einmal an die Kommunikationsregeln (vgl. Arbeitsblatt 3) erinnert.	Gruppen-findung	Arbeits-blatt 3	Die Gruppenfindung sollte möglichst durch die Lernenden selbst erfolgen.

4	Spiel-handlung (2)	In der „zweiten Spielrunde“ legen alle Gruppenmitglieder ihre persönlichen Entscheidungen offen und diskutieren eine von allen gemeinsam tragbare Rangfolge. Diese wird auf Arbeitsblatt 2 (Spalte 3) festgehalten.	Gruppen-arbeit	Arbeits-blatt 2	Sinnvoll ist es, wenn jede Gruppe das Arbeitsblatt 2 noch einmal erhält, um sich dort – zunächst durch Eintragungen mit dem Bleistift – auf das Ergebnis zu verständigen. Ist ein Gruppenergebnis erzielt, übertragen es alle Mitglieder auf ihr eigenes Arbeitsblatt. Diese 30-minütige Phase der diskursiven Einigung aller Teilnehmer besitzt hohen Erkenntniswert.
5	Auswer-tung (1)	Zunächst übernehmen die Lernenden die Expertenlösung, indem sie diese in Spalte 5 des Arbeitsblattes eintragen. Danach füllen sie den Tabellenkopf von Arbeitsblatt 2 aus. Die Vorgaben kommen dazu von der Lehrkraft. Die Gruppen werten anschließend ihre Ergebnisse anhand weiterer Arbeitsblätter aus. Dazu stellen sie ihre persönlichen Ergebnisse (Spalte 2) sowie die Gruppenergebnisse (Spalte 4) einer verbindlichen Expertenlösung des Instandsetzungsproblems (Spalte 5) gegenüber, indem die entsprechenden Differenzen gebildet werden.	Einzel-arbeit	Experten-lösung, Arbeits-blatt 2	Der Tabellenkopf sollte wie folgt vervollständigt werden: Spalte 2: Einzellösung Spalte 3: Differenz Experten- zur Einzellösung Spalte 4: Gruppenlösung Spalte 5: Differenz Experten- zur Gruppenlösung Spalte 6: Expertenlösung Es muss darauf hingewiesen werden, dass von den Differenzbildungen nur die Beträge, also positive Zahlen, eingetragen werden. Zudem sollte gesagt werden, dass den Spalten 2 und 4 die Summen zu bilden und in das Arbeitsblatt einzutragen sind.

	Auswertung (2)	Nach Austeilen des Arbeitsblattes 4/1 werden auch die Ergebnisse der Gruppen untereinander verglichen.	Gruppenarbeit und Plenum	Arbeitsblatt 4/1	Die Lernenden erfahren, dass das Gruppenergebnis in aller Regel näher an der Expertenlösung liegt als ihr eigenes, aber dass es auch manchmal anders sein kann. Sie erkennen, dass die Stärke der Gruppe in der Kooperation und Meinungsvielfalt liegt, auch wenn Lösungsfindung und Entscheidungsprozess mehr Zeit benötigen.
6	Evaluation	Anhand einer abschließenden Arbeitsunterlage evaluieren die Schülerinnen und Schüler das Gruppenverhalten und den Lerneffekt des Planungsspiels.	Gruppenarbeit und abschließende Diskussion im Plenum	Arbeitsblatt 4/2	Hier erfolgt eine Distanzierung vom Spielgeschehen, wodurch eine kritische Beurteilung der im Planungsspiel gewonnenen Einsichten möglich wird. Die gruppendynamischen Prozesse werden besprochen.
7	Anwendung und Transfer	Mit den Schülerinnen und Schülern wird darüber diskutiert, welche Gesichtspunkte hinsichtlich der für eine Montage mitzunehmenden Werkzeuge und Arbeitsmittel wichtig sind, welche Unsicherheiten und Unabwägbarkeiten bestehen können und welche Konflikte bei schnellen Entscheidungen entstehen. Abschließend wird gemeinsam erörtert, in welchen weiteren Situationen im Bereich der Instandhaltung Konflikte auftreten können und wie diese – evtl. ähnlich wie im durchgeführten Planungsspiel – gelöst werden können.	Plenum	Tafel	Die erarbeiten Erkenntnisse sollten auf andere, vergleichbare Konfliktsituationen übertragen werden, ohne diese in allen Details zu untersuchen. Als Variante ist zu überdenken, ein weiteres Planungsspiel gemeinsam in der Klasse zu entwickeln, dass den bekannten Regeln folgt, aber auf anderen fachlich-inhaltlichen Ausgangsbedingungen, also auf einem anderen „Fall" im Gebiet Instandhaltung aufbaut.

Didaktische Materialien

Arbeitsblatt 1:
Entscheidungsübung – Problemstellung

Name: .... Klasse: .... Datum:.................................

Ausgangssituation:

Sie gehören zu einer Gruppe von drei Industriemechanikern, Sie sind gerade dabei, Ihren Werkstattwagen neu einzuräumen, als Sie zum Zerspanungszentrum gerufen werden. Dort ist eine CNC-Maschine neueren Herstellungsdatums ausgefallen. Vor Ort ist zurzeit kein Fachmann anwesend, der die Merkmale der Störungsursache und -symptome charakterisieren sowie den Fehler eventuell eingrenzen könnte. Ihnen bleibt nur wenig Zeit, die zur Verfügung stehenden Messgeräte, Hilfsmittel, Dokumente bzw. Ersatzteile in den Werkstattwagen einzuräumen. Sie können daher nur die für die zu erwartende Instandsetzung bzw. für die Fehlereingrenzung wichtigsten Gegenstände zum Einsatzort mitnehmen. Derzeit befinden sich in Ihrem Arbeitsraum u. a. folgende Messgeräte, Werkzeuge, Hilfsmittel, Dokumente und Ersatzteile:

- Werkzeugkasten „Elektro“ (mit Universalmessgerät, Phasenprüfer, Lötkolben, ...)
- Werkzeugkasten „Mechanik“ (mit Schraubenschlüsselsatz, Schraubendreher, Hammer, Gummihammer, Feile, Eisensäge, Gewindeschneider, ...)
- Mobiltelefon
- Instandhaltungshandbuch einschließlich Schaltpläne bzw. Funktionsbeschreibungen
- Bedienungsanleitung
- Drehmomentenschlüssel
- Mess- und Entlüftungsschläuche
- Warnschilder/Absperrungen
- Ölbindemittel/Leckagebehälter
- Fluid-Messgeräte (für Vakuumstrom und Druck)
- Dichtungen für Zylinderventile
- Steckkarten für Schaltschrank
- Ersatzsicherungen
- Spannbrücke, Spanntreppe, Dreibacken-Spannzangen
- diverse Ersatzhydraulikschläuche

Lern- und Arbeitsaufgabe:

Erstellen Sie bitte in Einzelarbeit eine Rangliste der aufgezählten Messmittel, Werkzeuge, Dokumente bzw. Ersatzteile, die für die Mitnahme durch die Gruppe mehr oder weniger wichtig sind!
Ordnen Sie der allerwichtigsten Position die 1 zu, der nächst wichtigen die 2 usw., bis alle 15 Positionen entsprechend ihrer Wichtigkeit gereiht sind! Tragen Sie bitte Ihre Ergebnisse in das Arbeitsblatt 2 ein!

Arbeitsblatt 2:
Entscheidungsübung – Rangordnungsprotokoll

Name: .... Klasse: .... Datum: ....

Lern und Arbeitsaufgabe:

Tragen Sie bitte Ihre Entscheidungen zu den Aufgabenstellungen auf den Arbeitsblättern in die folgende Tabelle (erste bzw. dritte Spalte – Ansage beachten!) ein!

Spalte ⇒ **Messmittel, Werkzeuge, Dokumente bzw. Ersatzteile ⇓**	**1**	**2**	**3**	**4**	**5**
Werkzeugkasten „Elektro“					
Werkzeugkasten „Mechanik“					
Mobiltelefon					
Instandhaltungshandbuch einschließlich Schaltpläne und Funktionsbeschreibungen					
Bedienungsanleitung					
Drehmomentenschlüssel					
Mess- und Entlüftungsschläuche					
Warnschilder/Absperrungen					
Ölbindemittel/Leckagebehälter					
Fluid-Messgeräte (für Vakuumstrom und Druck)					
Dichtungen für Zylinderventile					
Steckkarten für Schaltschrank					
Ersatzsicherungen					
Spannbrücke, Spanntreppe, Dreibacken-Spannzangen					
diverse Ersatzhydraulikschläuche					
Summen	–		–		–

Arbeitsblatt 3:
Entscheidungsübung – Gruppenlösung

Name: .... Klasse: .... Datum: ....

Lern- und Arbeitsaufgaben:

1. Diskutieren Sie bitte die Problemstellung und die Aufgabe von Arbeitsblatt 1 in der Gruppe!

2. Legen Sie eine Reihenfolge der wichtigsten Werkzeuge fest, die von der Gruppe mit Einstimmigkeit beschlossen wird!

3. Tragen Sie das Ergebnis bitte in das Arbeitsblatt 2 (Spalte 3) ein! Beachten Sie dabei die folgenden Hinweise!

Hinweise zur Entscheidungsfindung in der Gruppe

Das ist eine Entscheidungsübung, um realitätsnahe Beschlüsse herbeizuführen. Ihre Gruppe soll mit Einstimmigkeit beschließen. Das bedeutet, dass der Rangplatz für jede einzelne Position einstimmig festgelegt werden muss. Einstimmigkeit ist schwer zu erzielen. Deshalb wird nicht jeder Rangplatz jeden Einzelnen voll zufrieden stellen. Versuchen Sie trotzdem, die Rangordnung so zu erstellen, dass alle einigermaßen damit einverstanden sein können. Hier folgen einige grundlegende Richtlinien bzw. Aufforderungen, die zum Erreichen eines Gruppenkonsenses zu beachten sind:

- Vermeiden Sie es bitte, Ihre persönliche Entscheidung den anderen aufzuzwingen! Argumentieren Sie mit Logik!

- Geben Sie nicht sofort nach, bloß um Einstimmigkeit zu erzielen oder Konflikten auszuweichen! Unterstützen Sie nur dann andere Ansichten, wenn Sie mit Ihren wenigstens teilweise übereinstimmen!

- Vermeiden Sie Konfliktlösungstechniken wie Mehrheitswahl, Mittelwertberechnungen oder „Kuhhandel“ (wie Du mir, so ich Dir)!

- Betrachten Sie abweichende Meinungen eher als einen nützlichen Beitrag, statt sie als störend zu empfinden!

- Nehmen Sie sich so viel Zeit, wie Sie benötigen, um eine echte Gruppenmeinung zu finden! Sie haben insgesamt 30 Minuten Zeit und stehen daher unter keinem Zeitdruck.

Lösungsblatt:
Entscheidungsübung – Expertenlösung

Name: .... Klasse: .... Datum: ....

Übernehmen Sie bitte die Expertenlösung in das Arbeitsblatt 2 (Spalte 5)! Über die Expertenlösung wird nicht diskutiert.

Messmittel, Werkzeuge, Dokumente bzw. Ersatzteile	Rangordnung	Experten-Begründung
Werkzeugkasten „Elektro“	***6***	*unbedingt notwendig zum Messen der Betriebsspannungen*
Werkzeugkasten „Mechanik“	***4***	*notwendig zum Lösen von mechanischen Verbindungen (z. B. an Hydraulikschläuchen)*
Mobiltelefon	***10***	*telefonische Benachrichtigung von eventuell nötigen Spezialisten oder Anforderung von Ersatzteilen*
Instandhaltungshandbuch einschließlich Schaltpläne und Funktionsbeschreibungen	***7***	*unbedingt notwendig zum Erkennen der zunächst zugrunde legenden Mess- und Prüfstellen. Erstprüfung/Fehlereingrenzung: liegt eine elektrische, hydraulisch-pneumatische, mechanische oder sonstige Störung vor*
Bedienungsanleitung	***3***	*wenn vorhanden, unbedingt mitnehmen; notwendig zur Bedienung der Anlage*
Drehmomentenschlüssel	***14***	*erst bei einer eventuellen (Wieder-)Montage notwendig*
Mess- und Entlüftungsschläuche	***12***	*notwendig zur Entlüftung des Hydrauliksystems*
Warnschilder/ Absperrungen	***1***	*Einhaltung der Sicherheitsvorschriften, um zunächst Gefährdungen des Personals auszuschließen*
Ölbindemittel/ Leckagebehälter	***2***	*Einhaltung der Vorschriften zum Umgang mit umweltgefährdenden Stoffen*
Fluid-Messgeräte (für Vakuumstrom und Druck)	***11***	*Prüfen der funktionsnotwendigen Druckverhältnisse im Hydrauliksystem*
Dichtungen für Zylinderventile	***13***	*zum Beheben von festgestellten Undichtheiten*
Steckkarten für Schaltschrank	***9***	*Regeln u. a. die Ventilsteuerung. Relais können ausfallen. Kalte Lötstellen möglich.*
Ersatzsicherungen	***8***	*–*
Spannbrücke, Spanntreppe, Dreibacken-Spannzangen	***15***	*erst bei größeren mechanischen Reparaturen notwendig. Dazu sind aber meist weitere Spezialwerkzeuge erforderlich*
diverse Ersatzhydraulikschläuche	***5***	*Schäden an Hydraulikschläuchen sind oft sofort erkennbar*

Arbeitsblatt 4:
Entscheidungsübung – Auswertungsbogen (1)

Name: .... Klasse: .... Datum: ....

Lern- und Arbeitsaufgabe 1: Ermitteln Sie bitte die Werte der Spalten 2 und 4 (Arbeitsblatt 2) durch Differenzbildung der Spalten 5 und 1 bzw. 5 und 3! Wichtig sind hierbei die Beträge. Addieren Sie die Einzelwerte, und tragen Sie die Summen in die Zeilen der Spalte 2 bzw. 5!

Lern- und Arbeitsaufgabe 2: Tragen Sie bitte das Ergebnis der Entscheidungsübung für Ihre Gruppe in die folgende Tabelle ein!

Ergebnisse der Gruppe: ......

1	Anzahl der Gruppenmitglieder	
2	Fehlpunktzahlen der einzelnen Gruppenmitglieder (Differenz zur Expertenlösung; Spalten 2 von Arbeitsblatt 2)	
	Insgesamt (Summe)	
3	Höchste Fehlpunktzahl der Gruppenmitglieder	
4	Niedrigste Fehlpunktzahl der Gruppenmitglieder	
5	Durchschnittliche Fehlpunktzahl der Gruppenmitglieder vor der Diskussion (Summe Zeile 2 durch die Anzahl der Gruppenmitglieder teilen)	
6	Fehlpunktzahl des Gruppenkonsenses (Differenz zur Expertenlösung; Spalte 4 von Arbeitsblatt 2)	
7	Unterschied zwischen durchschnittlicher Fehlpunktzahl der Gruppenmitglieder vor der Diskussion und der Fehlpunktzahl des Gruppenkonsenses (Zeile 5 minus Zeile 6)	

Lern- und Arbeitsaufgabe 3: Übertragen Sie bitte die Ergebnisse Ihrer Gruppe in die entsprechende Spalte der folgenden Tabelle! Vervollständigen Sie danach die jeweiligen Spalten für die anderen Gruppen, indem Sie sich deren Werte geben lassen! Beantworten Sie bitte schließlich die nachfolgenden Fragen auf dem Arbeitsblatt 4 (2)!

Zusammenfassung	**Gruppe 1**	**Gruppe 2**	**Gruppe 3**	**Gruppe 4**	**Gruppe 5**
Durchschnittliche Fehlpunktzahl vor der Diskussion (Zeile 5 oben)					
Fehlpunktzahl nach Entscheidung (Zeile 6 oben)					
Gewinn (Verlust) nach Gruppenarbeit (Zeile 7 oben)					
Gewinn (Verlust) gegenüber dem genauesten Mitglied (Zeile 6 minus Zeile 4 oben)					
Gewinn gegenüber dem ungenauesten Mitglied (Zeile 6 minus Zeile 3 oben)					

Arbeitsblatt 4:
Entscheidungsübung – Auswertungsbogen (2)

Name: .... Klasse: .... Datum: ....

Fragen zur Gruppenentscheidung:

1) Ist die Punktzahl des Gruppenkonsenses niedriger oder höher als die eigene?

2) Gab es Gruppenmitglieder, deren individuelle Punktzahl niedriger als die des Gruppenkonsenses war?

3) Bei wie vielen Mitgliedern war die individuelle Punktzahl höher oder niedriger?

4) Wie waren deren Punktzahlen?

5) Wie gut wurden die Ressourcen der einzelnen Mitglieder genutzt?

6) Wurde jemand ignoriert, bei dem es sich dann erwies, dass seine individuelle Rangordnung korrekter war als die des Gruppenkonsenses?

7) Waren Sie über das Verhalten von Mitgliedern verwundert, wenn Sie dieses mit dem vergleichen, was Sie zuvor erwartet hatten?

Notizen/Fragen:

Reflexion der Unterrichtseinheit

Für den Einsatz von Planungsspielen am Lernort „Schule“ erscheint es zunächst ungleich schwerer für berufsbildende als für allgemein bildende Themenbereiche, geeignete, konflikthaltige Ausgangslagen zu konstruieren.

Mit dem für berufliches Instandhaltungslernen hier vorgestellten und bereits mehrfach erprobten Planungsspiel, das an das bekannte „Weltraum-Spiel“ (auch: NASA-Spiel) anknüpft, scheinen gleich mehrere Aspekte thematisierbar und verschiedene Ziele erreichbar zu sein. Von Vorteil ist, dass für den Lernprozess Spannung und Motivation erzeugt werden können, die bei diesem Spiel für den Lernenden erfahrungsgemäß von Anfang an hoch sind und den Lern- und Arbeitsprozess sowohl initiieren als auch am Laufen halten. Fachlich-inhaltlich sind die benötigten Lernvoraussetzungen eher niedrig, es ist allerdings auch kein großer Lernzuwachs hinsichtlich instandhaltungsspezifischer Details zu erwarten. Allerdings werden oft bereits aus der Lebenswelt, z. B. dem Straßenverkehr, vorliegende Kenntnisse und Grundprinzipien bestätigt und für weitere Lernvorhaben in der Instandhaltung nutzbar gemacht, wonach z. B. nach einem Crash zunächst für die Sicherheit von Menschen zu sorgen ist und daher Warnschilder und Absperrungen höchste Priorität noch vor technischen Arbeitsmitteln haben. Zudem erwerben die Schülerinnen und Schüler Fähigkeiten, die insbesondere auf die Vorbereitung einer Instandhaltung hinsichtlich der bereitzustellenden Werkzeuge und Arbeitsmittel gerichtet sind. Es zeigt sich für die Lernenden auch, dass selbst im völlig rational erscheinenden Technikbereich Unsicherheiten über die Art der Entscheidung bestehen können. Im Prozess der Entscheidungsfindung für eine optimale Lösung werden nicht zuletzt die Kooperationsbereitschaft und Kommunikationsfähigkeit der beteiligten Personen und Gruppen praxisnah trainiert. Schließlich erfahren die Schülerinnen und Schüler sehr konkret und sogar „schwarz auf weiß“ nachvollziehbar, welche Vorteile die Kooperation in Gruppen auch im Bereich der Instandhaltung bergen kann.

Das Planungsspiel kann gegebenenfalls um eine dritte Runde – nach Einzel- und Gruppenarbeit – ergänzt werden, wenn zum Beispiel die gesamte Klasse noch eine Lösung aushandeln soll. Bei kleineren Klassen ist dieses durchaus möglich und sinnvoll; insbesondere, wenn in der zweiten Runde die kleinste Form von Gruppen-, also Partnerarbeit gewählt wird. Bei größeren Klassen scheidet dieses jedoch aus, und erfahrungsgemäß lässt bei Lernenden bereits nach zwei Runden die Konzentration für die Sache nach. Zudem ist der Zeitfaktor zu berücksichtigen. Es zeigt sich, dass insbesondere die Auswertung relativ viel Zeit erfordert.

Unterrichtsbeispiel 3: Instandhaltungsorientierte Funktionsanalyse einer Rutschkupplung[5]

Unterrichtsverfahren: Instandhaltungsorientierte Funktionsanalyse

Thematische Aspekte

Für Instandhaltungsaufgaben sind Funktionsanalysen der technischen Geräte unerlässlich. Über die Funktion bzw. Aufgaben der einzelnen Bauteile und das Zusammenspiel der Bauteile können die richtigen Maßnahmen für eine fachgerechte Instandhaltung erkannt werden. Hierbei wird die Mehrdimensionalität von Technik offenbar: Die Funktion eines technischen Gerätes lässt sich u. a. durch physikalische und chemische Gesetzmäßigkeiten, Werkstoffeigenschaften, Konstruktion, Sicherheitsaspekte und Einfluss auf die Umwelt beschreiben.

Abb.: Rutschkupplung (von der Firma Desch Antriebstechnik)

Strategien, um die Funktion eines technischen Gerätes zu analysieren, helfen den Lernenden, ihnen unbekannte Objekte fachgerecht zu erschließen. Deshalb erscheint es sinnvoll, Funktionsanalysen frühzeitig in der Unterrichtplanung vorzusehen.

Da eine instandhaltungsorientierte Funktionsanalyse in der Regel abstrakthandlungsorientiert angelegt ist, fördert eine anschließende konkrethandlungsorientierte Instandsetzungsaufgabe der Rutschkupplung die intrinsische Motivation der Lernenden.

Die Rutschkupplung der Firma Desch Antriebstechnik besticht durch ihre einfache, robuste Bauweise (s. Abb.) und lässt sich aufgrund ihrer kompakten Baugröße und des kleinen benötigten Werkzeugsatzes gut im Unterricht einsetzen. Zudem gib die fachlich gute Einbau- und Bedienungsanleitung dem Unterrichtenden (und je nach Einsatz auch den Lernenden) ein Verständnis über die Wirkungsweise der Kupplung. In der Bedienungsanleitung finden sich Zeichnung mit Benennung der Einzelteile, Sicherheitshinweise sowie Be-

[5] Dieses Unterrichtsvorhaben wurde im Wesentlichen von Jörn Buck und Helge Winkler entwickelt und erprobt.

schreibungen von Funktion, Betriebsbedingungen, Inbetriebnahme, Wartung, Demontage, Transport und Lagerung.

Neben einer instandhaltungsorientierten Funktionsanalyse kann die Rutschkupplung auch für eine Inbetriebnahmeaufgabe und für technische Konstruktionen mit Reibbelegen exemplarisch verwendet werden.

Für die unterrichtliche Umsetzung der instandhaltungsorientierten Funktionsanalyse einer Rutschkupplung können zwei Möglichkeiten geboten werden:
1. Die Lernenden erschließen sich die Funktionsweise eines technischen Gerätes durch konkrete Demontage.
2. Die Lernenden erschließen sich die Funktionsweise eines technischen Gerätes durch eine technische Zeichnung.

Welche der beiden Herangehensweise gewählt wird, hängt von der Leistungsstärke und dem Vorwissen der Lernenden ab. Arbeitsgrundlage des unten beschriebenen Unterrichts für Industriemechaniker/-innen ist eine Technische Zeichnung der Kupplung. Die Einbau- und Bedienungsanleitung wird für den Unterricht didaktisch so aufbereitet, dass verschiedene Analysestrategien angewendet werden können.
Die Umsetzung des Unterrichtsbeispiels erfolgt in den Phasen:
- Vorstellen des technischen Gerätes und des Arbeitsauftrages
- Analysieren und Verstehen der Aufgabe
- Entwickeln von Analysestrategien
- Durchführen der Analyse
- Vergleichen der Analyseergebnisse
- Auswerten und Transferieren

Lernvoraussetzungen

Die Durchführung des Unterrichts bietet sich im zweiten Ausbildungsjahr – z. B. im Lernfeld 7 „Montieren von technischen Teilsystemen“ des Berufs „Industriemechaniker/-in“ – an und baut auf bereits erworbene Kompetenzstände des ersten Ausbildungsjahres auf. Konkret sollten Begriffe wie „Teilsystem“, „Baugruppe“, „technische Funktion“, „technische Analyse“ sowie Grundbegriffe der Instandhaltung bekannt sein. Die Lernenden sind sich bewusst, dass technische Systeme gewartet und instand gehalten werden müssen und eine Funktionsanalyse auch unter Instandhaltungsaspekten durchgeführt werden kann. Sie sind sich über die Vorteile und grundlegende Ablaufschritte technischer Analysen bzw. einer selbstständigen analytischen Annäherung an technische Objekte und Systeme im Klaren. Höhere Anforderungen an die Lernmotivation, an entsprechende Kenntnisse zur Arbeitssicherheit sowie an die Fähigkeiten eines selbstständigen Arbeitsvorgehens stellen sich zweifellos, wenn sich die Lernenden die Funktionsweise der Rutschkupplung durch eine konkrete Demontage erschließen sollen, was nicht vor Lernfeld 9 „Instandsetzen von technischen Systemen“ zu empfehlen ist.

Unterrichtsziele und angestrebter Kompetenzzuwachs

Wenn auch der angestrebte Kompetenzzuwachs bei der instandhaltungsorientierten Funktionsanalyse einer Rutschkupplung überwiegend im Bereich fachtechnischen Wissens anzusiedeln ist, können ebenfalls positive Verhaltensdispositionen im Bereich „Selbstständigkeit“ und „Kommunikation“ mit entsprechenden Aufgabenstellungen und unterrichtsorganisatorischen Mitteln gefördert werden (s. Ablaufschema). Zu erwarten sind Zuwächse in folgenden Bereichen:

Die Lernenden können

- die Bauteile einer Rutschkupplung benennen,
- den Kraftfluss durch die Rutschkupplung erklären,
- die Funktionen der einzelnen Bauteile benennen,
- die Einstellmöglichkeit des zu übertragenen Drehmomentes der Rutschkupplung erläutern,
- beschreiben, wie ein definiertes maximales Drehmoment an der Rutschkupplung eingestellt werden kann,
- benötigte Werkzeuge fachgerecht auswählen,
- die Bereitschaft und Fähigkeit zur Kooperation und Kommunikation in der Gruppenarbeitsphase (weiter-)entwickeln sowie
- Arbeiten von anderen Lernenden kritisch, aber sachbezogen beurteilen.

Didaktisch-methodische Struktur

Die Strukturierung des Verfahrens zielt darauf ab, die Wirkungsweise technischer Gebilde oder deren Teile in den Mittelpunkt der Betrachtung zu rücken. Insbesondere das Erkennen der im Gegenständlichen verborgenen Gesetze und Kausalbeziehungen steht dabei im Vordergrund. Die Analyse ist auch unter Instandhaltungsaspekten so angelegt, dass sie selbstständiges Arbeiten ermöglicht und genügend Spielraum bietet, bereits vorhandene Kenntnisse oder Erfahrungen einzubringen.

Handlungsablauf

Im Folgenden ist der mögliche Ablauf der Unterrichtseinheit in einem tabellarischen Ablaufschema dargestellt.

Unterrichtsbeispiel 3: Funktionsanalyse einer Rutschkupplung					
Nr.	**Lernphase**	**Handlungsablauf**	**Aktions- und Sozialform**	**Medien und didaktische Materialien**	**Didaktische Hinweise**
1	Vorstellen des technischen Gerätes und des Arbeitsauftrages	Die Lehrkraft erläutert die Funktionsweise des Baukrans anhand einer Folie, eine Prinzipskizze von Seiltrommel, Sicherheitskupplung, Getriebe und Motor und erklärt, dass der Kran in der Vergangenheit Lasten ohne Probleme heben konnte, neuerdings aber die Sicherheitskupplung rutscht und das geforderte Drehmoment nicht mehr überträgt. Weiterhin erläutert sie die Situation, dass der Kunde aus Kostengründen die Kupplung bereits vor Ort ausgebaut und zu Instandhaltungszwecken an ihre Firma geschickt hat. Der Arbeitsauftrag wird so präzisiert, dass der Meister von dem Lernenden verlangt, sich erst mit der Funktionsweise der Kupplung vertraut zu machen und dann einen Vorschlag zu unterbreiten, wie die Rutschkupplung eingestellt werden kann, sodass sie bei Überschreiten des entsprechenden Drehmoments ausgelöst wird.	Vortrag der Lehrkraft	skizzenhafte Darstellung eines Baukrans als Folie für Arbeitsprojektor	Durch eine genaue Beschreibung des Problems wird diese in den Erfahrungshorizont der Lernenden gehoben und eine Bereitschaft zur Lösung angelegt. Die Motivation kann dadurch erhöht werden, dass mit dieser Unterrichtseinheit die konkrete Instandsetzung der Rutschkupplung nach der Funktionsanalyse vorgenommen wird.

2	Analysieren und Verstehen der Aufgabe	In einem Lehrer-Schüler-Gespräch wird die Aufgabenstellung präzisiert. Die Schülerinnen und Schüler nennen erste Strategien, wie die Aufgabe gelöst werden kann.	Lehrer-Schüler-Gespräch		Um den Lernenden eine Übernahme der Problemstellung zu ermöglichen, muss diese verstanden worden sein. Damit sich möglichst viele Schülerinnen und Schüler an diesem Gespräch beteiligen, werden die spontanen Äußerungen der Lernenden nicht bewertet.
3	Entwickeln von Analysestrategien	Die Lernenden äußern sich spontan zu möglichen Analysestrategien. Durch Impulse versucht die Lehrkraft, dieses Gespräch so zu lenken, dass die Lernenden für eine zielorientierte Funktionsanalyse eine Zeichnung der Kupplung benötigen, den Kraftfluss ermitteln, Einstellmöglichkeiten erkennen und für die schriftliche Dokumentation eine einheitliche Benennung der Bauteile verwenden sollten. Der im Lehrer-Schüler-Gespräch erarbeitete Analyseweg wird auf einer Metaplanwand festgehalten.	Lehrer-Schüler-Gespräch	Metaplanwand	Das ist die Phase, in der die Lernenden ihre größten kognitiven Leistungen erbringen müssen. Zur Visualisierung und zur Ergebnissicherung dieser Planungsphase werden die Analysestrategien mithilfe einer Metaplanwand aufgelistet und geordnet.

4	Durchführen der Analyse	Die Lernenden ordnen in Partnerarbeit auf Arbeitsblatt 1 die Positionsnummern der Explosionszeichnung den Benennungen zu. Nach einem kurzen Vergleich der Ergebnisse erarbeiten sich die Lernenden in Kleingruppen den Kraftfluss und die Funktionsweise der Kupplung. Hierfür verwenden Sie das Arbeitsblatt 2. Die einzelnen Gruppen tragen ihre Ergebnisse vor und erarbeiten anschließend mit dem Wissen der Funktionsweise eine Möglichkeit, wie die Rutschkupplung einzustellen ist.	Partnerarbeit Gruppenarbeit Lehrer-Schüler-Gespräch	Arbeitsblatt 1 Arbeitsblatt 2	Diese Unterrichtsphase besteht aus drei Teilphasen, in denen die Tiefe der Funktionsanalyse ständig steigt. In der ersten Teilphase beschäftigen sich die Schülerinnen und Schüler zunächst mit den einzelnen Bauteilen der Rutschkupplung und erkennen schon erste Wirkungsweisen des technischen Objekts. Je nach Vorwissen der Lernenden kann diese Phase übersprungen und entweder die Einbau- und Betriebsanleitung oder ein modifiziertes Arbeitsblatt 2 verwendet werden. Nach dem Vergleichen der Lösungen, zur Funktionsweise der Rutschkupplung, bearbeiten die Lernenden in der dritten Teilphase das eigentliche Problem, wie die Rutschkupplung einzustellen ist. Das Anfertigen von Skizzen für die anschließende Präsentation kann sinnvoll sein.

5	Vergleichen der Analyseergebnisse	Jede Gruppe stellt nacheinander im Plenum ihren Vorschlag zur Einstellung der Rutschkupplung vor. Nach jeder Präsentation haben die anderen Schülerinnen und Schüler die Möglichkeit, Verständnisfragen zu stellen. Falls wesentliche Fragen offen geblieben sind, nimmt die Lehrkraft danach eine mündliche Lernerfolgskontrolle vor.	Schülervortrag Schüler-Schüler-Gespräch Lehrer-Schüler-Gespräch	Skizzen	Bereits während der vorherigen Phase sollte die Lehrkraft die Reihenfolge der Präsentation so festlegen, dass die leistungsstärkste Gruppe nicht als erste ihre Ergebnisse vorlegt. Das könnte die Spannung, in dieser Phase relativ schnell beenden. Kurze Präsentationen erhöhen die fachliche Sprachkompetenz der Schülerinnen und Schüler. Nach jeder Präsentation erhalten die anderen Lernenden die Möglichkeit, Nachfragen zu stellen. Die Lernenden entwickeln in einem Schüler-Schüler-Gespräch ihre fachliche Sprachkompetenz weiter.
6	Auswerten und Transferieren	In dieser Phase findet eine Gegenüberstellung der Einstellhinweise der Herstellerfirma zu den Gruppenergebnissen statt. Anschließend wird der Analyseweg reflektiert.	Lehrer-Schüler-Gespräch		Durch die Gegenüberstellung der Gruppenergebnisse mit den Einstellungshinweisen der Herstellerfirma können die Lernenden ihre Arbeitsergebnisse vergleichen und besser einordnen. Damit diese feingliedrige Funktionsanalysestrategie auf andere Problemstellungen übertragbar ist, muss sie reflektiert werden.

Didaktische Materialien

Informationsblatt:[6]

Name: .... Klasse: .... Datum: ....

Drehmomentmessung

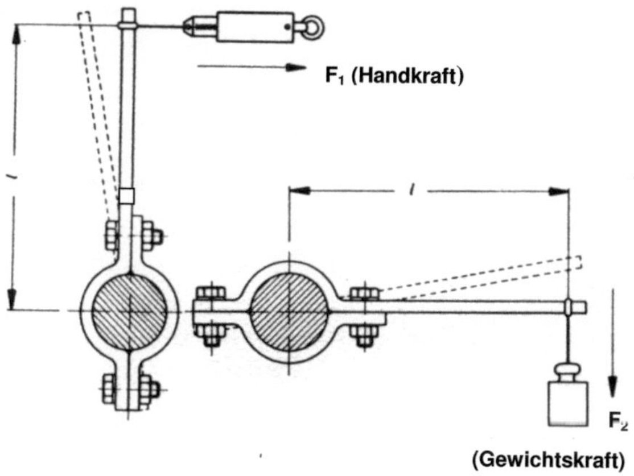

Das Rutschmoment der Kupplung kann an der Antriebswelle der Maschine nach obiger Abbildung quantitativ ermittelt werden. Der Hebel ist drehfest aufgeklemmt und wird mit einer Federwaage oder einem Gewicht so weit belastet, bis sich bei blockierter Abtriebswelle diese gerade bewegt.

Das aus der Kraft F_2 in Newton und der Hebellänge l in Metern errechnete Produkt F · l in Newtonmetern entspricht dem Rutschmoment der Kupplung.

[6] Abbildung und Text sind an eine ältere Einbau- und Betriebsanleitung der Firma Desch angelehnt.

Arbeitsblatt 1: Explosionszeichnung der Rutschkupplung

Name: .... Klasse: .... Datum: ....

Lern- und Arbeitsaufgabe:

Ordnen Sie bitte den Bauteil-Benennungen die entsprechenden Positionsnummern der Rutschkupplung zu!

__ Tellerscheibe
__ Reibring
__ Gewindestift und __ Druckstück
__ Passfeder
__ Flanschnarbe
__ Kupplungsmantel
__ Kupplungsnarbe

__ Zylinderschraube
__ Sechskant-Passschraube
__ Gewindestift
__ Zugfeder
__ Nachstellring
__ Tellerfeder

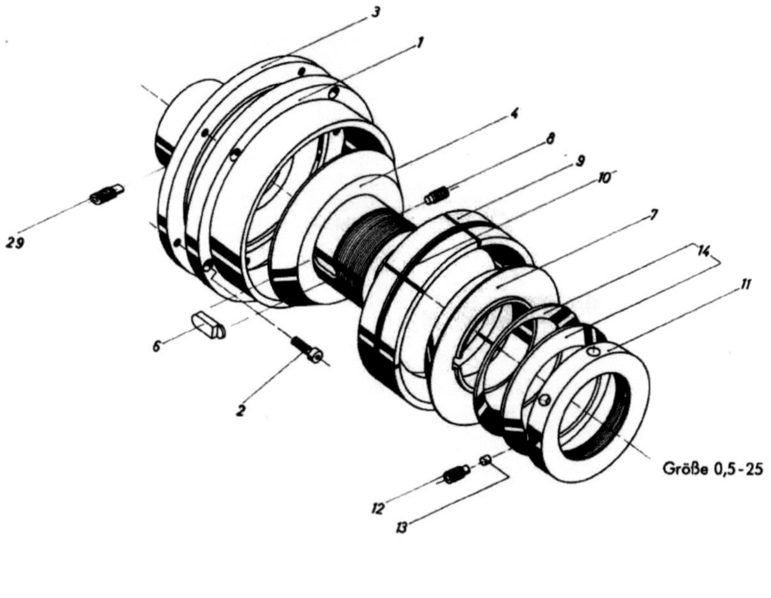

Arbeitsblatt 2:
Kraftfluss in der Rutschkupplung

Name: .... Klasse: .... Datum: ....

Lern- und Arbeitsaufgaben:

1. Übertragen Sie bitte die Bauteil-Nummerierung der Explosionszeichnung auf die Schnittdarstellung!
2. Zeichnen Sie den Weg des Kraftflusses in die Schnittdarstellung mit einem roten Stift ein!
3. Beschreiben Sie mithilfe der Schnittdarstellung, dem vorherigen Arbeitsblatt und den richtigen Benennungen der Bauteile, wie der Kraftfluss durch die Kupplung erfolgt!

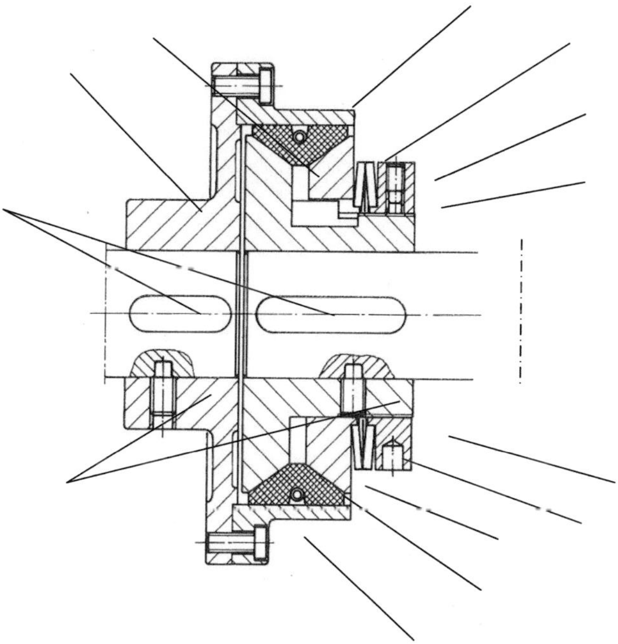

Notizen:

Reflexion der Unterrichtseinheit

Die Motivation der Lernenden ist bei instandhaltungsorientierten Funktionsanalysen sehr groß. Dieses Unterrichtsverfahren knüpft an dem Interesse an, die Welt zu verstehen. Fragen und Erklärungen der Schülerinnen und Schüler, die in solchen Zusammenhängen auftreten sind deshalb immer ernst zu nehmen.

Die Zeichnungen bieten viele Anlässe für interessante fachliche Diskussionen, zum Beispiel: Welche Aufgabe hat die untere Bohrung von Pos. 11 in der Schnittdarstellung? Warum wird zur Fixierung von Pos. 11 ein Druckstück, Pos. 13, verwendet? Welche Aufgabe hat die Zugfeder, Pos. 10?

Damit die Lernenden sich nicht mit Halbheiten zufrieden geben und neue Erkenntnisse übernehmen müssen, ist es wichtig, die Ergebnisse in den einzelnen Phasen zu sichern.

Es wirkt sich positiv auf die Motivation der Lernenden aus, wenn die Schülerinnen und Schüler nach der instandhaltungsorientierten Funktionsanalyse die Möglichkeit erhalten, präparierte Rutschkupplungen einzustellen. Der geringe zeitliche und gerätetechnische Aufwand rechtfertigt es. Durch die zusätzliche Planung einer Inbetriebnahme der Rutschkupplung könnte der prozesshafte Charakter eines schülerinteressanten Unterrichts über mehrere Stunden umgesetzt werden.

Unterrichtsbeispiel 4: Messerallye unter dem Aspekt „Instandhaltung“[7]

Unterrichtsverfahren: Messerallye

Thematische Aspekte

Das vorliegende Unterrichtsbeispiel „Messerallye“ orientiert sich an einer Rallye als einem Wettbewerb, der im Motorsport auf einer schwierigen, unebenen Strecke ausgetragen wird. Für berufliches Lernen lässt sich das Konzept der Rallye für Messe- und Museumsbesuche nutzen, denn auch Lernvorgänge sind nicht immer durch ebene, lineare und einfache Wege gekennzeichnet. In der gewerblich-technischen Berufsausbildung stellen Messebesuche eine Möglichkeit dar, mit aktuellen und innovativen Entwicklungen der Berufs- und Arbeitswelt in Berührung zu kommen. Sie werden häufig als eine methodisch eher ungeplante, von den Lernenden jedoch gern angenommene Veranstaltung ähnlich einer Exkursion durchgeführt. Wenn sie zudem auf spezielle Erkundungsaspekte – wie z. B. dem Aspekt „Instandhaltung“ – ausgerichtet sind, können sie für den Gesamtzusammenhang eines größeren Unterrichtsvorhabens einen guten inhaltlichen Beitrag leisten. Sie fördern eigenständiges berufliches Lernen, denn es lassen sich spezifische inhaltliche Aspekte von den Lernenden selbstständig herausfinden.

Die thematische Fokussierung kann durch besondere technische Objekte erfolgen, an denen nach längerem Einsatz und Gebrauch mit Sicherheit eine Wartung, Inspektion oder Instandsetzung vorgenommen werden muss. In gewisser Weise entspricht eine so gestaltete Messerallye einer Exkursion in eine technische Einrichtung wie z. B. einem Technischen Museum.

Der organisatorische Aufwand für dieses Unterrichtsbeispiel ist relativ hoch, da ein Wechsel des Lernortes vorgenommen und die Lern- und Arbeitsumgebung außerhalb der Schule von der Lehrkraft vorher besucht werden muss.

Lernvoraussetzungen

Die Anforderungen an die Teilnehmer an einer Messerallye bzw. die Lernenden sind relativ hoch. Sie müssen zur Vorbereitung des Messebesuchs selbstständig und zielgerichtet Leitfragen entwickeln, die sie dann bei der Durchführung der Rallye – angespornt durch den Wettbewerb – mit Hilfe der dort erlangten Informationen beantworten. Dazu müssen die Lernenden in der Lage

[7] Dieses Unterrichtsvorhaben wurde im Wesentlichen von Maike-Svenja Pahl entwickelt.

sein, ohne Scheu vor vermutlichen Fachleuten ihre Fragen selbstständig oder gemeinsam mit ihren Mitschülerinnen und Mitschülern zu artikulieren sowie die Informationen auszuwerten und zu dokumentieren.
Am Ende der Unterrichtseinheit können die Lernenden

- selbstständig und kooperativ handeln,
- aktuelles fachliches Wissen zum Thema „Instandhaltung" beschaffen sowie einen vorher bestimmten thematischen Schwerpunkt bzw. ein Instandhaltungsobjekt bearbeiten und erfassen,
- einen entsprechenden Ablaufplan entwickeln,
- zielgerichtete Leitfragen und Einzelfragen formulieren,
- Befragungen zum Thema durchführen,
- Informationen aus- und bewerten sowie
- Techniken der Informationsgewinnung auf andere Themenbereiche übertragen.

Unterrichtsziele und angestrebter Kompetenzzuwachs

Mit einer Messerallye lassen sich sowohl fachliche als auch allgemeine Ziele verfolgen. Fachliche Ziele sind durch das Erkundungsthema vorgegeben, das durch die Inhalte und Intentionen des laufenden Unterrichts bestimmt wird. Eine thematische Fokussierung kann durch besondere technische Objekte erfolgen, an denen nach längerem Einsatz und Gebrauch eine Wartung, Inspektion oder Instandsetzung vorgenommen werden muss. Die Art der Geräte, Apparate oder Maschinen, die unter dem Aspekt der Instandhaltung untersucht werden sollen, ist mit den Teilnehmern vor dem Messebesuch festzulegen, um eine fachliche Vertiefung und Fokussierung zu erreichen. An den Messeständen können die Schülerinnen und Schüler für die vorher ausgewählten technischen Objekte die Instandhaltungsmöglichkeiten und Instandhaltungsstrategien für Wartung, Inspektion und Instandsetzung erfragen. Dabei kommen technische, aber auch wirtschaftliche Aspekte in das Blickfeld der Lernenden, die dadurch einen besseren Zugang zum Fachlichen gewinnen können. Neben dem fachlichen Interesse sind aber auch Selbstständigkeit, Kooperationsfähigkeit, Forschergeist, Aufmerksamkeit, Kombinationsvermögen und Zielorientierung gefordert. Das Engagement für eine Rallye lebt davon, dass die Teilnehmer – wie bei einer Sportveranstaltung – möglichst gut abschneiden wollen.

Didaktisch-methodische Struktur

Die didaktische Bedeutung der Unterrichtseinheit liegt vor allem in der Möglichkeit der selbstständigen Informationsbeschaffung zu instandhaltungstechnischen, ökonomischen und ökologischen Aspekten betrieblicher Prozesse. Das Beispiel ist auch dadurch von Relevanz, weil Lernende über den Messebesuch einen authentischeren und konkreteren Zugang zum Fachlichen haben als unter rein schulischen Bedingungen.

Die Messerallye kann im Vorfeld eines größeren Lernvorhabens zur Instandhaltung durchgeführt werden, sodass den Lernenden ein erster Einblick in die Thematik ermöglicht wird. Dieses Unterrichtsverfahren ist aber auch anwendbar, wenn grundlegende Unterrichtssituationen zur Instandhaltung, d. h. zur Wartung, Inspektion, Instandsetzung und Verbesserung, vorangegangen sind. Danach kann z. B. ein ganzheitlich angelegtes Instandhaltungsprojekt angeschlossen werden.
Eine Messerallye kann in die Phasen

- Vorbereitung,
- Durchführung sowie
- Auswertung und Nachbereitung

strukturiert werden.

Handlungsablauf

Im Folgenden wird ein mögliches Artikulationsschema für das Unterrichtsbeispiel vorgestellt.

Unterrichtsbeispiel 4: Messerallye unter dem Aspekt „Instandhaltung“					
Nr.	**Lernphase**	**Handlungsablauf**	**Aktions- und Sozialform**	**Medien und didaktische Materialien**	**Didaktische Hinweise**
1	Vorbereitung der Rallye (am Lernort Schule)	Nachdem die Lehrkraft den Lernenden einen kurzen Überblick über die Idee und den Ablauf des Unterrichtsverfahrens gegeben hat, informiert eine Lernendengruppe mediengestützt über Ort, Thema und Gegenstand der Messe. Dazu hat die Lehrkraft mit dieser Gruppe im Vorfeld bereits die Messe besucht, mögliche Hersteller von Maschinentechnik sowie konkrete Maschinen und technische Geräte sondiert, die sich für eine Erkundung auf der eigentlichen Messerrallye anbieten. Die Lernenden können hierzu Fragen stellen und intuitive Vorschläge zur Aufgabenstellung einbringen. Die Lernenden wählen nun einen oder mehrere technische Gegenstände, die unter dem Aspekt der Instandhaltung betrachtet werden sollen. Anhand eines Brainstormings werden Leitfragen zur Instandhaltung erarbeitet. Dazu gehören beispielsweise: Wie wird das von Ihnen zu erkundende technische Gerät bezeichnet? Welche Funktionen und Besonderheiten weist das Gerät auf? Was kostet eine Generalüberholung durch den Hersteller? Diese und weitere Leitfragen sind die Basis für die eigentlichen Rallyeaufgaben, die von den Lernenden selbstständig und kooperativ formuliert werden. Schließlich sollten bereits erste Überlegungen zu einer kriterienorientierten Auswertung und einer abschließenden Bewertung der Rallye sowie der gewünschten Ergebnisse vorgebracht und entwickelt werden.	Lehrer- und Schülervortrag Unterrichtsgespräch	Messeinformationen, Internet, Projektionsgerät	Der Einstieg dient dazu, bei den Lernenden neben dem fachlichen Interesse sportlichen Ehrgeiz zu wecken – auch, um damit das Entstehen einer entsprechenden Motivation zu begünstigen. Die frühe Beteiligung der Lernenden an der Bestimmung und Auswahl der Erkundungsgegenstände, an der Strukturierung des Verfahrensablaufes, aber auch an den Inhalten und Kriterien einer späteren Ergebnisauswertung und Ergebnispräsentation lässt sie Selbstwirksamkeit und Verantwortung für selbstständiges Handeln in der Durchführungsphase erfahren. Die Leitfragen können in Gruppenarbeit entwickelt und danach im Plenum vorgestellt werden. Falls die Gruppen selbstständig nicht genügend Fragen entwickelt haben, wird von der Lehrkraft ein Fragenkatalog für die Durchführung bereitgehalten (Arbeitsblatt 2).

2	Durchführung der Rallye (auf dem Messegelände)	Zu Beginn werden am Messeort die Rallyeaufgaben mit den Leitfragen verteilt und evtl. noch bestehende organisatorische Rückfragen gemeinsam geklärt. Die Lernenden starten nun „ihre“ Messerallye auf der Grundlage der von ihnen erarbeiteten Vorgaben, indem sie nach entsprechenden Herstellern suchen. Sie müssen sich nun auf dem Messegelände zunächst orientieren. Sie besuchen die Messestände und erkunden nach ihren Aufträgen für die im Vorfeld bestimmten Maschinen bzw. technischen Geräten mit Instandsetzungsproblemen. Gezielt nutzen sie bei den Gesprächen Leitfragen. Sie versuchen darüber hinaus, beim Ausstellerpersonal weitere instandhaltungsrelevante Auskünfte zu erhalten. Die Lernenden versuchen, technische Unterlagen zu den verschiedenen instandhaltungsspezifischen Bereichen der technischen Geräte von den Ausstellern zu erhalten. Während die Lernenden die Rallye durchführen, hält sich die Lehrkraft an einem allen Teilnehmern bekannten Ort oder in der Nähe der recherchierenden Gruppen auf, um mögliche Fragen zu beantworten und Hilfestellung zu leisten.	Gruppenarbeit	Arbeitsblatt 1	Wenn die Lernenden gut vorbereitet sind, benötigen sie den Fragenkatalog der Lehrkraft nicht. Eventuell müssen von der Lehrkraft noch Hinweise gegeben werden, wie man sich auf dem Ausstellungsgelände orientiert, informiert und die gewünschten Gerätehersteller findet. Beratend zur Seite steht der Lehrkraft dabei – falls nötig – jeweils einzelne Mitglieder der Lernendengruppe, die zusammen mit der Lehrkraft die Messe bereits im Vorfeld besucht haben. Bei ihren Befragungen erkennen die Schülerinnen und Schüler, dass die Auskünfte der Aussteller – aus welchen Gründen auch immer – nicht zwangsläufig befriedigend sind. Sie erfahren, dass einige Antworten vorrangig durch das Betriebsinteresse bestimmt sind. Die Lernenden gewinnen im Laufe des Messebesuches an Sicherheit und Selbstvertrauen. Sie werden während der Rallye zunehmend selbstständiger.

3	Auswertung (in der Schule)	Die Lernenden äußern sich zunächst spontan zur durchgeführten Rallye und geben ihre Eindrücke bekannt. Danach sichten sie alle während der Rallye gesammelten Informationen in Form von Mitschriften, Prospekten oder Bilddarstellungen und bereiten gruppenweise eine Präsentation ihrer Ergebnisse vor, die anschließend dem Plenum vorgestellt wird. Aus einer instandhaltungsorientierten Perspektive präsentieren sie die Merkmale und Besonderheiten sowie die instandhaltungstechnischen Vor- und Nachteile des von ihnen erkundeten technischen Gerätes und stellen diese zur Diskussion. Es wird im Anschluss an diese Präsentation ein vergleichendes Fazit der vorgestellten Einzelergebnisse unter dem Aspekt „Instandhaltung" gezogen. In einer abschließenden Bewertungsrunde wird der Ablauf der Messerallye unter Gesichtspunkten der Ausgaben- und Frageninhalte, der Organisation und der Zusammenarbeit der Beteiligten bewertet. Hieraus sind Rückschlüsse für die Planung zukünftiger Messerallyes zu ziehen und zu dokumentieren.	Lehrer-Schüler-Gespräch, Schüler-präsentation	Arbeitsblatt 1	Die Auswertung der Rallye findet im Regelfall in den Unterrichtsräumen der beruflichen Schule statt. Sie wird meist noch von den Eindrücken aus dem Messebesuch getragen. Um den hohen Eigenanteil und die Aktivität der Lernenden am Unterricht auch in dieser Phase zu erhalten, ist es eine abschließende Aufgabe, einen neuen Fragenkatalog oder Rallyeleitfaden mit den dazugehörigen Antworten für die nachfolgenden Lerngruppen zu erstellen. Die Lernenden schlüpfen dabei in die Rolle der Lehrkraft und sind motiviert, ihr neu erworbenes Wissen an nachfolgende Lerngruppen weiterzugeben.

Didaktische Materialien

Arbeitsblatt 1:
Messerallye unter dem Aspekt „Instandhaltung“

Name: .... Klasse: .... Datum: ....

Thema/Inhalt und Ort der Messe:

....

....

....

Lern- und Arbeitsaufgaben:

- Lesen Sie bitte die unten stehenden Rallyeaufgaben sorgfältig durch!
- Verschaffen Sie sich einen Überblick über das Ausstellungsangebot, und orten Sie die für Ihre Gruppe und Ihr Thema relevanten Hallen bzw. Stände!
- Orientieren Sie sich auf dem Hallenplan und bestimmen Sie (auch mit Hilfe der Besucherinformation) den genauen Hallenstandort des von Ihnen gewählten Herstellers.
- Stellen Sie in Ihrer Gruppe einen Fahrplan für die unten stehenden Rallyeaufgaben auf! Vermeiden Sie dabei lange Wege, und sortieren Sie die Aufgaben gemäß dem erstellten Fahrplan!
- Lösen Sie bitte alle Rallyeaufgaben zusammen mit ihren Partnern!

  Viel Spass und Erfolg!

Notizen:

Arbeitsblatt 2:
Messerallye unter dem Aspekt „Instandhaltung“

Name: .... Klasse: .... Datum: ....

Lern- und Arbeitsaufgaben auf Grundlage der von Ihnen erarbeiteten Leitfragen:

Nutzen Sie zur Bearbeitung bitte weitere Blätter bzw. die Rückseite. Die Fragen können von Ihnen durch weitere Aspekte ergänzt werden.

1) Wie wird die von Ihnen zu erkundende Maschine bezeichnet?
2) Welche Funktionen und Besonderheiten weist die Maschine auf?
3) Welche Wartungsaufgaben müssen an dieser Maschine geleistet werden?
4) Kann die Wartung von dem Maschinenbediener durchgeführt werden?
5) Welche Kosten ergeben sich durch Pflege- und Wartungsarbeiten?
6) Worauf ist bei den durchzuführenden Inspektionen besonders zu achten?
7) Welche Schwachstellen hat die Maschine mit Blick auf Wartung und Inspektion?
8) Wie groß sind die Wartungs- und Inspektionsintervalle?
9) Ist die Maschine instandsetzungsfreundlich konstruiert?
10) Lässt sich die Maschine gut demontieren und wieder remontieren?
11) Welche Bauteile verschleißen erfahrungsgemäß zuerst?
12) Wann sollte eine vorbeugende Instandsetzung von verschlissenen Bauteilen erfolgen?
13) Wie sind die Wartungs-, Inspektions- und Instandsetzungsanleitungen ausgeführt?
14) Nach wie vielen Betriebsstunden wird von Ihrer Firma eine Generalüberholung der Maschine oder vorbeugende Instandsetzung empfohlen?
15) Was kostet eine Generalüberholung?
16) ....

Reflexion der Unterrichtseinheit

Die Schülerinnen und Schüler arbeiten normalerweise bei solchen Veranstaltungen gut mit. Häufig ist anfänglich eine Scheu davor zu beobachten, an einem Messestand Fragen bei den Ausstellern zu formulieren und zu stellen. Deshalb erweisen sich die Fragen für ein Leitfaden gestütztes Interview meist als notwendig, damit die Teilnehmer für die Rallye Sicherheit gewinnen. Die Ergebnisse, die mit der Messerallye gewonnen werden, sind beachtlich. Von den Schülerinnen und Schülern wird häufig angefragt, ob nicht noch eine Rallye durchgeführt werden kann.

Im Vorfeld einer Messerallye werden durch die Lehrkraft zusammen mit den Lernenden themenbezogene Arbeitsblätter entwickelt und dokumentiert. Die hier vorgestellten Arbeitsblätter sind als Beispiele zu deren Gestaltung im Rahmen einer Messerallye unter dem Aspekt „Instandhaltung“ zu verstehen.

Außer der Messerallye, die sich auf aktuelle Themen aus Technik und Arbeit richtet, kann auch eine Museumsrallye zur Themenabrundung unter dem historischen Aspekt der Gewordenheit von Arbeit und Technik durchgeführt werden, und zwar dann, wenn es um die Entwicklung von Maschinen, Geräten, Werkzeugen, Techniken und Verfahren geht. Auch wenn bei der Museumsrallye nicht der Anreiz des Aktuellen und Modernen vorhanden ist, kann damit ein weiterer Anstoß zu einer reflektierten und umfassenderen Behandlung eines technischen Themas erfolgen. Für berufliches Lernen – nicht nur am Lernort Schule – stellen Messe- und Museumsrallyes die Möglichkeit eines anderen Themenzugangs dar.

B Unterrichtsbeispiele im Vorfeld einer Instandsetzung

Um Maschinen und Anlagen instand halten zu können, sind oft vorbereitende Maßnahmen notwendig, die auch für andere Tätigkeitsbereiche in Frage kommen. Dazu gehören zum Beispiel das Messen und Prüfen, das Außerbetriebnehmen oder das Demontieren. Auch Warten und Inspizieren, die mit dem Messen und Prüfen eng verwandt sind, können als Instandhaltungsmaßnahmen nach DIN 31051 im Vorfeld von Instandsetzungstätigkeiten angesiedelt sein; vor allem, wenn erst im Verlauf einer Wartung oder Inspektion ersichtlich wird, dass die volle Funktionsfähigkeit- und -sicherheit einer Baugruppe nicht gewährleistet ist und der Abnutzungsvorrat mit einer Instandsetzung erst wieder hergestellt werden muss.

In den folgenden Unterrichtsbeispielen wird sich exemplarisch fünf großen Teiltätigkeitsbereichen der Instandhaltung zugewandt, der Außerbetriebnahme, der Wartung, der Inspektion, der Fehleranalyse und der Demontage.

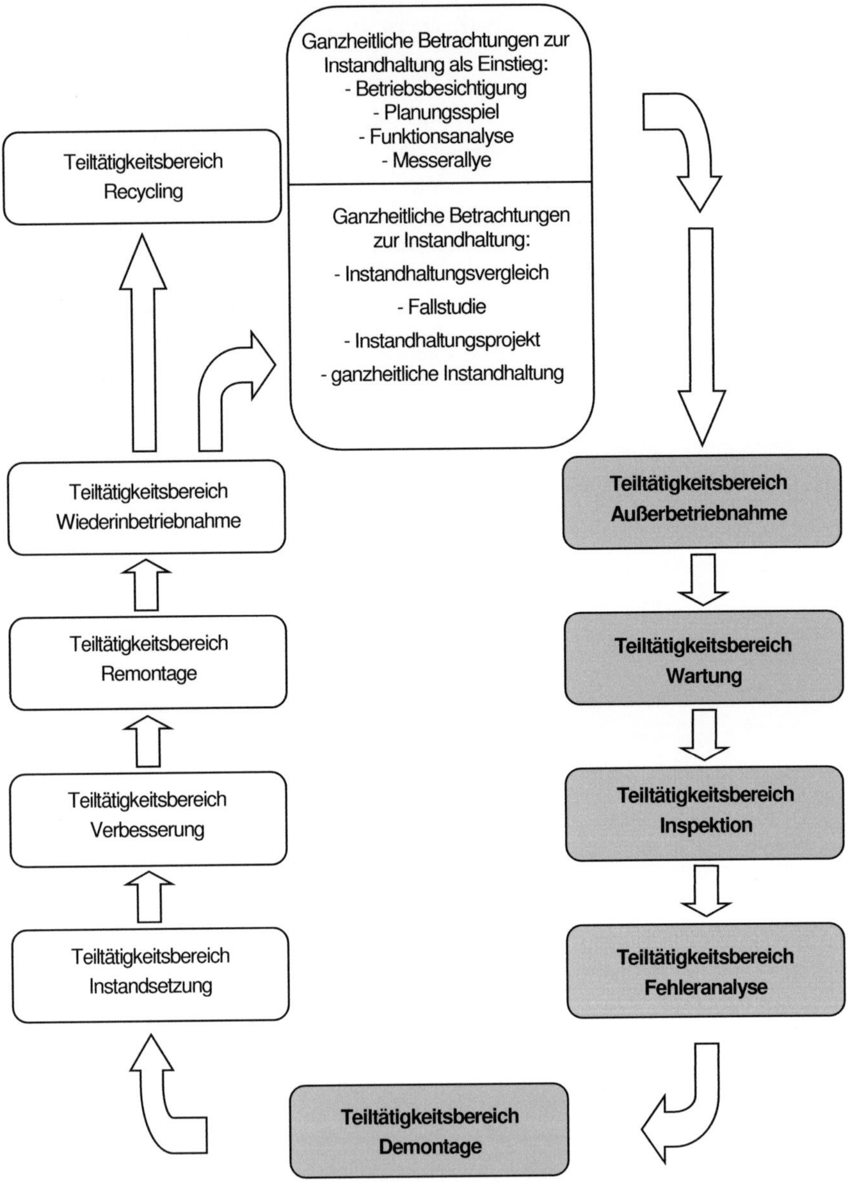

Abb.: Unterrichtsbeispiele im Vorfeld der Instandsetzung: mögliche Makrostruktur des Tätigkeits- bzw. Themenbereiches „Instandhaltung“

Unterrichtsbeispiel 5: Analyse der Außerbetriebnahme einer Heizungspumpe für die Instandhaltung

Unterrichtsverfahren: Außerbetriebnahmeanalyse

Thematische Aspekte

Eine Außerbetriebnahme im Vorfeld der Wartung oder Instandsetzung von Maschinen oder Anlagen hat das Ziel, unmittelbare oder langfristige Gefahren für Beschäftigte oder Dritte sowie für die Umwelt und die Technik auszuschließen. Dieses gilt vor allem für Anlagen oder Anlagenteile, bei denen elektrische Energie oder auch brennbare, explosive oder giftige Stoffe eine Rolle spielen. Die dazu erforderlichen Stilllegungs-, Reinigungs-, Konservierungs- und Sicherheitsmaßnahmen mit den jeweiligen Zuständigkeiten werden in Form von Projektplänen festgelegt.

Außerbetriebnahmetätigkeiten werden – zumindest ergibt sich bei Sichtung von Unterrichtsmedien teilweise den Eindruck – oftmals eher am Rande oder in der Vorbereitungsphase weiterer Instandhaltungstätigkeiten wenig explizit herausgestellt. Damit wird man ihrer technischen Bedeutsamkeit insgesamt nicht gerecht.

Auch die im vorliegenden Fall gewählte Außerbetriebnahme einer Heizungspumpe lässt sich als das einer Instandsetzung vorauslaufende Unterrichtsverfahren interpretieren. Sie kann sowohl ohne Demontage als auch mit Demontage der Pumpe geschehen. Soll die Betriebsbereitschaft im System erhalten bleiben, so bleibt sie in der Anlage eingebaut – jedoch nicht, ohne die Armaturen unmittelbar vor und hinter der Pumpe zu schließen. Grundsätzlich sind Arbeiten an der Maschine nur bei abgeklemmten elektrischen Anschlüssen durchzuführen, wobei das Pumpenaggregat auch vor ungewolltem Einschalten zu sichern ist. Pumpen, die gesundheitsgefährdende Flüssigkeiten fördern, müssen dekontaminiert werden. Beim Ablassen des Fördermediums ist darauf zu achten, dass keine Gefährdung für Personen und Umwelt entsteht. Gesetzliche Bestimmungen sind einzuhalten. Ist eine nach der Außerbetriebnahme sofort folgende Instandsetzung vorgesehen, so sind nur Säuberungsarbeiten und eine kurzfristige Lagerung vorzunehmen. Für das Unterrichtsbeispiel wurde eine Pumpe ausgewählt, wie sie in Heizungsanlagen verwendet wird.

Deutlich wird bereits hier, dass bei Außerbetriebnahmen auch von Heizungspumpen z. T. hohe Gefährdungspotentiale auftreten können, deren sich angehende Facharbeiter bewusst werden müssen. Da Gefährdungen der Lernenden im berufsschulischen Lernen keinesfalls in einer real existierenden Form auftreten dürfen, wird zu Beginn des Unterrichtsbeispiels eine Gefährdungssituation – als Sekundärerfahrung für Lernende – geschildert, deren genaue Ursachen und detaillierter Hergang anhand einer Außerbetriebnahmeanalyse und an einem realen Pumpenmodell in der Schulwerkstatt von den Lernenden in kooperativer, selbstständiger Tätigkeit zu rekonstruieren sind.

Lernvoraussetzungen

In den Rahmenlehrplänen der industriellen Metallberufe wird die Außerbetriebnahme als Lerninhalt bzw. Bestandteil eines Kompetenzbereiches nicht explizit ausgewiesen, wohl im Vorfeld bestimmter Instandsetzungstätigkeiten aber „mitgedacht". Gerade dieses ist ein weiterer Grund, die Außerbetriebnahme in der Form eines eigenständigen Unterrichtsverfahrens als Teil beruflichen Instandhaltungslernens zu verstetigen.
Es ist insgesamt zu empfehlen, Außerbetriebnahmetätigkeiten im schulischen Unterricht nicht bereits im ersten Ausbildungsjahr, sondern erst im zweiten Ausbildungsjahr zu thematisieren, und zwar dann, wenn bereits grundlegende Kenntnisse im Bereich der Montage und Demontage von Maschinen und Anlagen vorhanden sind. Insbesondere sind sich die Lernenden bereits auch über die Vorteile und grundlegenden Ablaufschritte technischer Analysen bzw. einer selbstständigen analytischen Annäherung an technische Objekte und Systeme im Klaren.

Unterrichtsziele und angestrebter Kompetenzzuwachs

Speziell im vorliegenden Fall der Außerbetriebnahmeanalyse einer Heizungspumpe geht es um den Kompetenzerwerb im Vorfeld von Wartungs- oder Instandsetzungsarbeiten, ein Bereich vorbereitender Tätigkeiten, der oftmals nur „am Rande" thematisiert wird. Dennoch oder gerade deshalb, können Lernende nach der Bearbeitung einer Außerbetriebnahmeanalyse

- einen Außerbetriebnahmeauftrag erfassen, verstehen und analysieren,
- Vorschriften und technische Unterlagen zur Außerbetriebnahme des technischen Objektes verstehen und verwenden,
- die Außerbetriebnahme selbstständig analysieren und mögliche Probleme insbesondere auch unter Aspekten der Arbeitssicherheit erkennen,
- die Außerbetriebnahme eines technischen Systems fachgerecht sowie unter Beachtung der erforderlichen Sicherheitsbestimmungen bewerten,
- das Exemplarische an technischen Stilllegungsvorgängen erkennen und auf ähnliche Bereiche transferieren.

Didaktisch-methodische Struktur

Der didaktische Ansatz dieses Unterrichtsbeispiels im Bereich der Außerbetriebnahme von Maschinen richtet sich auf zwei Schwerpunkte. So steht einerseits das selbstständige Lernen und Analysieren anhand eines technischen Verfahrens im Vordergrund, während andererseits auch berufsfachliche Fähigkeiten zur Außerbetriebnahme eines technischen Gegenstandes anzusprechen sind.

Eine wichtige Intention bleibt dabei, den Lernenden einsichtig zu machen, dass bei der fachgerechten Analyse der Außerbetriebnahme entsprechende Sicherheitsrichtlinien zu beachten sind. Unabhängig davon, ob die Pumpe eingebaut bleibt oder ausgebaut wird, ist sie z. B. vor ungewolltem Einschalten zu sichern. Ebenso sind die Ventile vor und hinter dem Aggregat zu schließen. Grundsätzlich sind dabei alle Arbeiten an dem technischen Gegenstand nur bei abgeklemmten elektrischen Anschlüssen durchzuführen.

Handlungsablauf

Nachfolgend wird eine mögliche Unterrichtsstruktur in tabellarischer Form dargestellt.

Unterrichtsbeispiel 5: Analyse der Außerbetriebnahme einer Heizungspumpe für die Instandhaltung

Nr.	Lern-phase	Handlungsablauf	Aktions- und Sozial-form	Medien und didaktische Materialien	Didaktische Hinweise
1	Einführung und Konfrontation (Motivationsphase)	Die Lehrkraft beschreibt einen Unfall bei einer nicht sachgerecht durchgeführten Außerbetriebnahme einer Heizungspumpe und die daraus entstandenen Schäden und hohen Kosten für den Betrieb.	Unterrichtsgespräch	Information der Berufsgenossenschaft mit Unfallbericht	Die Lernenden werden durch die Authentizität des Falles motiviert, sich mit dem Thema genauer zu befassen. Hier können auch bereits mögliche unfall- bzw. versicherungsrechtliche Folgen angesprochen werden.
2	Intuitive Problemlösung	In einem Brainstorming äußern die Lernenden Vermutungen über die möglichen Ursachen des Unfalls. Sie erkennen, dass weitere Informationen zur Beurteilung des Falls erforderlich sind.	Unterrichtsgespräch	Information der Berufsgenossenschaft mit Unfallbericht	Hier beginnen sich bereits Analyseschwerpunkte abzuzeichnen, die vorerst nur gesammelt und nicht bewertet werden.

3	Information und Planung der Analysestrategien	Im Unterschied zur vorhergehenden Phase geht es nun darum, selbstständig ein systematisches Herangehen an die Analyseaufgabe in den einzelnen Gruppen zu planen. Die Schülerinnen und Schüler informieren sich zuvor anhand ihrer Fachbücher über die fachgemäße Außerbetriebnahme von Maschinen und Anlagen. Sie planen die einzelnen Schritte einer Außerbetriebnahme der Modellpumpen in der Schulwerkstatt, um dabei mögliche Gefahrenpotentiale zu orten und zu analysieren.	Gruppenarbeit	Fachliteratur, Außerbetriebnahmeplanung	Die Lernvoraussetzungen und die Leistungsfähigkeit bestimmen wesentlich die Art und Gliederung der Analysestrategie sowie der Außerbetriebnahmeplanung. Da die Tätigkeiten in dieser Arbeitsphase bereits in den einzelnen Lerngruppen erfolgen, entstehen bereits hier auch unterschiedliche Herangehensweisen, was durchaus toleriert werden sollte.
4	Außerbetriebnahme der Pumpe, Dokumentation	Die Lernenden begeben sich in Dreiergruppen an die Pumpenstände. Während ein Lernender die Außerbetriebnahme wie geplant Schritt für Schritt vornimmt, beobachten zwei andere die Vorgehensweise, beraten sich und notieren ihre Überlegungen auf einem Beobachtungsbogen. Danach erarbeiten sie die Präsentationsunterlagen, um ihr Analyseergebnis im Plenum vorzutragen.	Gruppenarbeit vor Plenum	Pumpenstände, Arbeitsblätter, Werkzeuge, Videokamera, Bewertungsblätter, Beobachtungsbogen	Auf dem Beobachtungsbogen notieren die Lernenden ihre Einschätzungen zur fachlichen Richtigkeit und zu Sicherheitsaspekten bei der Außerbetriebnahme. Eine Videoaufnahme der Tätigkeiten kann für die spätere Präsentations- und Auswertungsphase herangezogen werden. Bei größeren Lerngruppen kann ein vierter Lernender der Arbeitsgruppe die Außerbetriebnahme mit der Videokamera festhalten.

5	Vergleich und Kontrolle der Analyseergebnisse	Im Plenum tragen die Lernendengruppen ihre Arbeitsergebnisse vor und stellen sich der Diskussion. Anschließend werden die Resultate verglichen. Einerseits werden dabei die Sinnhaftigkeit und die fachliche Richtigkeit des Vorgehens in den Gruppen beurteilt. Andererseits werden die Aussagen zum möglichen Hergang und den Ursachen des eingangs geschilderten Unfallbeispiels gegeneinander abgewogen.	Plenum	Präsentationsmedien	Den Lernenden wird bewusst, dass nicht ausschließlich ihr eigenes Vorgehen zum Ziel geführt hat. Sie lernen voneinander und akzeptieren bzw. tolerieren die Ansätze und Überlegungen anderer. Die Moderation der Ergebnispräsentation kann von einer bzw. einem Lernenden übernommen werden.
6	Auswertung und Transfer	Die Lehrkraft regt eine Gesamtbewertung der Außerbetriebnahme der Pumpe an und zeigt zur Veranschaulichung von einzelnen Fehlern/Arbeitsschritten ausgesuchte Videosequenzen. Im Plenumsgespräch einigt man sich für eine für alle verbindliche Abfolge von Arbeitsschritten bei der Außerbetriebnahme einer Pumpe.	Lehrerkurzvortrag Lehrer-Schüler-Gespräch	Videogerät und Zubehör	Sollten einige Gruppen auf ihren Resultaten und Einschätzungen beharren, sind von der Lehrkraft „Brücken" zu bauen, um die Kluft zwischen den Ansätzen nicht zu groß werden zu lassen.
7	Ergebnissicherung	Schließlich werden auch die Einschätzungen der Lernenden zur Ursache des eingangs geschilderten Unfalls zusammengefasst und in der Form eines Unfallprotokolls nebst Ursachenbeschreibung sowie Hinweisen zur zukünftigen Vermeidung festgehalten.	Lehrer-Schüler-Gespräch	Tafel	

Didaktische Materialien

FOLIE

BG – Unfallbericht der Berufsgenossenschaft
Bericht Nr.: B-03 A /2007

Bezeichnung des Arbeitsmittels/Arbeitsplatzes:
Tätigkeiten bei der Außerbetriebnahme einer Heizungspumpe

Kurzbeschreibung des Hergangs:
Herr M. war mit der Außerbetriebnahme einer Heizungspumpe in einem Einfamilienhaus beschäftigt. Beim Demontieren einzelner Bauteile erlitt Herr M. einen Stromschlag. Hierdurch zog er sich Verletzungen zu, an denen er noch am Unfallort verstarb. Austretendes Heizwasser richtete einen Sachschaden in Höhe von 10.000 Euro an.

Ursache:
Eine genaue Ursache konnte bisher noch nicht ermittelt werden.

Präventionshinweise:
Sind nach Ermittlung der genauen Ursache noch zu erarbeiten

Anhang zum Bericht Nr.: B-03 A /2007

Außerbetriebnahme einer Heizungspumpe – Arbeitsplanung

Name: .... Klasse: .... Datum: ....

Entwickeln Sie bitte eine sinnvolle und fachlich richtige Abfolge von Arbeitsschritten für die Außerbetriebnahme einer Heizungspumpe! Notieren Sie diese Reihenfolge auf dem Arbeitsblatt!

Schritt Nr.	Tätigkeit	Bemerkungen
1		
2		
3		
4		
5		
6		
7		
8		
9		
10		
11		
12		
13		
14		
15		
16		
17		
18		
19		
20		
21		
22		

Bemerkungen:

Außerbetriebnahme einer Heizungspumpe – Beobachtungen

Name: .... Klasse: .... Datum: ....

Führen Sie bitte die geplante Außerbetriebnahme der Heizungspumpe durch! Notieren Sie Ihre Beobachtungen!

Entwickeln Sie anschließend bitte eine optimierte Arbeitsplanung! Benennen Sie bei den einzelnen Schritten typische Gefährdungspotentiale!

Schritt Nr.	Arbeitsschritt korrekt/ evtl. optimierbar/ Verbesserungsvorschläge	Gefährdungspotential durch ...
1		
2		
3		
4		
5		
6		
7		
8		
9		
10		
11		
12		
13		
14		
15		
16		
17		
18		
19		
20		

Bemerkungen:

Informationsblatt:
Außerbetriebnahme einer Pumpe

Name: .... Klasse: .... Datum: ....

Außerbetriebnahme

Zunächst ist der Motor abzuschalten!

Danach sind die Absperrarmaturen zu schließen!

Falls das Medium in der Anlage verbleibt, sind die Armaturen gegen versehentliches Öffnen zu sichern! Ist ein Rückflussverhinderer in die Druckleitung eingebaut, kann das Absperrelement offen bleiben, sofern ein Gegendruck vorhanden ist.

Achtung!

Bei Frostgefahr oder längeren Stillstandsperioden ist eine Pumpe zu entleeren bzw. gegen Einfrieren zu sichern!

Werden die Pumpen erst Wochen oder Monate nach der Auslieferung in Betrieb genommen, sollte unbedingt vorher von Hand an der Welle oder am Lüfterrad des Motors gedreht werden, um die eventuell zusammenhaftenden Gleitringe sanft zu lösen. Durch die starke Adhäsion der geläppten Flächen könnten sonst bei dem schlagartigen Anlauf des Motors Schäden an der Gleitringdichtung entstehen. Die Welle muss sich gegen einen gleichmäßigen Widerstand drehen lassen. Haften die Gleitringflächen zusammen, ist ein deutliches Rückstellmoment spürbar.

Erfolgt die Außerbetriebnahme zur Durchführung von Arbeiten an der Pumpe, muss der Antrieb so gesichert werden, dass dieser nicht eingeschaltet werden kann. Hierzu ist z. B. der Schalter abzuschließen, eventuell die Sicherung herauszuschrauben, ein Kurzschlussstecker zu verwenden oder der Motor abzuklemmen.

Alle Absperrorgane in Zulauf- und Druckleitung müssen geschlossen sein. Die Pumpe muss Umgebungstemperatur angenommen haben sowie entleert sein. Pumpen, die gesundheitsgefährdende Medien bewegen, müssen dekontaminiert werden.

Achtung!

Unmittelbar nach Abschluss der Arbeiten müssen alle Sicherheits- und Schutzeinrichtungen wieder angebracht bzw. in Funktion gesetzt werden.

Transport/Zwischenlagerung

Transport
Der Transport der kompletten Pumpe muss fachgerecht erfolgen. Achten Sie auf ausreichend dimensionierte Hebezeuge und Anschlagmittel!

Zwischenlagerung
Eine Zwischenlagerung soll trocken, staub- und frostfrei erfolgen. Die Pumpe ist gegen Eindringen von Verunreinigungen zu schützen.

Nach einer längeren Lagerung kann es notwendig sein, die Dichtungen auszutauschen. Besonders die Gleitringdichtung kann durch die starke Adhäsion der geläppten Flächen zueinander bei einem schlagartigen Anlauf des Motors beschädigt werden. Die Pumpwelle ist deshalb zuerst von Hand in Drehrichtung zu drehen, um die eventuell zusammenhaftenden Gleitringe sanft zu lösen. Dabei muss sich die Welle gegen einen gleichmäßigen Widerstand drehen lassen. Haften die Gleitringe zusammen, ist ein deutliches Rückstellmoment spürbar.

Reflexion der Unterrichtseinheit

Die Außerbetriebnahme bzw. Außerbetriebsetzung stellt einen wesentlichen Arbeitsvorgang vor Beginn eigentlicher Wartungs- oder Inspektionstätigkeiten dar. Sie muss sehr verantwortungsvoll durchgeführt werden und bedarf häufig der Abstimmung mit anderen Kollegen oder Abteilungen. Wie hier im Fall einer Heizungspumpe dürfen und können die meisten Wartungstätigkeiten nur an außer Betrieb gesetzten Anlagen durchgeführt werden. Die Nichtbefolgung dieses Arbeitsschrittes kann schwerwiegende Folgen haben. Insofern ist dieser Vorgang gerade im Zusammenhang mit der Instandhaltungsausbildung lernbedeutsam und kann durch eine methodische Aufbereitung als separates Unterrichtsverfahren eingesetzt werden.

Speziell im vorliegenden Fall können in Abhängigkeit von den zur Verfügung stehenden Arbeitsstationen in der Schulwerkstatt auch weitere Unterrichtsverfahren angeschlossen werden. Denkbar wären bei einer genügenden Anzahl von Pumpenständen eine Wartungsaufgabe, eine Inspektionsaufgabe und schließlich auch eine Demontageaufgabe bzw. die diesen Verfahren entsprechenden Analysen. Nach einer durchgeführten Instandhaltung ist schließlich die Wiederinbetriebnahme als Spezialfall der Inbetriebnahme erforderlich.

Unterrichtsbeispiel 6: Wartungsanalyse an einem verstellbaren Maschinentisch[8]

Unterrichtsverfahren: Wartungsanalyse

Thematische Aspekte

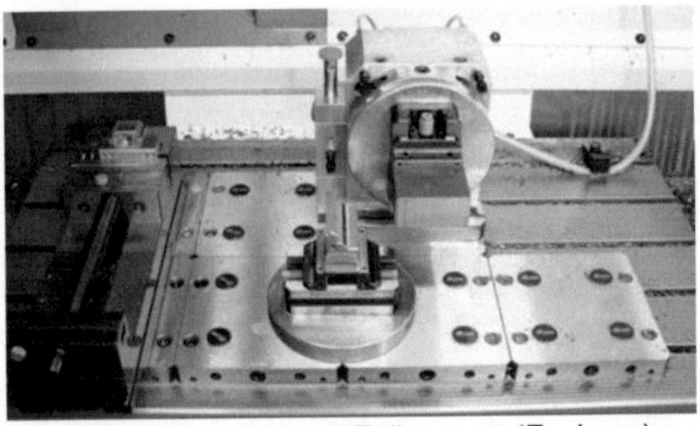
Abb.: Maschinentisch mit Teilapparat (Fa. Lang)

Mit diesem Verfahren wird die Analyse der Wartung von technischen Objekten oder Systemen zum berufsdidaktischen und arbeitsorientierten Schwerpunkt. Bereits durchgeführte Wartungsarbeiten werden entweder theoretisch, also abstrakt handlungsorientiert, am Modell bzw. an einer Abbildung eines technischen Objektes bzw. Systems oder konkret-handlungsorientiert an einem Realobjekt – hier ein Maschinentisch – vollzogen. Systemische Herangehensweisen, aber auch mit Wartungsfragen verknüpfte Details bestimmen das Verfahren.
Für das vorliegende Unterrichtsbeispiel wurde ein Maschinentisch gewählt, der sowohl in seiner Größe als auch in seiner Komplexität einen klar abzugrenzenden Arbeitsauftrag zulässt: Um Werkstücke bearbeiten zu können, werden sie üblicherweise auf den Maschinentisch einer Werkzeugmaschine aufgespannt. Tische dieser Art sind oft massiv ausgeführt und mit trapezförmigen Nuten zur Aufnahme von Nutsteinen mit Befestigungsgewinde bzw. mit T-Nuten versehen. Diese dienen der Aufnahme so genannter Spanneisen zur kraftschlüssigen Befestigung von Werkzeugen oder Werkstücken. Von Schwalbenschwanzverbindung spricht man, wenn Nutsteine oder Schrauben kraftschlüssig in trapezförmige Nuten im Maschinentisch greifen. Über die Nuten im Maschinentisch können sowohl Werkstücke anhand von Spannpratzen direkt auf den Maschinentisch montiert als auch Spannhilfsmittel (z. B. Schraubstöcke), Werkzeuge (z. B. Drehfutter) oder Vorrichtungen (z. B. Teilapparate) befestigt werden. Verstellbare Maschinentische müssen gewartet und instand gehalten werden, was sowohl weitgehend selbstgesteuert als auch – z. B. bei größeren Anlagen – in kooperativer Form von den jeweiligen Fachkräften vorzunehmen ist.

---

[8] Dieses Unterrichtsvorhaben wurde im Wesentlichen von Lehrkräften des Oberstufenzentrums Elbe-Elster (OSZ EE) Elsterwerda entwickelt und erprobt.

Lernvoraussetzungen

Die Wartungsanalyse ist im Lernfeld 4 „Warten technischer Systeme“ in den Rahmenlehrplänen für industrielle Metallberufe anzusiedeln und setzt entsprechende Kenntnisse und Fähigkeiten voraus, die schon in den Lernfeldern 1 bis 3 erworben worden sind. So kennen die Lernenden bereits einfache technische Objekte und Anlagen. Sie können Funktionseinheiten einfacher Maschinen und Anlagen sowie deren Wirkungsweisen beschreiben.

Die Schülerinnen und Schüler beherrschen den Umgang mit weniger komplexen technischen Unterlagen und Informationen. Dazu gehören Gruppen- und Gesamtzeichnungen bzw. Teilzeichnungen, Stücklisten und Montagepläne, Anordnungspläne, Funktions- und Montagebeschreibungen. Darüber hinaus sind einfache Prüfverfahren bekannt.

Unterrichtsziele und angestrebter Kompetenzzuwachs

Eine Wartungsanalyse als berufsdidaktisches Ausbildungs- und Unterrichtsverfahren zielt auf den kooperativen Erwerb handlungsbezogener Fähigkeiten, die neben Faktenwissen zum Wartungsbereich besonders auch eine systemische und analytische Behandlung von Problemen einbezieht. Gefördert wird schlussfolgerndes Denken ebenso wie die Fähigkeit zur selbstständigen Analyse von Wartungsprozessen.
Die Lernenden können

- Wartungsmaßnahmen in ihrer Bedeutung für die Instandhaltung eigenständig beurteilen,
- Wartungsmethoden im Zusammenhang mit verschiedenen Abnutzungsursachen unterscheiden,
- Unterlagen zur Wartung von Maschinentischen und vergleichbaren Anlagen verwenden und eventuell verändern,
- Planungen für Wartungsarbeiten analysieren und dabei Wartungsdokumente lesen und auswerten,
- Wartungsprozesse analysieren und die Schritte sowie Ergebnisse bewerten, sowie
- kooperativ Vorschläge für eine optimierte, maschinen- bzw. anlagenbezogene Wartung erarbeiten und unterbreiten.

Didaktisch-methodische Struktur

Die Strukturierung des Verfahrens ist so angelegt, dass sie ein weitgehend selbstorganisiertes Herangehen an den Wartungsgegenstand durch Lernende erlaubt.

Im Mittelpunkt der Unterrichtseinheit steht dabei eine zweiphasige Bearbeitung eines Arbeitsblattes. Im ersten Teil (Phase „Bearbeitung") wird der vorhandene Wartungsplan analysiert. Danach in der Phase „Kontrolle" im zweiten Teil das Nachvollziehen durchgeführter Wartungsarbeiten auf der Grundlage des Vergleichs mit Vorgaben aus dem Wartungsplan vorgesehen. Auf dieser Basis sollen die Gründe und Ursachen für die in der Einstiegsphase zu schildernde Unzulässigkeit – der Maschinentisch lässt sich nicht mehr verstellen bzw. es kommt zur untypischen Geräuschentwicklung – ausfindig gemacht werden. Hier wird von der Annahme ausgegangen, dass mangelhafte Wartung zu diesen defizitären Erscheinungen geführt haben.

Für das Unterrichtsbeispiel ist Partnerarbeit als vorwiegende Sozialform vorgesehen. Da die Kontrolle der Wartungsarbeiten aber konkret-handlungsorientiert erfolgen soll, kann es aufgrund geringer technischer Ausstattung aus lernorganisatorischen Gründen notwendig sein, zu einer Gruppenarbeit überzugehen.

Handlungsablauf

Die folgende Übersicht zeigt einen möglichen Ablauf der Wartungsanalyse eines Maschinentisches.

Unterrichtsbeispiel 6: Wartungsanalyse an einem verstellbaren Maschinentisch					
Nr.	**Lernphase**	**Handlungsablauf**	**Aktions- und Sozialform**	**Medien und didaktische Materialien**	**Didaktische Hinweise**
1	Einstieg, Motivation	Die Lehrkraft schildert einen konkreten Fall, bei dem nach einer Wartung der Tisch nicht mehr verstellbar ist bzw. sich bei der Funktion untypische Geräusche entwickeln. Dann erhalten die Lernenden die Aufgabe, genau zu überlegen, worin der Grund liegen könnte, wie die Bauteile heißen und welche tieferen Ursachen die Geräuschentwicklung haben kann.	Unterrichtsgespräch	Tafel, OHP, Beamer	Das Beispiel ist medial aufbereitet. Die Ideen werden den Lernenden gesammelt und sortiert. Günstigenfalls steht in der Schulwerkstatt ein Maschinentisch zur Verfügung, der in den Lernprozess einbezogen wird.
2	Aufgabenstellung und Vorklärung	Ein Wartungsplan wird verteilt. Die Lernenden erhalten dazu den Arbeitsauftrag. Dieser ist so gestaltet, dass sie sich noch einmal allgemein mit den einzelnen Schritten bzw. Kriterien zur Wartungsdurchführung vertraut machen sollen (Block A), um anschließend die (angeblich) durchgeführten Wartungsschritte nachvollziehen bzw. prüfen zu können (Block B).	Partnerarbeit	Wartungsplan, Arbeitsauftrag (Arbeitsblatt)	Die Lehrkraft sollte durch ergänzende Bemerkungen die nötige Kreativität bei den Lernenden wecken.
3	Bearbeitung	Die Lernenden bearbeiten in Gruppen die Dokumente. Sie prüfen die Wartungsschritte in ihrer Reihenfolge und überlegen sich, worin der Zweck der jeweiligen Maßnahme liegt.	Partnerarbeit	Arbeitsblatt (Block A), Wartungsplan, Mitschriften	Möglicherweise muss die Lehrkraft weitere Auskünfte zum Arbeitsauftrag geben. Die Eingriffe sollten aber möglichst gering sein, um das selbstständige Arbeiten und Lernen zu fördern.

4	Kontrolle	Dem Planungspapier folgend, untersuchen die Lernenden in den Arbeitsgruppen jeden Schritt der in der Praxis vollzogenen Wartung. Die Lernenden nehmen Messungen und Prüfungen vor. Ergebnisse aller Maßnahmen werden schriftlich festgehalten. Insbesondere sollen die Lernenden feststellen, welche Wartungsmaßnahmen mangelhaft oder gar nicht durchgeführt worden sind.	Partnerarbeit	Arbeitsblatt (Block B), Wartungsplan, Mitschriften, Maschinentisch	Die Lehrkraft kann zur Unterstützung der Arbeit – ohne Abläufe zu stören – bereits zwischen den Analyseschritten Meinungen der Lernenden herausfordern, um zu prüfen, ob Ansätze zur Ursachenfindung entstehen.
5	Zusammenfassung	Die Gruppen stellen ihre Arbeitsergebnisse vor. Dabei sollen Wartungsplan und durchgeführte Wartungsarbeiten analysiert werden. Die anderen Lernenden erhalten den Auftrag, die Ergebnisse zu vergleichen, zu ergänzen oder zu verbessern. Im Plenum werden die Ergebnisse zusammengefasst.	Präsentation Plenum	Tafel Flipchart	Die Lernenden werden daran erinnert, dass Unklarheiten erst nach der Präsentation diskutiert werden.
6	Anwendung	Die Lernenden beschreiben als Fazit, welche Fehler bei der Wartung gemacht worden sein könnten. Anschließend wird an die Ausgangssituation erinnert. Nun soll die dort aufgeworfene Frage nach Grund und Ursache der Funktionsfähigkeit bzw. der Geräusche geklärt werden. Es werden die Annahmen aller Lernenden gesammelt und von den Mitlernenden die Wahrscheinlichkeiten fachlich beurteilt. Maßnahmen und Verbesserungsmöglichkeiten werden besprochen.	Unterrichtsgespräch	Tafel	Die Annahmen werden an die Tafel geschrieben und von den Mitlernenden bewertet.
7	Transfer und Reflexion	Die Schülerinnen und Schüler nennen Beispiele an weiteren Anlagen oder Geräten, bei denen vergleichbare Fehler auftreten könnten. Anschließend äußern sich die Lernenden über die Arbeit in ihren Partnergruppen sowie über das Vorgehen insgesamt.	Unterrichtsgespräch	Tafel Flipchart	Ein von der Lehrkraft gebotener Ausblick auf die sich rasch wandelnden technischen Entwicklungen kann die Lernenden für anspruchsvolle Wartungsanalysen sensibilisieren.

Didaktische Materialien

Informationsblatt:
Wartungsplan einer Fräsmaschine

Name: .... Klasse: .... Datum: ....

Intervall	lfd. Nr.	Wartungsmaßnahmen	Hinweise
täglich	1	- Frästisch auf Beschädigungen prüfen, reinigen und leicht fetten	nur Putzlappen und Pinsel einsetzen
	2	- Schlittenführungen reinigen	keine Pressluft verwenden
wöchentlich	1	- Bedienpult, Maschinengehäuse und Steuerung säubern	Schäden dokumentieren und melden
	2	- Füllstand der Kühlmittelschmiereinrichtung prüfen	Markierung mit Höchst- und Tiefststand beachten
	3	- Kühlmittelschmiereinrichtung bei Bedarf auffüllen	geeigneten Kühlschmierstoff verwenden
vierzehntägig	1	- Abstreifer der Führungsbahnen säubern und bei Bedarf auswechseln	Abstreifer sichten
	2	- Schalter und Elektrozuleitungen auf Defekte sorgfältig kontrollieren	Maßnamen des Arbeitsschutzes beachten
	3	- Füllstand der Zentralschmiereinrichtung prüfen	Markierung mit Höchst- und Tiefststand beachten
	4	- Zentralschmiereinrichtung bei Bedarf auffüllen	geeigneten Kühlschmierstoff verwenden
monatlich	1	- Schlittenführungen prüfen und u. U. nachstellen	Führungen auf Spiel prüfen
	2	- Filter und Siebe der Schmiereinrichtungen säubern	Maßnamen des Umweltschutzes beachten
	3	- Spannung und Verschleiß des Keilriemens vom Hauptantrieb kontrollieren	Maßnamen des Arbeitsschutzes beachten
	4	- Zahnriemen vom Vorschubantrieb kontrollieren und evtl. nachstellen	Sichtprüfung
jährlich	1	- Frässpindel auf Lagerspiel überprüfen und im Fall einer Toleranzüberschreitung nachjustieren	Rundlaufabweichung mit Messuhr prüfen
	2	- Gesamtprüfung der Maschine durchführen	nach Bedienungsanleitung

Arbeitsblatt:
Wartungsanalyse an einem verstellbaren Maschinentisch

Name: .... Klasse: .... Datum: ....

Lern- und Arbeitsaufgaben

Block A: Analyse der Unterlagen

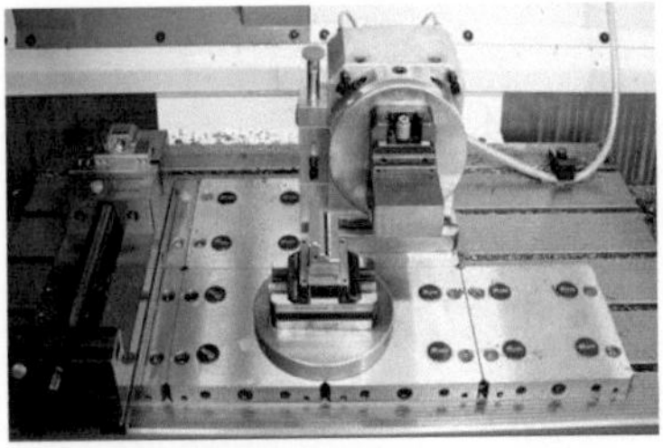
Abb.: Maschinentisch (Fa. Lang)

1. Erarbeiten bzw. überprüfen Sie bitte mit Hilfe des Wartungsplanes die erforderlichen Schritte und die dazu gehörigen Arbeitsmittel, die notwendig sind, um die während der Wartungsanalyse erforderlichen Tätigkeiten durchführen zu können!

2. Machen Sie sich Notizen zur Handhabung der Arbeitsmittel (Prüfmittel) und zur Durchführung des Verfahrens bzw. der Voreinstellung der Messmittel!

3. Informieren Sie sich bitte über mögliche Fehlerquellen und deren Vermeidung!

Block B: Analyse der durchgeführten Wartung

1. Machen Sie sich während der Überprüfung der Wartung im Wartungsplan Notizen!

2. Ergänzen Sie bitte den Wartungsplan mit Tätigkeiten, die nicht aufgeführt sind!

3. Warum lassen sich einige Tätigkeiten des Planes nicht eindeutig der Wartung zuordnen?

4. Überlegen Sie nach der Kontrolle der Wartung, welche Ursachen und welche Folgen mangelhafte Wartung haben kann und wie die von Ihnen gefundenen Fehler behoben werden könnten! Nutzen Sie dazu eine Tabelle nach vorgegebenem Muster!

Fehler	Ursache	Folge	Abhilfe

Reflexion der Unterrichtseinheit

Im Rahmen der Wartungsanalyse eines Maschinentisches haben die Lernenden die Möglichkeit, Wartungstätigkeiten quasi aus der Außenperspektive wahrzunehmen. Bei einer geeigneten und den Lernvoraussetzungen angepassten unterrichtlichen Umsetzung können sie so für die wesentlichen Momente aufgeschlossen werden. Die enthaltenen Lehrer-Schüler-Gespräche sowie die Gruppenarbeit fördern kooperative Fähigkeiten besonders dann, wenn Lernenden genügend Spielraum geboten wird, um die Problemstellung gemeinsam mit anderen zu analysieren. Zum kritischen Denken kann angeregt werden, wenn Lernende, im Falle einer fehlerhaften oder ausbleibenden Wartungsanalyse selbstständig die vermittelten Analyseschritte ausführen können.

Am Beispiel wird deutlich, dass ein nahezu nahtloser Übergang von einer Wartungsanalyse zu einer Instandsetzungsaufgabe möglich wird. Das Unterrichtsbeispiel kann situativ auch zu einer Instandsetzungsaufgabe modifiziert bzw. erweitert werden, wenn deutlich ist, dass es nicht nur um das Bewahren des Abnutzungsvorrates, sondern auch um das Wiederherstellen des mittlerweile nicht mehr vorliegenden Sollzustandes geht, d. h., ein Fehler zu beseitigen und ein neuer Abnutzungsvorrat herzustellen ist.

Unterrichtsbeispiel 7: Wartung einer Tischbohrmaschine[9]

Unterrichtsverfahren: Wartungsaufgabe

Thematische Aspekte

Wartung erfüllt neben objektgebundener Inspektion, Instandsetzung und Verbesserung wesentliche Funktionen als grundlegende Instandhaltungsmaßnahme und hat großen Einfluss auf die Betriebsdauer technischer Einrichtungen. Mit dem modernen betrieblichen Geschehen steigen zugleich auch die Anforderungen in der Ausbildung. Beim beruflichen Lernen sollen die Schülerinnen und Schüler mit der Wartung jene qualitativ anspruchsvolleren Vorgänge bewältigen, die den Zugang zu prozessbedingten und systemimmanenten Zusammenhängen gewährleisten.

Das Unterrichtsverfahren „Wartungsaufgabe" trägt im Wesentlichen diejenigen Merkmale, die für Lern- und Arbeitsvorgänge im Zusammenhang mit Maßnahmen der Bewahrung eines Sollzustandes bzw. der Aufrechterhaltung des Abnutzungsvorrates technischer Objekte oder Systeme typisch sind. Eine entsprechende Unterrichtseinheit muss möglichst genau auf die Lernvoraussetzungen der Schülerinnen und Schüler abgestimmt werden. Dabei sollte genügend Freiraum bleiben, um nach Möglichkeit spezielle zusätzliche Interessen mit zu beachten. Zentrales Anliegen ist, dass instrumentelles Handeln geübt wird, wobei auch der Erwerb kommunikativ-kooperativer Kompetenzen ausgiebig unterstützt werden soll. Insbesondere instrumentelles Handeln kann die Motivation stärken. Dieser wirkt sich förderlich auf den gesamten Lern- und Arbeitsprozess aus.

Die selbstständige Wartung von Werkzeugen und Maschinen zum Erhalt von Funktion und Betriebssicherheit gehört zum Verantwortungsbereich des Facharbeiters. Mit der Wartungsaufgabe bietet sich den Lernenden eine Lern- und Arbeitsumgebung mit konkret handlungsorientierten Bezügen zu Arbeit und Technik. Bei Planung und Auswertung der Wartungsaufgabe liegt der Schwerpunkt auf kognitiv-theoretischen Lernhandlungen, während die praktische Durchführung der Wartung eher in einer Arbeitsumgebung geschieht. Lernen und Arbeiten wird auf diese Weise durch das Unterrichtsverfahren der Wartungsaufgabe sehr eng miteinander verzahnt.

[9] Dieses Unterrichtsvorhaben wurde im Wesentlichen von Katharina Trautmann-Blasius und anderen Lehrkräften des Oberstufenzentrums Elbe-Elster (OSZ EE) Elsterwerda entwickelt und erprobt.

Lernvoraussetzungen

Die Wartungsaufgabe ist – wie auch die Wartungsanalyse – im Lernfeld 4 „Warten technischer Systeme“ in Rahmenlehrplänen für industrielle Metallberufe zu verorten. Sie setzt Kenntnisse und Fähigkeiten voraus, die bereits in den Lernfeldern 1 bis 3 erworben worden sind. Vorausgesetzt werden grundlegende Kenntnisse zu Abnutzungsvorgängen an technischen Geräten, aber auch entsprechende Sicherheitsbestimmungen.

Die Lernenden kennen bereits einfache technische Objekte sowie Anlagen und können Funktionseinheiten einfacher Maschinen und Anlagen und deren Wirkungsweisen beschreiben. Sie verstehen es, mit technischen Unterlagen und Informationen wie Zeichnungen, Anordnungsplänen sowie Funktions- und Montagebeschreibungen umzugehen. Günstigenfalls haben sie bereits eine Wartungsanalyse im Vorfeld der Wartungsaufgabe vorgenommen.

Unterrichtsziele und angestrebter Kompetenzzuwachs

Mit der Wartung einer Tischbohrmaschine werden neben fachlichen Zielen auch solche im prozessualen und allgemeinen Bereich angestrebt. So sollen die Lernenden

- selbstständig einfache Wartungsaufgaben an einer Tischbohrmaschine planen, durchführen, kontrollieren und bewerten,
- die Lebensdauer der Maschine verlängernde Wartungsmaßnahmen nennen und fachgerecht einsetzen,
- die Tischbohrmaschine zur Verlängerung der Lebensdauer nach betrieblichen Unterlagen warten,
- die Wartungsunterlagen der Tischbohrmaschine aktualisieren,
- begründen, dass die Wartung der Tischbohrmaschine in bestimmten Zeitabständen notwendig ist, sowie
- Sicherheits- sowie Umweltschutzbestimmungen in Verbindung mit der Wartung der Tischbohrmaschine beachten.

Didaktisch-methodische Struktur

Im Rahmen der Unterrichtseinheit soll die Wartung einer Tischbohrmaschine geplant, durchgeführt und bewertet werden. Der entsprechende Handlungsablauf kann als lernerorientiert bezeichnet werden.

Besonders hervorzuheben ist, dass sich die Lernenden ausschließlich auf eine Wartung zu konzentrieren haben. Dazu können sich die Schülerinnen und Schüler selbstständig zwei Gruppen zuordnen, die zeitlich versetzt an den

Bohrmaschinen arbeiten. Dies erfolgt zum Teil in Einzelarbeit, in Ausnahmen (z. B. bei Platzmangel) auch in Partnerarbeit.

Handlungsablauf

Die folgende Tabelle zeigt einen möglichen Handlungsablauf der Unterrichtseinheit zur „Wartung einer Tischbohrmaschine“.

Unterrichtsbeispiel 7: Wartung einer Tischbohrmaschine					
Nr.	**Lern-phase**	**Handlungsablauf**	**Aktions- und Sozial-form**	**Medien und didaktische Materialien**	**Didaktische Hinweise**
1	Motivation	Es wird ein Brief „Mängelanzeige Tischbohrmaschinen“ gezeigt und von einem Lernenden verlesen. Danach äußern sich die Schülerinnen und Schüler spontan zu ihren Eindrücken. Die Lernenden überlegen, welche Wartungsaufgaben an der ihnen bekannten Tischbohrmaschine erforderlich sein könnten. In diesem Zusammenhang berichten sie auch über Erfahrungen in ihrem Ausbildungsbetrieb und erfragen von der Lehrkraft mögliche Informationsmaterialien.	Unterrichtsgespräch	Brief „Mängelanzeige Tischbohrmaschinen“ als Folie, Anordnungsplan der Tischbohrmaschine	Zusätzlich können häufig auftretende Fehler oder Erkenntnisse aus der Arbeitswelt der Schülerinnen und Schüler vorgestellt werden.
2	Klärung	Durch ein fragend-entwickelndes Unterrichtsgespräch verständigt sich die Klasse über den Inhalt der Aufgabe: Wie sollte das System gewartet werden? Die Lernenden formulieren Fragen zu Begriffen, die ihnen unbekannt sind, und erhalten entsprechende Hinweise. Sie überlegen und diskutieren erste Lösungsansätze.	Unter richtsgespräch, Partnerarbeit	Wartungsplan	Die Vorschläge und Fragen werden gesammelt und festgehalten. Anschließend werden diese ausgewertet.
3	Planung	Die Lernenden planen ihr Vorgehen und legen die Werkzeuge und Prüfmittel fest. Sie bereiten die Wartung vor, indem sie sich mit den erforderlichen Arbeitsmitteln vertraut machen. Dabei sollen sie sich über die noch nicht bekannten Arbeitsschritte informieren und sich ihre Durchführung theoretisch aneignen.	Einzelarbeit		Leistungsschwächeren Lernenden kann ein Partner zur Seite gestellt werden.

4	Durchführung	Nach dem die Lernenden über ihr Verhalten an der Bohrmaschine belehrt worden sind, bekommen sie die Aufgabe, die Wartung am realem Objekt durchzuführen. Vorher müssen sie entsprechend einer Liste zuerst ihren Arbeitsplatz auf Vollständigkeit der Arbeitsmittel kontrollieren und dies dokumentieren. Sie können entscheiden, ob sie allein oder mit einem Partner arbeiten wollen. Als Arbeitsgrundlage nutzen sie ihre Mitschriften.	Einzelarbeit oder Partnerarbeit	Wartungsplan, Anordnungsplan, Mitschriften, Tischbohrmaschine, Werkzeuge, Prüfmittel	Sollte kein reales Objekt zur Verfügung stehen, können auch Verschleißteile bzw. Modelle genutzt werden.
5	Kontrolle	Nach der Durchführung der Wartung äußern sich die Lernenden zu ihren Tätigkeiten und bewerten diese. Sie vergleichen die durchgeführte Arbeit der Aufgabenstellung (Wie sollte das System gewartet werden?) und diskutieren die Struktur des Wartungsplanes. Eventuell übernehmen sie Verbesserungen. Sie benennen die Teilgebiete der Wartung (Reinigen, Schmieren usw.) und die Schwachstellen der Tischbohrmaschine. Darüber hinaus diskutieren sie mögliche Schritte zur Fehlerbehebung.	Unterrichtsgespräch	Wartungsplan und Anordnungsplan der Tischbohrmaschine	Während der Wartungsdurchführung beobachtet die Lehrkraft das Vorgehen der Schülerinnen und Schüler.
6	Reflexion	Abschließend wird die Vorgehensweise der Lernenden an der Bohrmaschine im Plenum unter Mitwirkung der Lehrkraft möglichst selbstständig analysiert (Arbeitsweise, Sauberkeit, Werkzeug usw.) und diskutiert. Im Unterrichtsgespräch werden Schwachstellen benannt und Vorgehensweisen beraten. Dabei kann die erstellte Dokumentation angepasst werden.	Unterrichtsgespräch	Mitschriften der Lernenden	Die Lehrkraft stellt heraus, dass einige Arbeitsschritte bzw. Tätigkeiten verallgemeinert auch auf Wartungsarbeiten an anderen Maschinen übertragen werden können.

Didaktische Materialien

Brief
„Mängelanzeige Tischbohrmaschine“

Firma Fleißig,

Arbeitsstraße 2

98765 Rastlos

Firma Bohrmasch

Umdrehungsstraße 17

12345 Beweglich

Betrifft: Mängelanzeige Tischbohrmaschinen

Sehr geehrte Damen und Herren,

vor einigen Wochen wurde in unserem Hause durch Ihre Firma ein Werkstattraum mit elf Tischbohrmaschinen ausgestattet. Der verantwortliche Mitarbeiter teilte mir mit, dass leider nicht alle Maschinen funktionieren bzw. einige von den Maschinen untypische Geräusche machen.

Ich bitte Sie, diese Schäden schnellstmöglich zu beheben.

Mit freundlichen Grüßen

Arbeitsblatt 1:
Wartung einer Tischbohrmaschine

Name: .... Klasse: .... Datum: ....

Lern- und Arbeitsaufgaben

Bearbeiten Sie bitte die folgenden Aufgaben in Partnerarbeit:

Machen Sie sich bitte mit dem vorliegenden Wartungsplan für die Maschine vertraut!

a) Kennzeichnen Sie bitte auf dem ausgeteilten Anordnungsplan die zu kontrollierenden Stellen an dem technischen System „Tischbohrmaschine“! Benennen Sie mit Hilfe Ihres Tabellenbuches die „betroffenen“ Bauteile möglichst exakt! Entscheiden Sie, ob es Norm- oder Fertigungsteile sind!

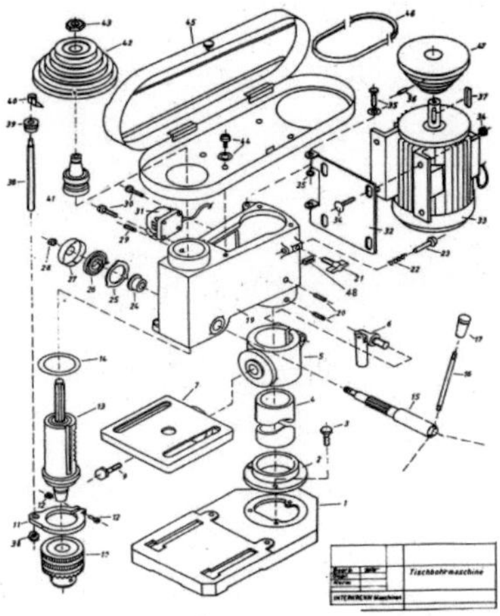

Explosionszeichnung

b) Erstellen Sie eine Tabelle, in die Sie die Wartungskriterien und die benötigten Werkzeuge und Prüfmittel eintragen!

c) Benennen und erklären Sie bitte die entsprechenden Prüfverfahren! Begründen Sie bitte genauer, warum Sie sich dafür entschieden haben!

Notizen:

Arbeitsblatt 2:
Wartung einer Tischbohrmaschine

Name: .... Klasse: .... Datum: ....

Lern- und Arbeitsaufgaben:

1. Erarbeiten Sie bitte mit Hilfe des Wartungsplanes die erforderlichen Arbeitsschritte und die dazu gehörigen Arbeitsmittel, um die während der Wartung anstehenden Tätigkeiten an der Tischbohrmaschine durchführen zu können!
2. Machen Sie sich Notizen zur Handhabung der Arbeitsmittel (Prüfmittel) und der Durchführung des Verfahrens bzw. der Voreinstellung der Messmittel!
3. Informieren Sie sich bitte zu möglichen Fehlerquellen und deren Vermeidung!
4. Machen Sie sich, während die Wartung durchgeführt wird, im Wartungsplan Notizen!
5. Ergänzen Sie bitte den Wartungsplan um die Tätigkeiten, die nicht aufgeführt sind!
6. Welche Tätigkeiten des Planes lassen sich nicht eindeutig der Wartung zuordnen?
7. Überlegen Sie nach der Wartung, welche Ursachen, welche Folgen und wie die von Ihnen gefundenen Fehler behoben werden könnten! Nutzen Sie dazu eine Tabelle nach vorgegebenem Muster!

Fehler	Ursache	Folge	Abhilfe

Arbeitsblatt 3:
Wartungsplan Tischbohrmaschine

Name: .... Klasse: .... Datum: ....

Wartungskriterium	Wartungszeitraum	Sollwert	in Ordnung	nicht in Ordnung	Bemerkungen
1. Bohrtischbefestigung überprüfen	vor jeder Arbeit	Befestigung fehlerfrei			
2. Abdeckung der Bohrspindel überprüfen	vor jeder Arbeit	Abdeckung funktionstüchtig			
3. Geräuschbeurteilung	vor jeder Arbeit	keine unnormalen Geräusche			
4. Sämtliche Befestigungsschrauben der Bohrmaschine auf dem Tisch überprüfen	alle drei Monate	fest, alle vorhanden			
5. Funktion des Maschinenschraubstockes überprüfen	wöchentlich	Gängigkeit Backen i. O.			
6. Gängigkeit des Bohrfutters überprüfen	wöchentlich	Bohrfutter lässt sich leicht schrauben			
7. Leichtgängigkeit des Spindelvorschubes überprüfen	wöchentlich	Spindel lässt sich leicht und gleichmäßig bewegen			
8. Leichtgängigkeit des Bohrtisches überprüfen	wöchentlich	Tisch lässt sich leicht vertikal und horizontal verstellen			
9. Motorbefestigung und Motorlage überprüfen	wöchentlich bzw. nach jedem Drehzahlwechsel	Motor steht senkrecht und sitzt fest			
10. Keilriemenspannung überprüfen	monatlich bzw. nach jedem Drehzahlwechsel	Riemen lässt sich ca. 1 cm durchdrücken			
11. Funktion der Abdeckvorrichtung Keilriemen überprüfen	monatlich	Abdeckung lässt sich ohne Probleme schließen			
12. Sicherheitsschaltung überprüfen	monatlich	Sicherheitsschaltung funktionstüchtig			
13. Zustand des Keilriemens überprüfen	alle drei Monate	keine Risse, Ausfaserungen bzw. Beschädigungen			
14. Rundlauf der Bohrspindel überprüfen	halbjährlich	+/- 0,1 mm			

Informationsblatt:
Explosionszeichnung Tischbohrmaschine

Name: .... Klasse: .... Datum: ....

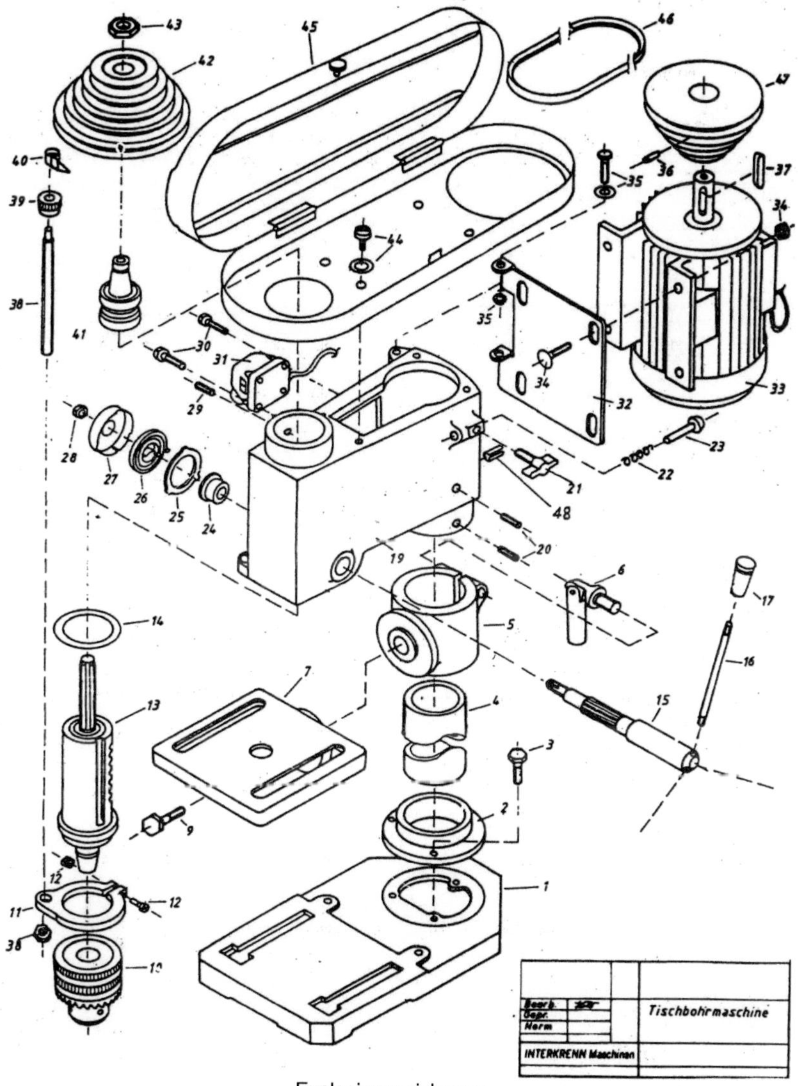

Explosionszeichnung

Reflexion der Unterrichtseinheit

Lernenden gelingt es bei der Wartung einer Tischbohrmaschine in aller Regel, sich mit Hilfe des vorhandenen Wartungsplanes für die Tischbohrmaschine mit der Wartung vertraut zu machen, dabei das Lesen und Auswerten von Zeichnungen zu vertiefen und so den Aufbau einer Tischbohrmaschine kennen zu lernen. Anspruchsvoller gestaltet es sich, für einen fiktiven Schadensfall anschließend einen Arbeitsfolgeplan zu erstellen und dazu die bekannten Werkzeuge namentlich zu benennen und ihren Einsatz zu begründen. Ziel ist aber auch hierbei, dass Lernenden die Fähigkeit erwerben, Fehler aufzuspüren und zu benennen sowie mögliche Schritte zur deren Behebung aufzuzeigen und zu planen. Höhere unterrichtsorganisatorische Anforderungen ergeben sich u. U. auch dann, wenn Prüf- und Messmittel eingesetzt werden, die bisher – etwa im Lernfeld 1 – nur theoretisch behandelt wurden, deren Handhabung demnach noch zu erörtern ist. Dieses erfolgt auch möglichst lernerorientiert im Vorfeld oder im Arbeitsprozess selbst. In der Hand der Lernenden sollte in diesem Zusammenhang die Verteilung und der Einsatz der Prüf- und Messmittel liegen, wenn diese in nur geringer Anzahl zur Verfügung stehen.

Nicht zu vernachlässigen ist schließlich auch das Wissen der Lehrkraft über das jeweilige technische Gerät, das zu warten ist. Es dient nicht dazu, den Weg des Kenntniserwerbs der Lernenden durch direkte Erläuterungen „abzukürzen“, sondern durch mikromethodische Hilfestellungen – etwa durch Impulse oder gezielte Fragen – den Lernprozess im Bedarfsfall zu befördern.

Unterrichtsbeispiel 8: Analyse einer Kraftfahrzeug-Inspektion

Unterrichtsverfahren: Inspektionsanalyse

Thematische Aspekte

Inspektionen an Kraftfahrzeugen dienen zur Beurteilung des Zustandes des Fahrzeuges und damit der Prävention von Schäden, der Werterhaltung und insbesondere der Verkehrssicherheit. Viele Hersteller lehnen Haftungsansprüche bei Defekten ab, wenn vorgesehene Inspektionen nicht bzw. nicht rechtzeitig durchgeführt worden sind. Bereits hier wird deutlich, welche Bedeutung die Kfz-Inspektion für die berufliche Facharbeit und die Berufsausbildung in diesem Bereich haben kann. Geradezu befremdlich muten dagegen Berichte über durchgeführte Inspektionen an Kraftfahrzeugen an, nach denen nur einen Bruchteil der vorhandenen Defekte oder Mängel aufgedeckt und behoben worden ist[10] – Grund genug, die Inspektion selbst einmal auf den Prüfstand zu stellen, zu analysieren und bei diesem Vorgehen beruflich zu lernen.

Im Folgenden wird das Unterrichtsverfahren „Inspektionsanalyse“ am Beispiel der von einer Kraftfahrzeugwerkstatt durchgeführten Inspektion eines Personenkraftwagens und der vorliegenden Inspektionsangaben der Werkstatt angewendet. Dazu ist es besonders günstig, wenn das Fahrzeug gerade vorher zur Inspektion gebracht worden war. Das ist aber keine zwingende Voraussetzung für die Unterrichtseinheit. Von der Lehrkraft kann eine Werkstattinspektion simuliert werden, indem vorher einige Markierungen an den zu untersuchenden Bereichen installiert und einige kleine Fehler eingebaut worden sind, sodass man erkennen und überprüfen kann, ob diese vorgeschriebenen Inspektionsarbeiten überhaupt durchgeführt wurden. Eine solche Inspektionsanalyse kann das fachliche und darüber hinaus detektivische Interesse der Schülerinnen und Schüler wecken.

Lernvoraussetzungen

Das Unterrichtsbeispiel „Analyse der Inspektion eines Kraftfahrzeuges“ setzt Grundlagenkenntnisse im Bereich der Kraftfahrzeugtechnik voraus. Idealerweise findet sie im zweiten oder dritten Ausbildungsjahr fahrzeugtechnischer Berufe statt, insbesondere des Berufes „Kraftfahrzeugmechatroniker/-in“.

[10] Der ADAC führte im Jahr 2008 bundesweite Untersuchungen mit präparierten Kraftfahrzeugen durch, die diese Beobachtungen bestätigten (vgl.: www.adac.de/tests/autokauf_werkstatt/2008; Zugriff am 04.04.2009).

Günstigenfalls liegen Inspektionsprotokolle als Vordrucke bereits vor. Sie können im Unterrichtsverlauf allerdings auch von Lernenden selbst erstellt werden. Mit ihnen werden Merkmale und Besonderheiten des zu inspizierenden Kraftfahrzeugs. Die Lehrkraft sollte das Fahrzeug mit seinen Problembereichen in jedem Fall genau kennen, um Mängel an den zu inspizierenden Bereichen präparieren zu können. Auf diese Weise können die Lernenden selbstständig und abstrakt- sowie konkret-handlungsorientiert arbeiten und lernen.

Unterrichtsziele und angestrebter Kompetenzzuwachs

Die Lernenden sind in der Lage,

- eine durchgeführte Inspektion kriterienorientiert zu bewerten und zu analysieren,
- die für die Inspektion des Kraftfahrzeugs vom Hersteller herausgegebenen Inspektionsvorschriften zu einem bestimmten Kilometerstand oder einer Nutzungsdauer zur Kenntnis zu nehmen, Gründe hierfür aufzuführen und einzuhalten,
- die Inspektionsanalyse selbstständig zu planen, durchzuführen sowie festgestellte Mängel zu dokumentieren,
- inspektionsanalytische, ökonomische und arbeitsethische Schlussfolgerungen aus den Ergebnissen der Untersuchung zu ziehen.

Didaktisch-methodische Struktur

Der didaktisch-methodische Ansatz dieses Unterrichtsbeispiels geht auf die Inspektionsanalyse als Unterrichtsverfahren zurück und zielt auf zwei Schwerpunkte. So steht einerseits das selbstständige Lernen und Analysieren anhand eines technischen Verfahrens im Vordergrund, während andererseits auf berufsfachliche Fähigkeiten der Analyse einer bereits erfolgten Inspektion zu fokussieren ist. Die didaktisch-methodische Bedeutung des Beispiels liegt auch in der realen Begegnung mit bereits durchgeführten Arbeiten. Dabei sind nicht nur die Arbeitsergebnisse, sondern auch der Weg dahin zu überprüfen. Lernende haben sich in die Rolle derjenigen Person zu versetzen, die bereits vor ihnen an dem Objekt zum vorliegenden Arbeitsergebnis gelangt sind. Sie überprüfen, ob sie ebenfalls zu dem Resultat gelangt wären und vergleichen das eigene, optionale Ergebnis mit dem vorhandenen. Vorteilhaft erscheint dieses methodische Vorgehen in zweierlei Hinsicht: Einerseits weckt die Aufgabenstellung und das dazu erforderliche methodische Vorgehen das detektivische Interesse der Schülerinnen und Schüler. Andererseits vertiefen die Lernenden ihre Fähigkeiten, mögliche Varianten vorauszudenken, d. h., sie antizipieren mögliche Vorgehensweisen und Ergebnisse. Dazu gehört auch die praktische Überprüfung theoretisch erlernten Wissens.

Handlungsablauf

Im Folgenden ist ein möglicher Ablauf der Unterrichtseinheit in tabellarischer Form dargestellt.

Unterrichtsbeispiel 8: Analyse einer Kraftfahrzeug-Inspektion

Nr.	Lern-phase	Handlungsablauf	Aktions- und Sozial-form	Medien und didaktische Materialien	Didaktische Hinweise
1	Aufgaben- und Problem-stellung	Die Lehrkraft erklärt, dass an einem Fahrzeug, welches in der Schulwerkstatt steht, vor zwei Tagen eine der vorgeschriebenen Inspektionen durchgeführt worden ist. Es liegt eine Inspektionsprotokoll der Werkstatt und die Rechnung vor. Das Fahrzeug hat 50 000 Kilometer auf dem Tachometer. Die Leitfragen lautete Welche Inspektionen haben bis zu diesem Zeitpunkt stattgefunden? Welche Inspektionsaufgaben müssen von der Werkstatt erfüllt worden sein? Aufgabenstellung ist es, die durchgeführte Inspektion zu analysieren und zu bewerten.	Unter-richts-gespräch	Bilddarstel-lungen, Zeichnungen, Inspektions-pläne, Beamer oder Arbeits-projektor, Kraftfahrzeug	Die Lernenden assoziieren Eindrücke und Erfahrungen aus ihrer eigenen beruflichen Praxis und werden auf die Unterrichtsinhalte eingestimmt. Der durch den Arbeitsauftrag abgesteckte Rahmen verdeutlicht den Lernenden das Arbeitsziel, das sie erreichen sollen.
2	Intuitive Problem-lösung	Die Lernenden äußern sich spontan zu dem Fall und stellen Vermutungen an. Sie berichten von ihren Erfahrungen mit Inspektionen in einer Kfz-Werkstatt.	Unter-richts-gespräch		Die Äußerungen der Lernenden sollen nicht kommentiert werden. Dennoch sollten die Schülerinnen und Schüler ermuntert werden, sich zu äußern. Gegebenenfalls können die Wortmeldungen zum Beispiel an der Tafel gesammelt werden.

3	Planung der Inspektionsanalyse	Die Lernenden erhalten den Auftrag, sich mit Hilfe der Inspektionsunterlagen des Fahrzeugherstellers eine Übersicht über die erforderlichen Inspektionsschritte und eine mögliche Reihenfolge dieser Schritte zu erstellen. Im Unterrichtsgespräch werden Vorschläge zu einer für alle Lernenden verbindlichen Planung der Inspektionsanalyse zusammengetragen (Arbeitsblatt). Auch ein Inspektionsformular bzw. ein entsprechender Vordruck einer Werkstatt kann hier berücksichtigt werden (s. Inspektionsformular – Informationsblatt).	Unterrichtsgespräch Partnerarbeit	Kraftfahrzeug, Informationsunterlagen des Fahrzeugherstellers, Lehrbuch/ Fachtechnologie, Arbeitsblatt, evtl. Inspektionsformular, Informationsblatt	Falls erforderlich, geht die Lehrkraft näher auf spezifische theoretische Aspekte ein und verdeutlicht diese mediengestützt (Inspektionsarten, Prüf- und Messmittel, Wirkungen von Störgrößen oder Messabweichungen u. a.). Die Lernenden erkennen bereits im Vorfeld Problempunkte bei der Durchführung einer Inspektion.
4	Durchführung der Inspektionsanalyse	Die Lehrkraft fordert schließlich zur Kontrolle des durchgeführten Inspektionsvorganges, des Inspektionsprotokolles und dazu auf, eine Entscheidung zur Betriebsbereitschaft des inspizierten Kraftfahrzeugs zu treffen sowie diese zu begründen. Außerdem erarbeiten die Lernenden erste Empfehlungen für die zukünftige Wartung bzw. Instandsetzung. Diese Vorgänge können ggf. durch detaillierte Erläuterungen etwa zur Konstruktion der Betrachtungseinheit oder zu den Nutzungsbedingungen ergänzt werden. Vorzeitig zum Ende gekommene Teams werden mit einer Kosten- bzw. Aufwandsabschätzung für die erfolgte Inspektion beauftragt.	Gruppenarbeit Beratungsgespräche	Ablaufplan und Inspektionsprotokoll, evtl. Inspektionsformular, Informationsblatt	Der von den Lernenden zuvor erstellte Ablaufplan und das Ergebnisprotokoll sind Hilfestellungen für die selbstständige und kooperative Durchführung der Inspektion und die anschließende Dokumentation der Inspektionsresultate.

5	Auswertung, Bewertung, Reflexion	Nachdem die Schülerinnen und Schüler einen Vergleich ihrer Ergebnisse mit dem Inspektionsprotokoll der Werkstatt vorgenommen haben, stellen sie die Ergebnisse ihrer Gruppenarbeit zusammen und bereiten sie auf. Anschließend präsentieren sie im Plenum. Die Zuhörer erhalten die Aufgabe, die während der Vorstellung festgestellten Mängel der von der Werkstatt durchgeführten Inspektion stichwortartig zu notieren. In einer Reflexion werden die Ergebnisse gemeinsam unter technischen, ökonomischen, moralischen und arbeitsethischen Aspekten bewertet. Darüber hinaus kann diskutiert werden, wie die Ergebnisse dieser Untersuchung auch auf Inspektionsanalysen anderer komplexer technischer Systeme übertragen werden können.	Schülervortrag Diskussion	Inspektionspapiere und Rechnungen der Werkstatt, Inspektionsprotokoll, Resultate der Gruppenarbeit	Hilfen durch die Lehrkraft sollten nur dann gegeben werden, wenn die Lernenden den erforderlichen Überblick noch nicht besitzen. Falls notwendig, äußern sich die Schülerinnen und Schüler zunächst zur Form und zum Inhalt der Präsentation und geben Hinweise zu möglichen Verbesserungen des Inspektionsablaufes. Anschließend wird entsprechend der Beobachtungen die Qualität der Inspektion festgehalten und dokumentiert.

Didaktische Materialien

Arbeitsblatt:
Ablaufplan für die Inspektionsanalyse eines Kraftfahrzeugs

Name: .... Klasse: .... Datum: ....

Arbeitsauftrag 1:

Erstellen Sie bitte zusammen mit ihren Teammitgliedern einen Arbeitsablaufplan für die vom Hersteller vorgeschriebene Inspektionsanalyse! Nutzen Sie dazu ein separates DIN A4-Blatt! Orientieren Sie sich an der folgenden Tabellenvorlage!

Nr.	Inspektions-schritt	Inspektions-tätigkeiten	Inspektions-kriterien	Instrumente, Werkzeuge und Hilfsmittel

Arbeitsauftrag 2:

Erstellen Sie bitte zusammen mit ihren Teammitgliedern die tabellarische Vorlage für einen Analysebericht und abschließend eine Bewertung der erfolgten Inspektion! Diese könnte in etwa wie folgt aussehen:

Nr.	inspiziertes Bauteil	Zustand und Beschreibung der Mängel	Maßnahme-empfehlung	Bemerkungen

Bewertung der durchgeführten Inspektion:

Inspektionsformular

❑ **Inspektions-Service nach flexibler Service-Intervall-Anzeige**
❑ **Inspektions-Service alle 24 Monate oder alle 30 000 km**
❑ **Nur Zusatzarbeiten (ohne Inspektions-Service)**

Auftragsnummer	Amtliches Kennzeichen	km-Stand	Motortyp

Unbedingt die Arbeitsanweisungen im Reparaturleitfaden „Inspektion und Wartung" beachten

Hinweis: → → Operationen als Teile der zuständigen Positionen nur dann durchführen, wenn entweder die angeführte Kilometerweite oder das Zeitintervall erfüllt wurde.

			i.O.[1]	n.i.O.[2]	behoben
♦		Fehlerspeicher der Eigendiagnose: Auslesen			
♦		Service-Intervall-Anzeige: Zurücksetzen			
♦		Airbag - Einheiten: Sichtprüfung der äußeren Beschädigungen			
♦		Alle Schalter, elektrische Verbraucher, Anzeigen und sonstige Bedienelemente: Funktion prüfen			
♦		Klappenschloss für Klappe vorn schmieren			
♦		Schließzylinder auf Funktion prüfen			
♦		Schiebedach: Funktion prüfen, Führungsschienen reinigen und fetten (gilt nur für Fabia II)			
♦		Motor und Bauteile im Motorraum: Sichtprüfung der Undichtigkeiten und Beschädigungen			
♦		Batterie: Prüfen			
♦		Kühlsystem: Auf Frostschutz ___ °C und Undichtigkeiten prüfen, evtl. Kühlmittel auffüllen			
♦		Bremsflüssigkeitsstand: Prüfen, evtl. in Abhängigkeit vom Belagverschleiß auffüllen			
♦		Scheibenwisch- und Scheibenwaschanlage, Scheinwerfer-Waschanlage: Wischerblätterzustand, Wischfunktionen, Waschdüseneinstellung prüfen, evtl. Flüssigkeit auffüllen			
♦		Wasserkasten: Auf Verschmutzung prüfen, evtl. reinigen			
♦		Staub- und Pollenfilter für Fahrgastraum: Ersetzen			
♦		Scheinwerfer: Einstellung prüfen, evtl. einstellen			
♦		Motoröl: Wechseln, Ölfilter ersetzen			
♦		Bremsanlage: Sichtprüfung der Undichtigkeiten und Beschädigungen			
♦		Bremsbeläge: Belagdicke prüfen			
♦		Getriebe, Achsantrieb, Triebwellen, Gelenkschutzhüllen: Sichtprüfung der Undichtigkeiten und Beschädigungen			
♦		Achsgelenke: Dichtungsbälge auf Undichtigkeiten und Beschädigungen prüfen			
♦		Spurstangenköpfe: Spiel, Befestigung und Dichtungsbälge prüfen			
♦		Getriebeöl: Ölstand prüfen, evtl. auffüllen (Schaltgetriebe)			
♦		Unterbodenschutz und Karosserielack: Sichtprüfung der Beschädigungen			
♦		Abgasanlage: Sichtprüfung der Undichtigkeiten, Beschädigungen und Befestigung			
♦		Bereifung: - Reifenfülldruck berichtigen			
♦		(einschl. Reserverad) - Reifenlaufbild prüfen — VL / VR / HL / HR / Res			
♦		- Profiltiefe prüfen und eintragen ➡			
♦		Keilrippenriemen: Zustand prüfen und bei Motoren ohne Spannrolle Spannung prüfen			
→	→	Kraftstofffilter: Ersetzen (Dieselmotor im Betrieb mit Dieselkraftstoff, der der Norm DIN EN 590 nicht entspricht) - nur alle 30 000 km			
→	→	Zahnriemen für Nockenwellenantrieb (4-Zylinder Benzinmotoren): Prüfen bei 90 000 km, danach alle 30 000 km (nur 1,4/63 kW Motor)			
→	→	Zahnriemen für Nockenwellenantrieb: Ersetzen (Fahrzeuge mit Dieselmotor - siehe Titelseite)			
→	→	Kraftstofffilter: Ersetzen (Dieselmotor im Betrieb mit Dieselkraftstoff, der der Norm DIN EN 590 entspricht) - nur alle 60 000 km			
→	→	Luftfilter: Gehäuse reinigen, Einsatz ersetzen - alle 4 Jahre oder 60 000 km			
→	→	Zündkerzen: Ersetzen (60 000 km oder 4 Jahre)			
	♦	Automatisches Getriebe: ATF Stand prüfen, ggf. ergänzen			
→	→	Austausch der Satzfüllung für Reifenreparatur (falls der Satz zur Ausrüstung gehört) - alle 4 Jahre			
→	→	Notbatterie der Alarmanlage: Ersetzen - alle 5 Jahre			

VL	VR	HL	HR	Res

Datum/Unterschrift (Mechaniker)

Datum/Unterschrift (Endkontrolle)

Hinweise für den Kunden:

Reflexion der Unterrichtseinheit

Die für Kraftfahrzeuge vorgeschriebenen turnusmäßigen Inspektionen nach einer bestimmten Kilometerzahl werden – wie etwa die ADAC-Werkstatttests 2006 und 2008 zeigen – nicht immer korrekt und in allen vorgeschriebenen Punkten durchgeführt. Dieses Faktum ist auch den Lernenden, insbesondere den Kraftfahrzeugmechatronikerinnen und -mechatronikern, in den höheren Ausbildungsjahren bekannt. Weil ein Kraftfahrzeug aber für die meisten Jugendlichen und Heranwachsenden von großem Interesse ist, kann dieser Unterricht auch in anderen gewerblich-technischen Lernergruppen eingesetzt werden. Da mit der Inspektionsanalyse das detektivische Interesse geweckt werden kann, sind die Aktivitäten während dieser Unterrichtseinheit meist auch groß. Über die unmittelbare Erkenntnis des Technischen kommen mit der Auswertung des Verfahrens auch ökonomische und darüber hinaus ethische Gesichtpunkte zum Tragen.

Unterrichtsbeispiel 9: Erstinspektion einer Tischbohrmaschine

Unterrichtsverfahren: Inspektionsaufgabe

Thematische Aspekte

Inspektionen dienen zur Beurteilung des Ist-Zustandes von Geräten, Maschinen und Anlagen und ihres Abnutzungsvorrates, verbunden mit der Beurteilung, inwieweit der technische Artefakt seine Funktionen unter Beachtung von Sicherheitsforderungen erfüllt (s. DIN 31051). Unternehmen beachten diesen Aufgabenkomplex angesichts erheblicher Investitionen und steigender Produktionskosten immer stärker, denn Produktionsausfälle führen bei modernen Technologien und komplexen Anlagesystemen bisweilen zu immensen wirtschaftlichen Schäden. Allerdings sind Inspektionen oft auch selbst kostspielig und damit ein Wirtschaftsfaktor.

Tischbohrmaschinen und die Bedeutung der daran vorzunehmenden Inspektionstätigkeiten stellen einen zum Teil erheblich verkleinerten Ausschnitt aus der Produktions- und Berufswelt dar – einen Ausschnitt, in dem sich viele Aspekte und Prinzipien auf reduziertem Raum finden, die sich in übergreifenden Zusammenhängen auf komplexere technische Systeme übertragen lassen. Auch hier müssen anhand gängiger Instrumente und Vorgehensweisen konstruktive Schwachstellen frühzeitig erkannt bzw. behoben werden. Dabei sind nicht nur wirtschaftliche Fragen, sondern ebenso Aspekte des Umweltschutzes sowie die Betriebssicherheit technischer Systeme von Interesse. An einer Tischbohrmaschine kann eine Inspektionsaufgabe anspruchsvolle, systematische (Denk-) Leistungen fordern. So ist die Richtigkeit der Schlussfolgerungen – etwa über Risiken beim Weiterbetreiben des Gerätes – wesentlich abhängig vom Wissen über die Zusammenhänge zwischen Funktion und Zustand technischer Objekte.

Aus den Inspektionen an technischen Objekten im Beschäftigungssystem wird im Folgenden das Unterrichtsverfahren „Inspektionsaufgabe" am Beispiel der Inspektion einer Tischbohrmaschine dargestellt. Dabei bieten sich vielfältige Möglichkeiten, die Inspektion in einem didaktisch-methodischen Kontext zu stellen und sie unterrichtlich zu nutzen. Von den Lernenden sollten während des Lernvorhabens verbreitete Prüf- sowie Messmethoden angewandt und in ihrer Handhabung sowie in ihren Möglichkeiten weiter vertieft werden.

Anhand der didaktisch-methodisch aufbereiteten Inspektion einer Tischbohrmaschine lassen sich planerische, prozessual-praktische, aber auch interpretative und diagnostizierende Aktivitäten auslösen. Dem Verfahren liegt meist ein Inspektionsauftrag aus der Praxis zugrunde, der sich u. a. aus den Inspektionsintervallen nach gesetzlichen oder betrieblichen Festlegungen ergibt. Die Inspektionsaufgabe richtet sich im Wesentlichen auf die Planung und Durchführung der Inspektion und endet mit einer Dokumentation sowie einem Bericht, in dem aus den ermittelten Informationen Maßnahmeempfehlungen für das Betreiben, die Instandsetzung oder Stilllegung der Tischbohrmaschine gegeben werden.

Der psychomotorische Anteil des Verfahrens ist dabei vergleichsweise hoch, um dem Stellenwert praktischen Handelns während der Inspektion eines technischen Objektes gerecht werden zu können. Mit der Verknüpfung von Planung, Durchführung, Auswertung und Reflexion bietet die Inspektion einer Tischbohrmaschine den Lernenden darüber hinaus auch Lern- und Arbeitsoptionen mit kognitivem Anspruch.

Lernvoraussetzungen

Bei der Betrachtung eher fachlicher Lernvoraussetzungen wird schnell deutlich, dass das Thema Inspektion einer Tischbohrmaschine frühestens gegen Ende des ersten Ausbildungsjahres als unterrichtlich sinnvoll erscheint. Zu diesem Zeitpunkt sind den Lernenden bereits die Grundbegriffe der Wartung, Inspektion und Instandsetzung von technischen Geräten geläufig. Sie sollten in der Lage sein, einfache technische Zeichnungen, Stücklisten, Betriebsanleitungen sowie Funktions- bzw. Montagebeschreibungen zu lesen und einfache Verfahren einer Funktionsprüfung durchführen und dokumentieren zu können. Auch das Handhaben von Prüf-, Mess- und Rechentechnik muss grundlegend vertraut sein. Vorausgesetzt bzw. gefordert werden außerdem Zusammenhangswissen über technische Objekte sowie über Systeme, Instandhaltung und technische Mittel zu Inspektionsaktivitäten. Bei der Durchführung der Lerneinheit werden Beobachtungsfähigkeit, Gründlichkeit und Genauigkeit gefordert.

In den Curricula wird die Inspektion einer Tischbohrmaschine im zweiten bzw. im dritten Ausbildungsjahr angesiedelt (z. B. Zerspanungsmechaniker/-in: Lernfeld 6: „Warten und Inspizieren von Werkzeugmaschinen“, Industriemechaniker/-in: Lernfeld 9 „Instandsetzen von technischen Systemen“, Werkzeugmechaniker/-in: Lernfeld 12 „Inbetriebnehmen und Instandhalten von technischen Systemen des Werkzeugbaus“).

Die Lehrkraft muss die zu inspizierende Maschine mit allen Problembereichen genau kennen, um kompetent und überzeugend zur Erweiterung des Zusammenhangswissens der Lernenden beizutragen.

Unterrichtsziele und angestrebter Kompetenzzuwachs

Ziel des Unterrichts ist es, die Inspektion einer Tischbohrmaschine selbstständig zu planen und durchzuführen sowie geringfügige Mängel selbst zu beseitigen. Die Lernenden sollen sich das Prozesswissen aneignen, wie eine Inspektion durchgeführt wird.
Die Lernenden sind in der Lage,

- innerhalb der Instandhaltung eines technischen Objekts – und hier insbesondere bei einer Tischbohrmaschine – die Bedeutung und die Funktion der Inspektion zu beschreiben,
- die für die Inspektion einer Tischbohrmaschine erforderlichen Unterlagen (z. B. Inspektionsaufträge, -pläne, und -dokumentationen) zu verwenden, zu verstehen und bei Bedarf zu ändern bzw. zu ergänzen,
- Schlussfolgerungen aus den Ergebnissen der Inspektion einer Tischbohrmaschine zu ziehen, die auch für komplexere technische Systeme gelten,
- die konkreten Ergebnisse der Inspektion schriftlich zu dokumentieren bzw. sprachlich darzustellen sowie
- die Bestimmungen zum Arbeitsschutz und zur Unfallverhütung beim Umgang mit Tischbohrmaschinen zu beachten.

Didaktisch-methodische Struktur

Didaktisch-methodisch ist das folgende Unterrichtsbeispiel darauf angelegt, Inspektionstätigkeiten sowohl zu planen als auch durchzuführen und zu kontrollieren. Dazu wird das Unterrichtsverfahren „Inspektionsaufgabe“ genutzt. Gerade die Planung stellt dabei eine bedeutsame methodische Phase dar, die von den Akteuren nicht unterschätzt werden darf. Hier kommt es auf die Anwendung und den Erwerb der Fähigkeit an, Arbeitsschritte kooperativ vorauszudenken, um den Inspektionsvorgang so effektiv und effizient wie möglich anzulegen, mögliche Engpässe im Vorfeld auszuschließen und eine sorgfältige Dokumentation zu führen. Berufsfachliches Wissen ist dabei auch für die Wahl detaillierter Inspektionskriterien gefragt. Erst anhand der selbstständigen Durchführung wird es anschließend möglich, die Qualität der Arbeitsplanung zu überprüfen und sie gegebenenfalls zu verbessern. Damit enthält dieses Beispiel auch selbstreflexive Elemente in einem ausgewogenen Maß.

Handlungsablauf

Die folgende Aufstellung zeigt den möglichen Ablauf der Unterrichtseinheit in tabellarischer Form.

Unterrichtsbeispiel 9: Erstinspektion einer Tischbohrmaschine					
Nr.	**Lernphase**	**Handlungsablauf**	**Aktions- und Sozialform**	**Medien und didaktische Materialien**	**Didaktische Hinweise**
1	Aufgaben- und Problemstellung	Die Lehrkraft stellt den Arbeitsauftrag vor: Die Tischbohrmaschinen in der Schulwerkstatt sind nach Intervallplan einer Inspektion zu unterziehen. Diese Aufgabe wird an die Lernenden übertragen, da sie inzwischen über grundlegende Kenntnisse und Erfahrungen im Bereich der Instandhaltung verfügen. Die Problemstellung liegt darin, fehlende Kenntnisse im Vorfeld selbstständig und kooperativ zu recherchieren und sich diese notwendigen Informationen mit Blick auf die bevorstehende Inspektion anzueignen.	Unterrichtsgespräch	Bilddarstellungen, Zeichnungen, Inspektionspläne, Beamer oder Arbeitsprojektor	Die Lernenden assoziieren Eindrücke und Erfahrungen aus ihrer eigenen beruflichen Praxis und werden auf die Unterrichtsinhalte eingestimmt. Der durch den Arbeitsauftrag abgesteckte Rahmen verdeutlicht den Lernenden das Ziel, das sie erreichen sollen.
2	Intuitive Problemlösung und Vorbereitung	Die Lernenden äußern sich spontan zum möglichen Vorgehen und befassen sich intuitiv mit dem bereitgestellten Informationsmaterial. Dieses liegt in Form betrieblicher oder herstellerspezifischer Bedienungs- und Inspektionsunterlagen aus. Außerdem werden die Form und der Umfang der Dokumentation der Inspektionsergebnisse besprochen und festgehalten.	Unterrichtsgespräch	betriebs- bzw. herstellerspezifische Inspektionsunterlagen	Werden selbsterstellte Dokumente benutzt, kann das Vorhaben z. B. mit grafischen Darstellungen (Kennlinien, Abnutzungsverläufe) unterstützt werden. Für die Einführung in ein am Lernort vorhandenes Dokumentationssystem ist gegebenenfalls eine spezielle Lerneinheit vorzusehen.

3	Planung der Inspektion	Die Schülerinnen und Schüler erhalten den Auftrag, mit Hilfe Ihrer Unterlagen eine erste skizzenhafte Übersicht über die erforderlichen Inspektionsschritte und eine mögliche Reihenfolge der Schritte zu erstellen. Auf dieser Basis wird im Unterrichtsgespräch ein für alle Beteiligten verbindlicher Plan für die Inspektion der Tischbohrmaschine erarbeitet und festgehalten (Arbeitsblatt).	Unterrichtsgespräch	Informationsunterlagen, Lehrbuch	Falls erforderlich, geht die Lehrkraft näher auf spezifische theoretische Aspekte ein und verdeutlicht diese mediengestützt (Inspektionsarten, Prüf- und Messmittel, Wirkungen von Störgrößen oder Messabweichungen u. a.). Die Lernenden erkennen bereits im Vorfeld Problempunkte bei der Durchführung einer Inspektion.
		Zur Vervollständigung des Inspektionsplanes erarbeiten sich die Lernenden anschließend selbstständig im Rahmen einer Partnerarbeit. mögliche objektive und subjektive Inspektionskriterien (technisch gestützte Messwertaufnahmen oder Sinnwahrnehmungen) sowie auch eine Disposition von Werkzeugen, Prüf- und Messmitteln. Beides ordnen sie den entsprechenden Schritten im Inspektionsplan zu.	Partnerarbeit		
		Schließlich wird eine Maske für ein Ergebnisprotokoll erstellt, über das die Resultate der Inspektion festzuhalten sind.	Plenum	gegebenenfalls Arbeitsblatt	Die Maske kann auch von der Lehrkraft mit Verweis auf das Arbeitsblatt vorgegeben werden. Besser ist es jedoch, wenn die Partnergruppen selbst eine Maske entwickeln.

4	Durchführung der Inspektion	Die Lernenden werden aufgefordert, die Inspektionsaufgabe in Gruppenarbeit auszuführen. Die Tischbohrmaschine wird manuell und instrumentell betrachtet, es werden Situationen überprüft bzw. Messwerte technisch ermittelt. Grundlage dieser Tätigkeiten ist der von den Lernenden erarbeitete Ablaufplan. Zudem tragen die Schülerinnen und Schüler ihre Beobachtungen und Feststellungen in das Inspektionsprotokoll als Nachweisdokument für Instandhaltungsmaßnahmen ein. Mit Hilfe der erzielten Informationen über die Tischbohrmaschine kann dann von den Lernenden der Ist-Zustand eingeschätzt und beschrieben werden. Die Lehrkraft fordert schließlich zur Kontrolle des durchgeführten Inspektionsvorganges und des Inspektionsprotokolls und dazu auf, eine Entscheidung zur Betriebsbereitschaft der inspizierten Maschine zu treffen sowie diese zu begründen. Außerdem erarbeiten die Lernenden erste Empfehlungen für die zukünftige Wartung bzw. Instandsetzung.	Gruppenarbeit Beratungsgespräche	Tischbohrmaschine, Informations- und Bedienungsunterlagen, Ablaufplan und Inspektionsprotokoll	Der von den Lernenden zuvor erstellte Ablaufplan und das Ergebnisprotokoll sind Hilfestellungen für die selbstständige und kooperative Durchführung der Inspektion und die anschließende Dokumentation der Inspektionsresultate. Diese Vorgänge können ggf. durch detaillierte Erläuterungen etwa zur Konstruktion der Betrachtungseinheit oder zu den Nutzungsbedingungen ergänzt werden. Vorzeitig zum Ende gekommene Gruppen werden mit einer Kosten- bzw. Aufwandsabschätzung für die erfolgte Inspektion beauftragt.

5	Auswertung, Bewertung, Reflexion	Nachdem die Schülerinnen und Schüler die Ergebnisse ihrer Gruppenarbeit zusammengestellt und präsentationsgerecht aufbereitet haben, stellen sie ihre Resultate im Plenum vor. Die Lernenden erhalten die Aufgabe, während der Vorstellung auf die Häufigkeit bestimmter Feststellungen zu technischen Mängeln zu achten und diese stichwortartig zu notieren. Sie äußern sich zunächst zur Form und zum Inhalt der Präsentation und geben Hinweise zu möglichen Verbesserungen des Inspektionsablaufes. Anschließend wird entsprechend der Beobachtungen eine Mängelreihenfolge festgelegt, und es werden Maßnahmeempfehlungen erarbeitet. Hier wird auch die Dringlichkeit der einzuleitenden Maßnahmen für die Instandsetzung bestimmt. Die Maßnahmepalette reicht dabei von der unmittelbaren Behebung kleinster Mängel bis zur sofortigen Stilllegung der Maschine. In einer Reflexion werden die Ergebnisse mit den anfangs gesetzten Zielen verglichen. Gemeinsam wird überlegt, ob und in welcher Form die Arbeitsresultate auch auf komplexere technische Systeme übertragen werden können. Die Lernenden schätzen auch ihre Arbeitsweise ein.	Schülervortrag Diskussion	Inspektionsprotokoll, Resultate der Gruppenarbeit, Dokumentenkamera, Presenter, Beamer	Empfehlungen müssen realitätsnah beschaffen sein; hier hat die Lehrkraft notfalls nachzubessern, wenn die Lernenden den erforderlichen Überblick noch nicht besitzen.

Didaktische Materialien

Arbeitsblatt:
Ablaufplan für die Inspektion einer Tischbohrmaschine

Name: .... Klasse: .... Datum: ....

Lern- und Arbeitsaufgabe 1:

Erstellen Sie bitte zusammen mit ihren Gruppenmitgliedern einen Arbeitsablaufplan für die Inspektion einer Tischbohrmaschine! Nutzen Sie dazu ein separates DIN-A4-Blatt! Orientieren Sie sich an der folgenden Tabellenvorlage!

Nr.	Inspektons-schritt	Inspektions-tätigkeiten	Inspektions-kriterien	Instrumente, Werkzeuge und Hilfsmittel

Lern- und Arbeitsaufgabe 2:

Erstellen Sie bitte zusammen mit ihren Teammitgliedern die tabellarische Vorlage für einen Inspektionsbericht! Diese könnte in etwa wie folgt aussehen:

Nr.	inspiziertes Bauteil	Zustand und Beschreibung der Mängel	Maßnahme-empfehlung	Bemerkungen

Lern- und Arbeitsaufgabe 3:

Bewerten Sie bitte abschließend die inspizierte Tischbohrmaschine! Geben Sie dabei auch Hinweise für Wartung, Inspektion, Instandsetzung und gegebenenfalls Verbesserung!

Bewertung der durchgeführten Inspektion:

Reflexion der Unterrichtseinheit

Die Inspektion einer Tischbohrmaschine, das zeigte mehrfach das vorgestellte Unterrichtsbeispiel, gelingt Lernenden auch nach ihren eigenen Einschätzungen vor allem dann besonders umfassend und problemlos, wenn die Planungsphase vollständig durchlaufen wird und eine detaillierte Ablaufplanung vorliegt. Hierbei kann es sich, je nach Lernvoraussetzungen, anbieten, die Planung außerhalb der Schulwerkstatt, also im Unterrichtsraum durchzuführen, weil Lernende in unmittelbarer Nähe und mit direktem Blick auf das zu inspizierende Objekt häufig „sofort loslegen“ möchten, anstatt zunächst vom Objekt zu abstrahieren.

Höhere unterrichtsorganisatorische Anforderungen ergeben sich u. U. auch dann, wenn Prüf- und Messmittel eingesetzt werden, die bisher nur theoretisch behandelt wurden, deren Handhabung daher noch zu erörtern ist. Diese Hinweise erfolgen günstigenfalls möglichst lernerorientiert im Vorfeld oder im Arbeitsprozess selbst. In diesem Zusammenhang sollten die Verteilung und der Einsatz der Prüf- und Messmittel in der Hand der Lernenden liegen, selbst wenn diese Arbeitsmittel nur in geringer Anzahl zur Verfügung stehen.

Nicht zu vernachlässigen ist schließlich auch das Wissen der Lehrkraft über das das zu inspizierende technische Gerät. Dieses dient nicht dazu, den Weg der Lernenden zum Kenntniserwerb durch direkte Erläuterungen „abzukürzen“, sondern durch mikromethodische Hilfestellungen – etwa durch Impulse oder gezielte Fragen – den Lernprozess im Bedarfsfall zu befördern.

Unterrichtsbeispiel 10: Fehleranalyse an einem Regelungsgerät einer witterungsgeführten Heizungsanlage[11]

Unterrichtsverfahren: Fehleranalyse

Thematische Aspekte

Unter anderem durch die Endlichkeit der fossilen Energieträger und die stetig zunehmende Brisanz der Klimaproblematik erhalten immer komplexere und damit auch empfindliche Heizungssysteme Einzug in die Arbeitswelt. Sie stellen Fachkräfte in der beruflichen Praxis gerade in Fragen der Installation und Instandhaltung ständig vor neue Herausforderungen. Besonders schwierig ist dabei bei derartigen technischen Systemen das Lokalisieren von Fehlern, um sie nachfolgend zu beheben. Falls ein Fehler nicht sofort bestimmt werden kann, ist eine systematische Fehleranalyse bzw. -diagnose durchzuführen, zu der die Tätigkeiten Fehlererkennung, -ortung und Ursachenfeststellung gehören (vgl. DIN EN 13306). Die Fehleranalyse, ein Kernelement der instandhaltungs- und instandsetzungsbezogenen Facharbeit, ist daher grundlegend, um technische Systeme nutzbar und beherrschbar zu machen. Dementsprechend sollte sie auch beim beruflichen Lernen explizit thematisiert werden. Dieses kann durch ein spezielles Unterrichtsvorhaben geschehen, bei dem ein auf den Prozess der Fehleranalyse abgestimmtes Lernverfahren eingesetzt wird.

Verbindet man berufsfachliche mit -didaktischen Aspekten, so erhält man ein spezifisches Unterrichtsverfahren, dessen Ausformung für den beruflichen Unterricht die Fehleranalyse darstellt. Dieses Unterrichtsverfahren lässt sich aufgrund seiner Struktur auch mit dem Lernfeldansatz und somit der vollständigen Handlung verbinden, durch die selbstständiges, strukturiertes sowie vernetztes Denken und Arbeiten im Team gefördert werden. Besonderes Interesse entwickeln die Lernenden am Unterrichtsgeschehen, wenn Parallelen zur beruflichen Praxis bestehen und die Schülerinnen und Schüler Fehlfunktionen an technischen Bauteilen und Geräten feststellen, die sie bereits bei der täglichen Arbeit erlebt haben. Diese positiven Effekte legen es nahe, weitere didaktisch-methodische Überlegungen zur Fehleranalyse im Bereich beruflichen Lernens anzustellen.

Aufgrund immer komplexer werdender technischer Systeme ist es aus didaktischen Gesichtspunkten von entscheidender Bedeutung, die inhaltliche Erarbeitung einer konkreten Fehlerbestimmung vorzunehmen. Dabei wird zusätz-

[11] Dieses Unterrichtsbeispiel wurde im Wesentlichen von Lars Wichmann am Berufsbildungszentrum (BBZ SL) Schleswig entwickelt und erprobt.

lich der prozessuale Ablauf der Fehleranalyse erlernt, der sich wiederum auf verschiedene technische Gebilde übertragen lässt.
Für den Lernprozess im Rahmen dieses Unterrichtsvorhabens eignet sich – hier insbesondere in der Ausbildung zum Beruf „Anlagenmechaniker/-in für Sanitär-, Heizungs- und Klimatechnik“ – ein Regelgerät einer witterungsgeführten Heizungsanlage als Unterrichtsgegenstand, da dieser zum aktuellen Repertoire der Technik gehört und somit jedem Lernenden bekannt sein sollte. Je nach Fähigkeiten der Schülerinnen und Schüler kann der Schwierigkeitsgrad durch verschiedene Fehlerbeschreibungen an ihre Leistungen angepasst werden. So stellt, bei richtiger Einschätzung durch die Lehrkraft, eine solche Heizungsanlage ein passendes Analyseobjekt dar.

Lernvoraussetzungen

Schülerinnen und Schüler lassen oft eine besondere Motivation erkennen, sobald im Unterricht berufstypische Situationen aufgegriffen werden. Für den Beruf „Anlagenmechaniker/-in für Sanitär-, Heizungs- und Klimatechnik“ findet sich die Fehleranalyse an verschiedenen Stellen im Rahmenlehrplan wieder (insbesondere in den Lernfeldern 9, 10, 13, 14). Sie ist nicht nur berufsrelevant, sondern sogar berufstypisch.

Die Lernenden können am Ende des zweiten oder im dritten Ausbildungsjahr den Regelkreis, die Bauteile einer witterungsgeführten Heizungsregelung und ihre Funktionsweise beschreiben. Sie beherrschen den Umgang mit technischen Unterlagen und können sich aus ihnen produktspezifische Informationen erschließen.

Unterrichtsziele und angestrebter Kompetenzzuwachs

Der auf einen Fehler bezogene Ansatz erfordert analytische Denkleistungen und systematische Handlungsfähigkeit der Lernenden. Die Schülerinnen und Schüler können selbstständig, einzeln oder gemeinsam

- die Fehlfunktion eines technischen Gerätes erkennen,
- Fehlerbeschreibungen systematisch vornehmen,
- systematisch eine Fehlersuche durchnehmen,
- die Fehlerart bestimmen,
- eine Fehlerbeseitigung vornehmen sowie
- einen Fehlerbericht anfertigen.

Darüber hinaus sollen durch Partnerarbeit sowie die anschließenden Präsentationen und Diskussionen die sozialen Kompetenzen der Lernenden und durch Reflexionsphasen ebenso die Fähigkeiten, über das eigene Handeln nachzudenken und sich selbst angemessen einzuschätzen, verbessert werden.

Didaktisch-methodische Struktur

Die didaktisch-methodische Struktur des Unterrichts ist am Kreislauf der vollständigen Handlung angelehnt. Es wird von einer Telefonnotiz ausgegangen, mit der eine berufliche Situation simuliert wird. Anschließend folgen die Phasen der intuitiven Fehlersuche und -bestimmung, der Planung des Analyseweges, der Durchführung der Fehleranalyse im engeren Sinne, der Darstellung und Diskussion (Präsentation) sowie der Reflexion, Auswertung und des Transfers.

Es bestehen gute Möglichkeiten, je nach Leistungsstand der Klasse oder einzelner Schülerinnen und Schüler differenziert vorzugehen, indem zwischen Selbststeuerung der Lernenden einerseits oder Lehrerlenkung andererseits Möglichkeiten bestehen, situativ angemessene Aktionen zu initiieren. So kann je nach vorhandenen Fähigkeiten zum selbstgesteuerten Lernen entweder

- auf einen schriftlich fixierten Arbeitsauftrag mit Teilaufgaben verzichtet,
- die Erarbeitung eines solchen Arbeitsauftrages selbst zum Gegenstand des Unterrichtsvorhabens,
- ein vorgefertigter Arbeitsauftrag eingesetzt oder
- sogar neben dem Arbeitsauftrag auch ein mögliches Beispiel für den Beginn eines Ablaufplanes vorgegeben werden.

Die mit der Telefonnotiz vorgestellte Situation lässt verschiedene Vermutungen der Fehlerbehebung zu. Um leistungsschwächeren Lernenden weiter behilflich zu sein und die Aufmerksamkeit auf das vermeintlich defekte Regelgerät zu lenken, kann zunächst auch das gesamte Heizgerät als funktionsfähig beschrieben werden. Damit wäre ein Fehler im Heizungssystem, beispielsweise am Vorrangumschaltventil einer wandhängenden Gas-Brennwertheizungsanlage, ausgeschlossen. Die Schülerinnen und Schüler könnten sich infolgedessen von vornherein auf den Bereich der Regelung konzentrieren. Ein typischer Fehler, der das beschriebene Fehlerbild zur Folge hätte, wäre ein defekter Außenfühler. Diesen gilt es von den Lernenden ausfindig zu machen.

Bevor die Lernenden jedoch mit den erforderlichen Messungen beginnen, sollten sie eine Überprüfung der Einstellungen des Regelgeräts vornehmen. Durch diesen Schritt kann eine Fehlbedienung bzw. falsche Einstellung als Fehlerursache ausgeschlossen werden. Bei der weiteren Fehlereingrenzung sollte dann das Regelgerät als „Blackbox“ angesehen werden, da eine Fehlersuche innerhalb des Regelgeräts keine typische und auch nicht leistbare Aufgabe für Anlagenmechanikerinnen und -mechaniker darstellt. Fehler in diesem Bauteil zumeist einen kompletten Austausch des Regelgeräts zur Folge haben.

Um den Fehler eingrenzen zu können, müssen von den Lernenden zunächst Widerstandsmessungen an den Fühlern durchgeführt und mit den Sollwerten aus den Herstellerunterlagen verglichen werden. Durch diese Tätigkeit werden Sie den vermeintlich defekten Fühler als Störungsursache lokalisieren.

Nach dem eventuell nötigen Austausch des Bauteils ist abschließend eine Funktionsprüfung durchzuführen.

Um neben den Fach- und Methodenkompetenzen auch die bei kooperativen Fehleranalysen im Berufsleben erforderlichen Sozialkompetenzen zu stärken, ist die Durchführung des Unterrichts in Partner- oder Gruppenarbeit anzustreben.

Handlungsablauf

Im Folgenden ist ein möglicher Handlungsablauf zur Fehleranalyse an einem Regelungsgerät einer witterungsgeführten Heizungsanlage in tabellarischer Form dargestellt.[12]

[12] In dem vorliegenden Fall wird von einer vergleichsweise starken Lehrerlenkung ausgegangen, um zu zeigen, wie hierfür das Arbeitsblatt aussehen könnte.

Unterrichtsbeispiel 10: Fehleranalyse an einem Regelungsgerät einer witterungsgeführten Heizungsanlage					
Nr.	**Lernphase**	**Handlungsablauf**	**Aktions- und Sozialform**	**Medien und didaktische Materialien**	**Didaktische Hinweise**
1	Einstieg zur Fehleranalyse	Die Lernenden finden auf ihrem Arbeitsplatz einen Kundenauftrag in Form einer Telefonnotiz. Der Kundenauftrag wird gelesen. Spontan äußern sich die Lernenden. Die Lehrkraft regt danach zur Überlegung und Klärung von Begriffen an, die mit Instandsetzung und Fehlersuche/Fehleranalyse zu tun haben. Die Schülerinnen und Schüler beraten darüber, welche Informationsquellen sie benötigen, um ihren Einsatz zu planen.	Einzelarbeit Unterrichtsgespräch	Telefonnotiz	Alternativ kann die Mängelanzeige auch durch ein Rollenspiel dargestellt werden. Dabei kann eine den Schülerinnen und Schülern nicht bekannte Lehrkraft den Kunden spielen, um den Überraschungseffekt möglichst groß zu gestalten.
2	Intuitive Fehlersuche und Fehlerbestimmung	Die Lernenden bilden Teams und führen eine Sichtprüfung der Heizungsanlage durch. Sie versuchen, so den Fehler ausfindig zu machen und notieren sich ihre Beobachtungen und Überlegungen, die sie im Anschluss vorstellen. Wenn die Lernenden an dieser Stelle keine weiteren Ideen zur Fehlerursache haben, erkennen sie den von ihnen bislang eingeschlagenen Weg zur genauen Fehlerbestimmung als nicht ausreichend. Durch die Lehrkraft wird dann das Verfahren der Fehleranalyse mit seinen wesentlichen Schritten vorgestellt.	Partnerarbeit	Installations- und Servicehefte, Bedienungsanleitung, evtl. internetfähiger PC, um Herstellerunterlagen im Internet einzusehen	Falls das Verfahren der Fehleranalyse bereits bekannt ist, muss nur noch darauf verwiesen werden. Finden die Schülerinnen und Schüler bereits in dieser Phase die Fehlerursache heraus, kann von der Lehrkraft angeregt werden, ihre Ideen anhand einer Fehleranalyse zu verdeutlichen und schwächeren Gruppen diese Beschreibung als Hilfestellung zur Verfügung zu stellen.

3	Planung des Analyseweges	Die Schülerinnen und Schüler führen eine Fehlerbeschreibung durch und erstellen einen Arbeitsplan, der ihnen ein strukturiertes Vorgehen ermöglicht. Dazu erhalten sie das Arbeitsblatt. Um ein systematisches Arbeiten zu initiieren, weist die Lehrkraft darauf hin, dass zur sichereren und übersichtlichen Fehlereingrenzung ein Ablaufplan erstellt werden soll, der zu einer strukturierten Fehlereingrenzung an der witterungsgeführten Regelungsanlage beitragen soll. Dazu wird das Arbeitsblatt verteilt.	Partnerarbeit	Mitschriften der Lernenden, Arbeitsblatt mit Arbeitsauftrag und Kurzdarstellung eines Ablaufplans, Ablaufplans, Installations- und Servicehefte, Bedienungsanleitung, Zusatzliteratur	Das Regelgerät ist als „Blackbox“ anzusehen. Gegebenenfalls kann auch auf das Arbeitsblatt bzw. auf das abgebildete Beispiel des Beginns eines möglichen Ablaufplanes verzichtet werden, wenn es sich um eine leistungsstarke Klasse handelt. Bei leistungsschwächeren Klassen können die Planungsinhalte und ein Schadensbericht vorgegeben werden, der eindeutig auf einen Fehler im Regelkreis hinweist. Die Planungsphase würde ansonsten sehr viel Zeit in Anspruch nehmen. Zusätzlich können die erstellten Ablaufpläne vor der Klasse präsentiert und gemeinsam verbessert werden. Dadurch ist auch schwächeren Teams die Fehlersuche mit einem fachlich richtigen Ablaufplan möglich.
4	Durchführung der Fehleranalyse im engeren Sinne	Die Lernenden untersuchen das Gerät nach ihren Festlegungen. Sollten sie den Fehler auch mit Hilfe des Ablaufplans nicht finden können, kann eine andere Gruppe oder die Lehrkraft unterstützend eingreifen. Die Gruppen notieren sich während der Arbeit das Vorgehen und Auffälligkeiten.	Partnerarbeit	Ablaufplan, Installations- und Servicehefte, Bedienungsanleitung, Schülermitschriften	Günstig ist es, wenn die Lernenden eine präparierte Regelung, an der ein defekter Außenfühler montiert ist, untersuchen können.

5	Darstellung der Fehleranalyse, Ergebnisse und Folgerungen	Die Schülerinnen und Schüler präsentieren und begründen ihre Planung sowie das systematische Vorgehen bei der Fehleranalyse. Dabei geben sie auch die Fehlerursache und ihre Entscheidung bekannt, ob eine Instandsetzung oder ein Austausch des Regelgeräts erfolgen sollte. Die anderen Gruppen und die Lehrkraft haben in dieser Phase die Möglichkeit, Fragen zu stellen.	Partnerarbeit Unterrichtsgespräch	Mitschriften, evtl. reale Objekte, Ablaufplan	Außerdem wäre an dieser Stelle abschließend die Beseitigung des Fehlers in Verbindung mit einer Funktionskontrolle möglich. Die Arbeitsergebnisse der Partnergruppen werden später kopiert und allen Schülerinnen und Schülern zur Verfügung gestellt.
6	Reflexion, Auswertung und Transfer	In einer Diskussionsrunde wird das Unterrichtsvorhaben ausgewertet und das eigene Vorgehen, die Partnerarbeit sowie der Gesamtablauf des Unterrichtsvorhabens reflektiert. Besonderen Wert legt die Lehrkraft in dieser Besprechung darauf, dass das systematische Vorgehen, ausgehend von der Telefonnotiz mit der Mängelanzeige, hervorgehoben wird und das Vorgehen auf andere Bereiche des beruflichen Alltags und der Lebenswelt der Lernenden übertragen werden kann.	Unterrichtsgespräch	Tafel, Flipchart Telefonnotiz	Der Analysesystematik kann hohe Bedeutung verliehen werden, wenn konkrete Beispiele für Steuerungs- und Regeltechnik im Lebensalltag gefunden werden, etwa im eigenen PKW, im Haushalt usw.

Didaktische Materialien

Telefonnotiz
„Mängelanzeige an einem Regelungsgerät einer witterungsgeführten Heizungsanlage“

Telefonnotiz

Datum: 08.06.2009 **Uhrzeit:** 09:52

Gesprächspartner:
Jens Hansen, Süderlücke 32, Schleswig **Tel:** (0 46 21) 1 23 45 67

Gesprächsinhalt:
Bei Herrn Hansen bleiben die Heizkörper im Haus kalt. Die Warmwasserbereitung funktioniert aber. Daher vermutet der Kunde keinen technischen Defekt an der Heizungsanlage, sondern an der witterungsgeführten Regelung.

Unser Kundendienst soll sich der Sache annehmen und einen möglichen Fehler beseitigen.

Es wird um eine telefonische Terminabsprache gebeten.

Arbeitsblatt:
Fehleranalyse an einem Regelungsgerät einer witterungsgeführten Heizungsanlage

Name: .... Klasse: .... Datum: ....

Lern- und Arbeitsaufgabe:
Informieren Sie sich bitte über mögliche Fehlerursachen an der witterungsgeführten Heizungsregelung!

- Nehmen Sie eine Fehlerbeschreibung vor!
- Erstellen Sie einen Arbeitsplan, der Ihnen ein strukturiertes Vorgehen ermöglicht!
- Fertigen Sie einen Ablaufplan an (siehe Beispiel), der Sie bei der strukturierten Fehlersuche unterstützt!
- Führen Sie eine Fehlerdiagnose durch!
- Bereiten Sie Ihre Arbeitsergebnisse und Ursachenfeststellung für eine Präsentation vor!

Beispiel für den Beginn eines möglichen Ablaufplans

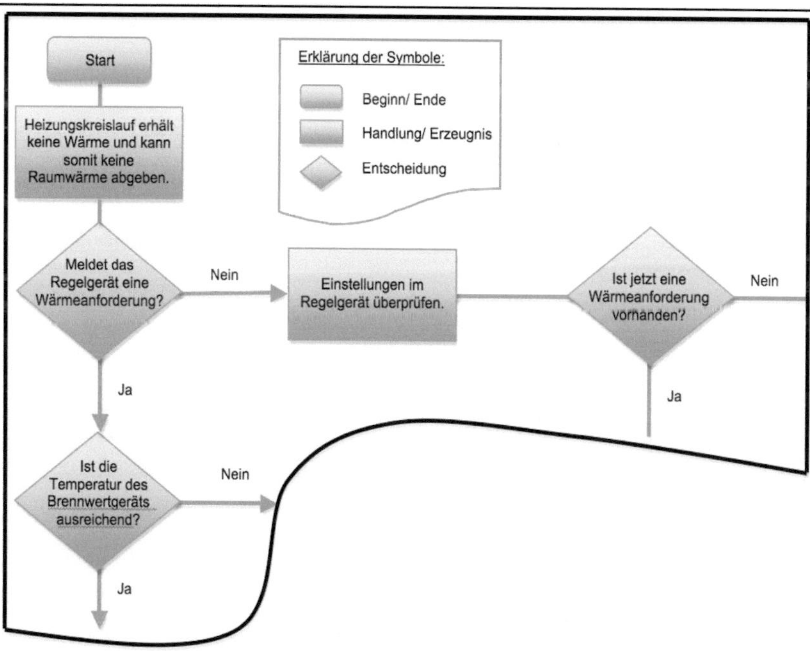

Lösungsvorschlag zum Arbeitsblatt: Ablaufplan

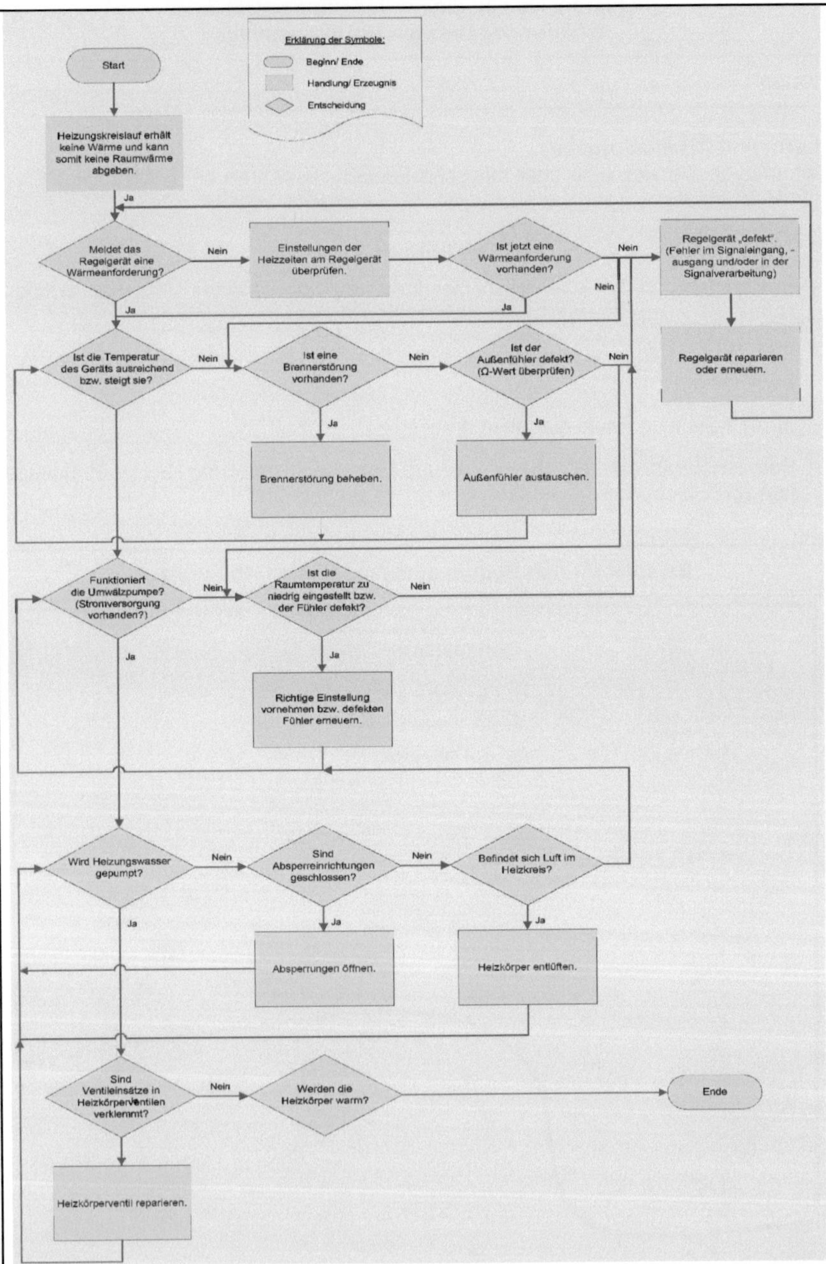

Reflexion der Unterrichtseinheit

Die Durchführung der Fehleranalyse an der witterungsgeführten Regelung einer Heizungsanlage stellt für die Schülerinnen und Schüler eine Herausforderung dar. Erfahrungsgemäß würden sie gerne direkt mit der Fehlersuche beginnen, ohne sich weitere Gedanken über einen strukturierten Arbeitsablauf zu machen. Spricht man allerdings von einer professionellen Fehleranalyse, so beinhaltet dies ein strategisch-systematisches Vorgehen, auf das großen Wert gelegt werden muss. Gerade bei komplexen technischen Anlagen ist ein strukturiertes Vorgehen bei der Fehlersuche und Fehlerbeseitigung Voraussetzung für die erfolgreiche Erledigung der Arbeit. Diese Tatsache erfahren die Lernenden auch in dem Unterrichtsbeispiel. Gerade der komplexe Bereich der Regelungstechnik stellt sie immer wieder vor Schwierigkeiten und Probleme bei der Beseitigung von Funktionsstörungen, sodass sie sich aufgrund dieser Tatsache leichter von der Bedeutung des strukturierten Vorgehens überzeugen lassen.

Allerdings sollte den Schülerinnen und Schülern vorab bereits das Erstellen von Ablaufplänen bekannt sein, da sie sonst aufgrund der doppelten Schwierigkeiten leicht überfordert sein könnten beziehungsweise die benötigte Arbeits- und Lernzeit erheblich zunimmt. Einen hohen Stellenwert nimmt auch die Phase der Fehleranalyse mit Präsentation und Diskussion der Analysewege und Analyseresultate ein. Durch die Darstellung der Ergebnisse wird ein Lernen der Schülerinnen und Schüler voneinander erst ermöglicht und im Rahmen der Diskussion ein Transfer des Analyseergebnisses angeregt.

Unterrichtsbeispiel 11: Erstellen eines Demontageplanes oder sofortiges Demontieren einer Spannrolle

Unterrichtsverfahren: Demontageaufgabe

Thematische Aspekte

Für Industriemechanikerinnen und Industriemechaniker gehört das Montieren und Demontieren von technischen Teilsystemen zu den zentralen Tätigkeiten. Die Spannrolle ist ein Teilsystem, das genutzt wird, um in einem Riementrieb für die richtige Vorspannung zu sorgen. Im Zusammenhang mit dem Betreiben und Instandhalten technischer Systeme kann es eine Aufgabe von solchen Fachkräften sein, ungewohnte Geräusche zu lokalisieren sowie eine Fehlersuche mit -behebung vorzunehmen. Dabei ist auch die Frage nach den Ursachen relevant. Hierzu kann es notwendig sein, die Spannrolle zu demontieren. Diese Arbeit muss wiederum geplant werden.

Eine Gegenwarts- und Zukunftsbedeutung muss für den Beruf bei diesem Lerninhalt und bei dem Lerngegenstand nicht mehr gesondert nachgewiesen werden.
Besonderes Augenmerk richtet sich bei solchen technischen Teilsystemen auf die Lagerung. Der Ausbau (und der Einbau) von Wälzlagern bei technischen Systemen stellt für die Lernenden einen wesentlichen Qualitätssprung zu vorherigen Tätigkeiten aus der Montagetechnik dar. Zudem ist die Spannrolle nur ein typischer Vertreter solcher technischer Systeme, bei denen Baugruppen oder Bauteile umlaufen. Damit steht die Spannrolle exemplarisch auch für andere Teilsysteme, so z. B. für Tragrollen an Förderbändern. Solche Teilsysteme werden im betrieblichen Lernort der Schülerinnen und Schüler zum Transport montierter Motoren eingesetzt.

Lernvoraussetzungen

Es sind für die Unterrichtseinheit Lernvoraussetzungen erforderlich, wie sie erst im zweiten Ausbildungsjahr vorhanden sind. Die Lernenden verfügen bereits über grundlegende Fähigkeiten, Fertigkeiten und Kenntnisse aus der Montagetechnik. Vor allem im Lernfeld 3 „Herstellen von einfachen Baugruppen“ wurden – allerdings nur einfache – technische Gegenstände (Hebelpresse) bereits montiert und demontiert sowie schematische und tabellarische Montagepläne erstellt, sodass sie Grundsätze des Demontierens beherrschen.

Neu ist jedoch die praktische Demontage und Montage technischer Systeme, in denen z. B. Wälzlager vorkommen.

Den Schülerinnen und Schülern sind folgende Begriffe und Inhalte bereits bekannt, die mit der Thematik im Zusammenhang stehen:

- Wälzlager (Festlager, Loslager, Montage von Wälzlagern, Lastfälle),
- Bauteile und Stückliste der Spannrolle (Zusammenbau-Zeichnung liegt vor),
- Funktion und Funktionsweise der Spannrolle,
- schematische und tabellarische Montagepläne sowie
- Passungssysteme (Spiel-, Übergangs-, Übermaßpassung).

Die Schülerinnen und Schüler können technische Unterlagen, besonders technische Zeichnungen lesen, wenngleich es zuweilen noch am räumlichen Vorstellungsvermögen mangelt.

Sie sind es gewohnt, Strukturbilder, Ablaufschemata und Arbeitspläne zu erstellen. Auch in anderen Lernkontexten (z. B. im Lernfeld 4 zur Wartung) wurde die Fähigkeit, selbstständig Pläne und Übersichten zu entwickeln, ausgebildet. Gerade mit schematischen Darstellungsformen gibt es aber zuweilen noch Schwierigkeiten.

Einfache Baugruppen können die Lernenden systematisch montieren und demontieren.

Unterrichtsziele und angestrebter Kompetenzzuwachs

Das übergeordnete Ziel für den gesamten Teil dieser Lernsituation lautet: Die Schülerinnen und Schüler demontieren eine Spannrolle, prüfen die Einzelteile und remontieren dieses technische Teilsystem.

Für den ersten Teil dieser Unterrichtseinheit ergeben sich Teilziele, die sich vorrangig auf einen Zuwachs an Fach- und Methodenkompetenz richten. Die Lernenden können

- fachlich sinnvolle Einschätzungen zu den möglichen Fehlern der vorgelegten Spannrollen geben,
- die Demontage einer Spannrolle sachgerecht vorbereiten,
- eine Spannrolle sachgemäß demontieren,
- ihr Vorgehen und die Zusammenarbeit innerhalb der Partnergruppen einschätzen sowie
- eine fachliche Zwischeneinschätzung vornehmen.

Didaktisch-methodische Struktur

Für den hier betrachteten Teil der Lernsituation von insgesamt ca. sechs Unterrichtsstunden wird auf Elemente verschiedener didaktischer Konzepte zurückgegriffen. Sozusagen en passant wird weitgehend dem Konzept des handlungsorientierten Unterrichts gefolgt, wobei sich die einzelnen Phasen „Informieren", „Planen", „Entscheiden", „Durchführen", „Kontrollieren" und „Bewerten" zum Teil eindeutig herausheben.

Insgesamt setzt sich das Unterrichtsvorhaben aus drei große Blöcken zusammen: Demontage, Prüfung mit Fehlerbehebung, (Re-)Montage. Für die hier genauer zu betrachtende Unterrichtsstunde kann demnach das Unterrichtsverfahren „Demontageaufgabe" genutzt werden. Dieses kann in vier Phasen strukturiert werden: 1) Problemstellung der Demontageaufgabe, 2) Planung des Lösungsweges, 3) Durchführung der Demontageaufgabe sowie 4) Auswertung der Demontageaufgabe und Transfer. In modifizierter Form wird dieses Artikulationsschema hier verwendet. Die Besonderheit ist allerdings, dass ein Teil der Lernenden auf eine reflektierte Planungsphase verzichtet.

Mit der daraus resultierenden Leitfrage „Demontieren oder erst planen?" wird entscheidungsorientiert vorgegangen. Das damit verbundene Erzeugen von Wettbewerbssituationen in einem entscheidungsorientierten Unterricht ist besonders vorteilhaft, wenngleich in dieser Unterrichtsplanung von eher sekundärer Bedeutung. So entsteht durch die Bearbeitung in konkurrierenden Partnergruppen eine leistungsfördernde Atmosphäre. Darin kann auch eine Binnendifferenzierung gesehen werden. Gewöhnlich sind eher abstrakthandlungsorientierte Arbeiten anspruchsvoller als konkrethandlungsorientierte. Somit wird von den Partnergruppen mit vorgeschalteter Planung mehr verlangt als von den anderen. Neben dieser Unterscheidung wurde durch Aufgabenmodifikation in beiden Vorgehensweisen jeweils eine weitere Differenzierung eingebaut (siehe Aufgabenblatt in den Fassungen A bis D).

Am Beginn der Unterrichtsstunde werden die Schülerinnen und Schüler in die Problemstellung eingeweiht. Sie erfahren dadurch vom Vorhaben für insgesamt drei Unterrichtsblöcke – und so vom größeren Planungszusammenhang –, die Spannrollen zu demontieren, neu zu vermessen und dann – sofern die Bauteile selbst qualitativ die Ansprüche erfüllen – wieder neu zu montieren.
Als inhaltliche Struktur ergibt sich für den gesamten Teil der Lernsituation (ca. sechs Unterrichtsstunden) die Aufeinanderfolge von:

- Information mit Arbeitsauftrag,
- Erstellen von Planungsunterlagen sowie Demontage der Spannrolle (parallel),
- Prüfen der Planungsunterlagen,

- Prüfen der Bauteile mit Fehlerbeseitigung,
- Remontage der Spannrolle.

Handlungsablauf

Ein möglicher Handlungsablauf für eine entsprechende Unterrichtseinheit wird in der folgenden Tabelle aufgezeigt.

Unterrichtsbeispiel 11: Erstellen eines Demontageplanes oder sofortiges Demontieren einer Spannrolle					
Nr.	**Lernphase**	**Handlungsablauf**	**Aktions- und Sozialform**	**Medien und didaktische Materialien**	**Didaktische Hinweise**
1	Einstieg a) mit Fallschilderung	Es wird mittels Tonbandaufzeichnung (30 Sekunden) die Situation geschildert, dass während des Betriebes von bestimmten Anlagen die dort eingesetzten Spannrollen anorme Geräusche verursachen und die Riemenscheibe nicht „normal beweglich“ ist. Zur Unterstützung der Aussagen stehen zwei baugleiche Spannrollen zur Verfügung. Ein Lernender wird aufgefordert, die Riemenscheiben zu bewegen und eine vergleichende Einschätzung vorzunehmen.	Plenum	Situationsbeschreibung (Tonband und Folie)	Falls eine Tonbandaufzeichnung nicht zur Verfügung steht, kann die Situation durch zwei Lernende „gespielt“ werden. Den Dialog hierzu gibt es auf Folie. Eine Spannrolle ist manipuliert, indem zuvor Schleifpapier zwischen die sich bewegenden Teile gelegt wurde. Dieses erzeugt abnorme Geräusche und erschwert Drehbewegungen.
	b) mit intuitiver Phase	Die Lernenden äußern sich zu dem Fall und geben Vermutungen zu den Ursachen. Da die Ursache nicht eindeutig zu klären und erst recht nicht zu beseitigen ist, werden Vorschläge zur Problemlösung gesammelt. Fest steht: Zur Fehlerbehebung müssen die Spannrollen demontiert werden. Auf das ständige Tafelbild wird verwiesen.	Plenum Lehrer-Schüler-Gespräch	ggf. Folie „Spannrolle“ ständiges Tafelbild	Die Lernenden bemerken zwar schnell, dass „etwas“ unzulässig reibt („Da ist Sand drin.“), aber die genaue Ursache lässt sich nur durch Demontage ermitteln. Vor allem aber: Erst dann kann der Fehler beseitigt werden.

2	Über-gangs-phase	Die Lehrkraft stellt die Frage: „Demontieren oder erst planen?“ Aus den Äußerungen der Lernenden ergeben sich im Idealfall zwei Meinungslager: a) gleich demontieren und b) zuvor Planungsunterlagen zur Demontage nutzen (bzw. erstellen). Die zentrale Fragestellung „Demontieren oder erst planen?“ wird notiert (Tafelanschrieb). Es werden entsprechend der obigen Meinungslager zwei etwa gleich große Gruppen gebildet, die wiederum in Partnerarbeit agieren werden. Die Gruppen stehen gegeneinander in einem Wettbewerb. Die Paargruppen erhalten zum Teil weiter differenzierte Arbeitsaufträge. Erst nach deren Klärung wird mit der Arbeit begonnen.	Plenum Lehrer-Schüler-Gespräch Gruppen-bildung	Tafel Arbeitsblatt (in vier verschiedenen Varianten)	Gegebenenfalls wird über die Frage abgestimmt. Falls sich keine etwa gleichgroßen Meinungslager bilden, wird von der Lehrkraft eine Einteilung vorgenommen.
3	Arbeits-phase (1)	Drei oder vier Partnergruppen demontieren die Spannrolle und erstellen – danach bzw. parallel dazu – Planungsunterlagen. Die anderen Partnergruppen erstellen die Planungsunterlagen, zunächst ohne zu demontieren.	Partner-arbeit		Die Lehrkraft muss hier sehr wachsam sein, weil vor allem bei der Demontage der Wälzlager fehlerhaftes Handeln Folgen haben kann. Außerdem ist auf die Einhaltung des Arbeitsschutzes zu achten.
4	Zwischen-bespre-chung (1)	Es werden – ggf. mit beiden Gruppen separat – Zwischenstände eingeholt. Im Mittelpunkt stehen die Fragen, wie die Partnergruppen vorgegangen sind und welche Probleme auftraten.	Plenum Lehrer-Schüler-Gespräch		Vorläufige Ergebnisse werden gegebenenfalls festgehalten.

5	Arbeits-phase (2)	In den Partnergruppen wird die Arbeit fortgesetzt. Die Lehrkraft weist die Partnergruppen darauf hin, dass sie ihr Vorgehen kritisch selbst beobachten sollen.	Partner-arbeit		
6	Reflexions-phase	Die Lernenden schätzen die Arbeit mit ihrem Partner (Teamarbeit) ein. Dazu erhalten die Kleingruppen die Aufgabe, kurz auf folgende Fragen einzugehen: „Wie hat die Arbeit mit Ihrem Partner funktioniert? Wie hätten Sie die Teamarbeit noch verbessern können?“ Bevor die Lernenden antworten, erhalten sie Gelegenheit, sich auszutauschen.	Plenum Lehrer-Schüler-Gespräch	Fragen auf Folie	Sollten die Arbeiten noch nicht beendet sein, werden sie an dieser Stelle nur unterbrochen.
7	Zwischen-bespre-chung (2)	Es wird an den Einstiegsfall und die zentrale Frage erinnert: „Demontieren oder erst planen?“ Die Lernenden versuchen, die Frage vorläufig zu beantworten.	Plenum Lehrer-Schüler-Gespräch		

Weiterer Ablauf der Unterrichtseinheit:
Sollten die Lernenden die Aufgabe bereits gelöst haben, so werden in der verbleibenden Zeit dieses Unterrichtsblocks von 90 Minuten nun die Lösungen verglichen. Zum Schluss wird die zentrale Frage vom Einstieg endgültig beantwortet.
Sind die Lernenden noch nicht fertig, so bearbeiten die Partnergruppen die Aufgabe weiter. Bereits fertige Partnergruppen – die auch die jeweiligen Werkzeuge angegeben bzw. eine Werkzeugliste erstellt haben – sollen dann insbesondere eine Argumentation für die abschließende Diskussion entwerfen.
Im nächsten Unterrichtsblock wird die Aufgabe erweitert. Die Lernenden sollen aus dem erarbeiteten tabellarischen Demontageplan ein Strukturbild der Demontage erstellen (oder – je nachdem, welches Planungsinstrument sie bereits geschaffen haben – umgekehrt). Im Mittelpunkt steht hierbei die Frage, wann welches Planungsinstrument geeignet ist.
Vor der Remontage werden die Lager und die Lagerstellen mit einer pneumatischen Prüfvorrichtung auf ihre Maße überprüft (Unterschiedsmessung).

Didaktische Materialien

Folie mit Situationsbeschreibung

In der Werkstatt

Der Schüler Kevin unterhält sich in der Werkstatt mit dem Facharbeiter Klaus.

Schüler:	Ej – gut, dass ich Dich treffe, Klaus! Gestern bekam ich vom Meister den Auftrag, dass ich die Spannrollen prüfen soll.
Facharbeiter:	Ja – und? Hast Du sie Dir angesehen, Kevin?
Schüler:	Ja, schon. Von außen kann ich nichts sehen. Aber wenn man die Keilriemenscheibe dreht, gibt sie so komische Geräusche von sich. Außerdem dreht sie sich so schwer.
Facharbeiter:	Wieso? Lass mal hören!

Es sind Geräusche zu vernehmen.

Schüler:	Und? Ist das normal?
Facharbeiter:	Nein, kann ich mir nicht vorstellen.
Schüler:	Aber was soll ich jetzt tun?
Facharbeiter:	Frag doch mal Deine Klassenkameraden!

Folie „Spannrolle“

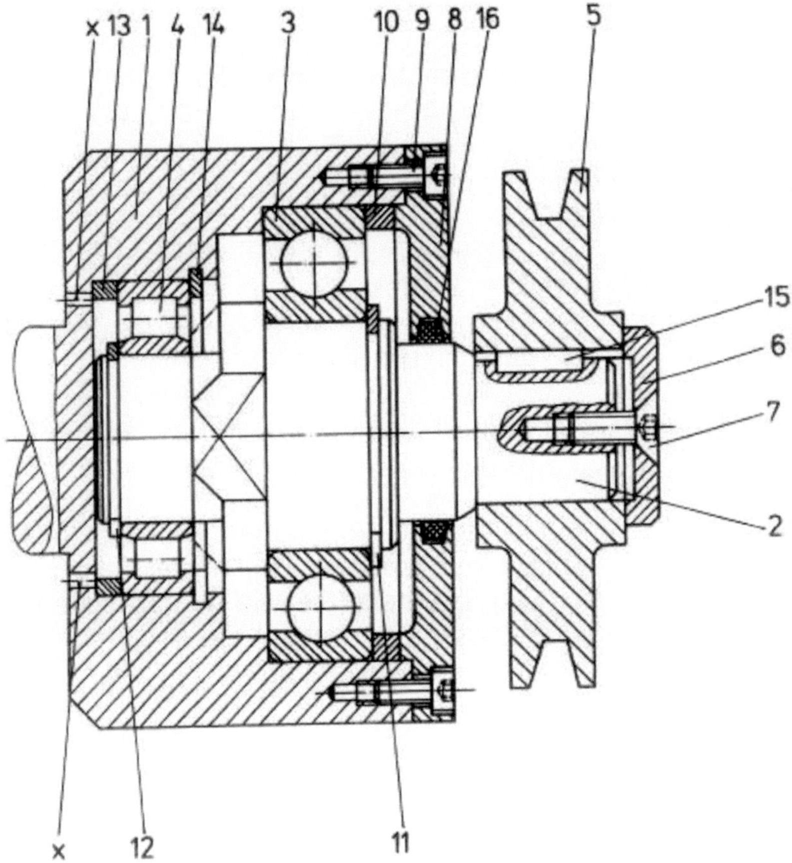

Arbeitsblatt:
„Demontage der Spannrolle“ (A)

Name: .... Klasse: .... Datum: ....

Lern- und Arbeitsaufgabe:

Erstellen Sie bitte einen Demontageplan für die Spannrolle, sodass Sie anschließend die Demontage vornehmen können! Überlegen Sie sich dazu, welche Informationen in dem Plan enthalten sein müssen!

Sie haben für diese Aufgabe 30 Minuten Zeit.

Hinweis: Nach 15 Minuten erfolgt eine kurze mündliche Bestandsaufnahme.

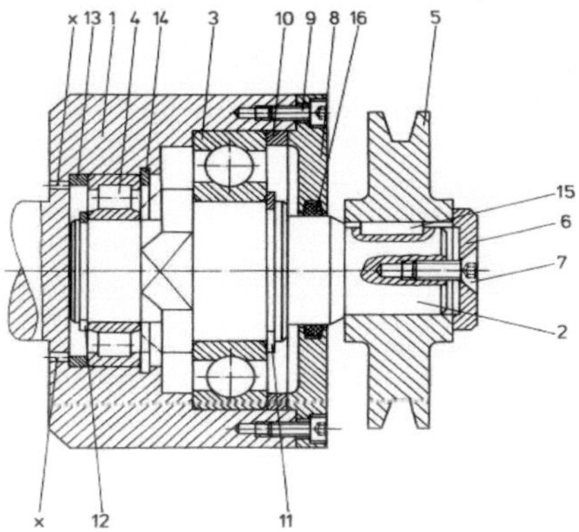

Notizen:

Arbeitsblatt:
„Demontage der Spannrolle“ (B)

Name: .... Klasse: .... Datum: ....

Lern- und Arbeitsaufgabe:

Erstellen Sie bitte einen Demontageplan für die Spannrolle, sodass Sie anschließend die Demontage vornehmen können! Überlegen Sie sich dazu, welche Informationen in dem Plan enthalten sein müssen! Als Hilfe können Sie die Ihnen vorliegende demontierte Spannrolle nutzen.

Sie haben für diese Aufgabe 30 Minuten Zeit.

Hinweis: Nach 15 Minuten erfolgt eine kurze mündliche Bestandsaufnahme.

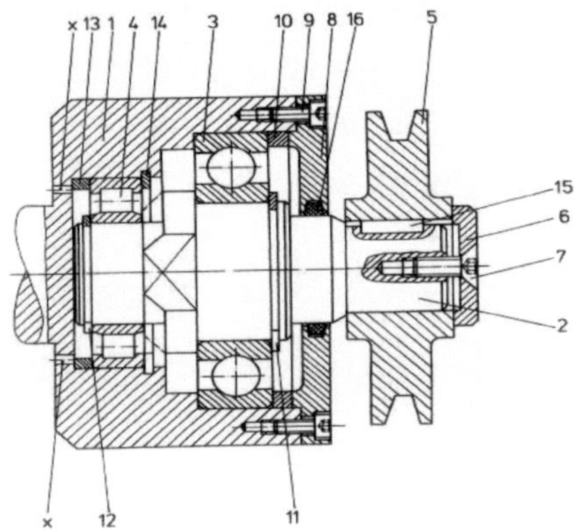

Notizen:

Arbeitsblatt:
„Demontage der Spannrolle“ (C)

Name: .... Klasse: .... Datum: ....

Lern- und Arbeitsaufgabe:

Demontieren Sie bitte zunächst die Spannrolle! Erstellen Sie anschließend einen Demontageplan, sodass danach andere Fachkräfte die Demontage vornehmen können! Überlegen Sie sich dazu, welche Informationen in dem Plan enthalten sein müssen!

Sie haben für diese Aufgabe 30 Minuten Zeit.

Hinweis: Nach 15 Minuten erfolgt eine kurze mündliche Bestandsaufnahme.

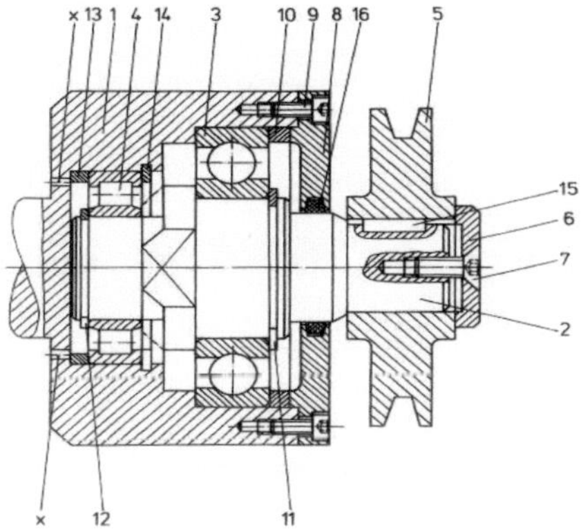

Notizen:

Arbeitsblatt:
„Demontage der Spannrolle“ (D)

Name: .... Klasse: .... Datum: ....

Lern- und Arbeitsaufgabe:

Überlegen Sie sich bitte zunächst, welche Informationen in einem Demontageplan enthalten sein müssen! Demontieren Sie anschließend die Spannrolle und erfassen Sie dabei jeden einzelnen Arbeitsschritt gleichzeitig in einem Demontageplan!

Sie haben für diese Aufgabe 30 Minuten Zeit.

Hinweis: Nach 15 Minuten erfolgt eine kurze mündliche Bestandsaufnahme.

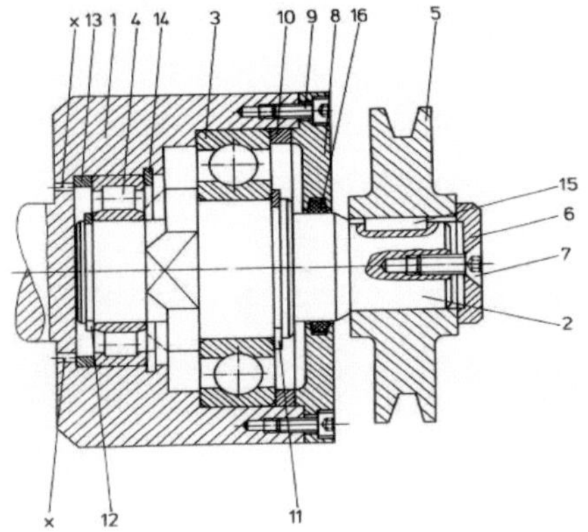

Notizen:

Ständiges Tafelbild

Thema:

Instandsetzen einer Spannrolle

Arbeitsschritte:

Erstellen eines Demontageplans oder sofortiges Demontieren?

Prüfung bzw. Fehlersuche

Fehlerbeseitigung

Remontage

Folie zur Reflexion der Partnerarbeit

1) Wie hat die Arbeit mit Ihrem Partner funktioniert?

2) Wie hätten Sie die Gruppenarbeit noch verbessern können?

Lösungserwartung 1 zum Arbeitsblatt „Demontage der Spannrolle“ (A)

Name: .... Klasse: .... Datum: ....

Lern- und Arbeitsaufgabe:

Erstellen Sie bitte einen Demontageplan für die Spannrolle, sodass Sie anschließend die Demontage vornehmen können! Überlegen Sie sich dazu, welche Informationen in dem Plan enthalten sein müssen!

Da nicht vorgegeben wird, ob ein tabellarischer oder ein schematischer Montageplan zu erstellen ist, gibt es vom Grundansatz zwei Lösungsvarianten.

Tabellarischer Demontageplan

lfd. Nr.	Demontagevorgang	Werkzeug/Hilfsmittel
01	*Senkschraube mit Innensechskant (7) aus Druckscheibe (6) und Achse (2) entfernen*	*Sechskant-Schraubendreher*
02	*Druckscheibe (6) von der Keilriemenscheibe (5) nehmen*	
03	*Keilriemenscheibe (5) von Achse (2) abziehen*	
04	*Passfeder (15) aus Passfedernut entnehmen*	
05	*Zylinderschrauben mit Innensechskant (9) aus Gehäuse (1) entfernen*	*Sechskant-Schraubendreher*
06	*Lagerdeckel (8) vom Gehäuse (1) nehmen*	
07	*Filzring (16) aus Lagerdeckel (8) entfernen*	*Pinzette*
08	*Distanzring (10) aus Gehäuse (1) entnehmen*	
09	*Achse (2) mit Sicherungsringen (11, 12), Rillenkugellager (3) und Innenring des Zylinderrollenlagers (4b) aus Gehäuse (1) entnehmen*	
10	*Sicherungsring (11) von Achse (2) entfernen*	*Sicherungsringzange für Wellen*
11	*Sicherungsring (12) von Achse (2) entfernen*	*Sicherungsringzange für Wellen*
12	*Rillenkugellager (3) von Achse (2) abziehen*	*Hebelpresse, Montagehülse*
13	*Innenring des Zylinderrollenlagers (4b) von Achse (2) abziehen*	*zweiarmiger Abzieher, Distanzscheibe, Schraubstock, Doppelringschlüssel*
14	*Sicherungsring (14) aus Gehäuse (1) entfernen*	*Sicherungsringzange für Bohrungen*
15	*Außenring des Zylinderrollenlagers (4a) aus dem Gehäuse (1) entnehmen*	
16	*Distanzring (13) aus Gehäuse (1) entnehmen*	
17	*Sichtkontrolle*	

Lösungserwartung 2 zum Arbeitsblatt
„Demontage der Spannrolle“ (A)

Name: .... Klasse: .... Datum: ....

Lern- und Arbeitsaufgabe:

Erstellen Sie bitte einen Demontageplan für die Spannrolle, sodass Sie anschließend die Demontage vornehmen können! Überlegen Sie sich dazu, welche Informationen in dem Plan enthalten sein müssen!

Da nicht vorgegeben wird, ob ein tabellarischer oder ein schematischer Montageplan zu erstellen ist, gibt es vom Grundansatz zwei Lösungsvarianten.

Strukturbild der Spannrolle (schematischer Demontageplan):

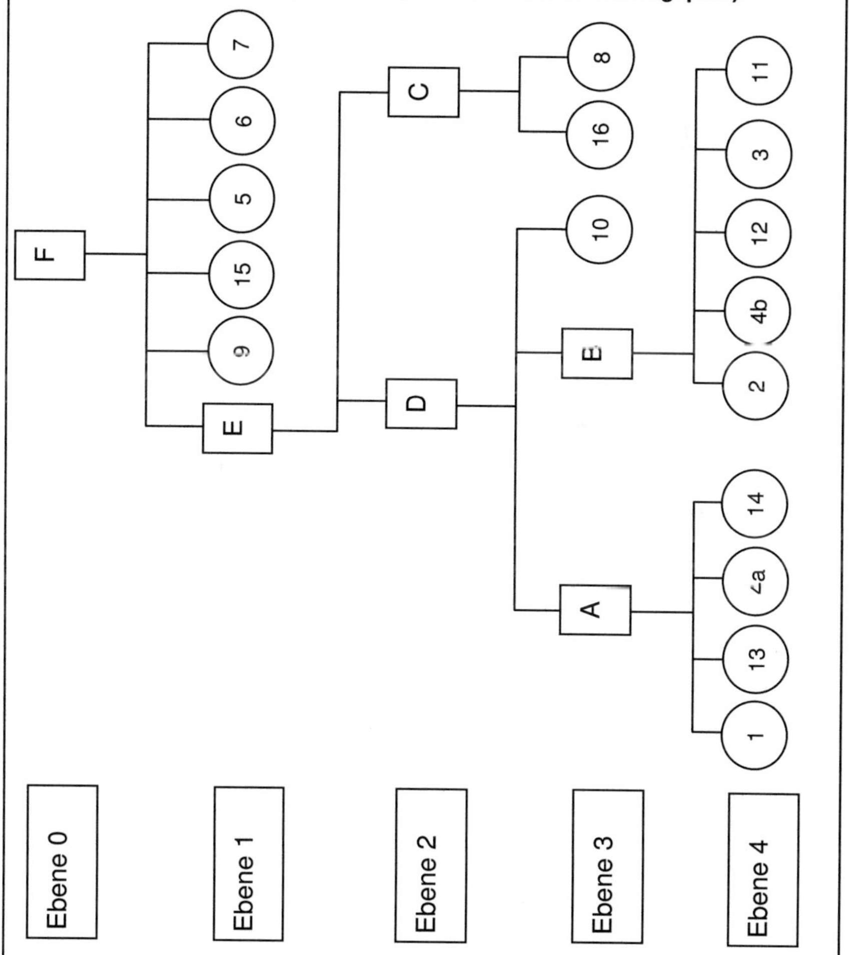

Reflexion der Unterrichtseinheit

Das vorgestellte Unterrichtsbeispiel richtet sich insbesondere auf die berufspraktische Tätigkeit. Sie ist dadurch begrenzt, dass das Funktionsprinzip möglicherweise außer Acht gelassen wird. Es werden zwar Einblicke in Fertigungs- und Remontagevorgänge gewährt, aber nicht in die Entwicklungen und Ideen, die im Hintergrund stehen.

Die Förderung allgemein-prozessualer Lernziele wie Kooperations- und Kommunikationsfähigkeit ist mit dem Unterrichtsverfahren möglich und wird wesentlich durch die Sozialform während der Durchführung bestimmt, die wiederum von der Anzahl und der Qualität der vorhandenen Medien abhängt. Während der Aufgabenbearbeitung können vor allem während der Gruppenarbeit unterschiedliche Vorgehensweisen erprobt.

Wenn die Lernenden im selbstständigen Lösen von konkreten und praktischen Problemen geübt sind, besteht die Möglichkeit, dass die Lehreraktivität während der Aufgabenbearbeitung gering ist. Allerdings trägt sie in Zusammenhang mit der Demontage der Wälzlager eine hohe Verantwortung sowohl für die Einhaltung des Arbeitsschutzes als auch der Nichtbeschädigung der Lager. Daher bietet sich das Vorgehen nur bei kleinen Lerngruppen – erfahrungsgemäß nicht mehr als 16 Lernende – an.

C Unterrichtsbeispiele zur Wiederherstellung der Funktions- und Einsatzfähigkeit technischer Systeme

Eine wesentliche Grundmaßnahme der Instandhaltung nach der Norm DIN 31051 aus dem Jahre 2003 ist die Instandsetzung. Sie umfasst „Maßnahmen zur Rückführung einer Betrachtungseinheit in den funktionsfähigen Zustand, mit Ausnahme von Verbesserungen" (DIN 31051, S. 4) bzw. das Wiederherstellen des Soll-Zustandes der Betrachtungseinheit. Die Instandsetzung hat im Kern die Fehlererkennung und -beseitigung sowie die Funktionsprüfung zum Ziel. Nach einer vorherigen Demontage und Fehleranalyse werden zur Fehlerbeseitigung die fehlerhaften Bauelemente repariert oder ausgetauscht. Nach einer anschließenden Remontage muss das technische System wieder in Betrieb genommen und auf Funktionsfähigkeit geprüft werden. In diesem Kapitel werden mögliche Unterrichtsbeispiele vorgestellt, mit deren Hilfe berufliche Tätigkeiten zur Wiederherstellung der Funktions- und Einsatzfähigkeit technischer Systeme didaktisch nachvollzogen werden können. Im Einzelnen sind eine Instandsetzungsanalyse und Instandsetzung einer Getriebe- bzw. Stufenräderwelle und eines Kranhakens, die Instandsetzung und gleichzeitige Verbesserung einer Tischbohrmaschine, die Remontage eines Schneckenradgetriebes, einer Biegemaschine, einer Hebelschere und einer Hebelpresse sowie die Wiederinbetriebnahme einer Fräsmaschine didaktisch aufbereitet worden. In Beispiel 19 wird eine Schadensanalyse an einer CNC-Werkzeugmaschine für den Unterricht angeboten. Das Recycling der defekten Bauelemente und eventuell auch der entfernten Betriebsstoffe nimmt eine Sonderstellung ein und wird am Beispiel einer Tischbohrmaschine und des technischen Systems „PKW" erläutert.

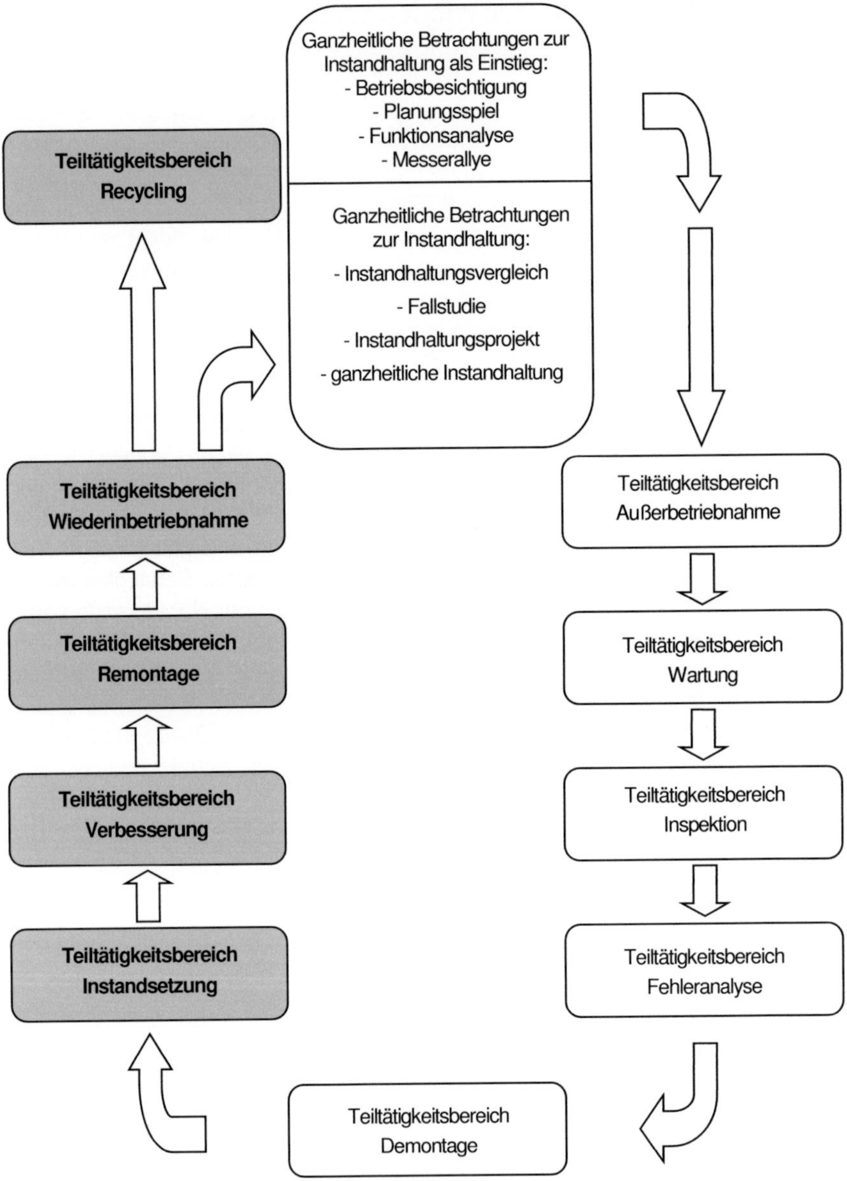

Abb.: Unterrichtsbeispiele zur Wiederherstellung der Funktions- und Einsatzfähigkeit technischer Systeme: mögliche Makrostruktur des Tätigkeits- bzw. Themenbereiches „Instandhaltung“

Unterrichtsbeispiel 12: Analyse der Instandsetzung einer Tischbohrmaschine[13]

Unterrichtsverfahren: Instandsetzungsanalyse

Thematische Aspekte

Der Ausfall von Anlagen, Maschinen, Aggregaten und Geräten stellt die Betriebe vor immer wieder neue Probleme. Vor allem vorbeugende Instandsetzung kann besonders bei teuren Geräten und Anlagen verhindern, dass es zu (ungeplanten) Unterbrechungen des Produktionsablaufes kommt. Wenn nach Instandsetzungen z. B. die Produktion wiederholt ausfällt, müssen Instandsetzungsanalysen durchgeführt werden. Bei fehlerhaften oder unzureichenden Instandsetzungen ist eine Instandsetzungsanalyse erforderlich, um Folgefehler zu vermeiden.

Als Resultat der Verknüpfung fachlicher Kategorien mit lernpsychologischen und erkenntnistheoretischen Momenten lässt sich die Instandsetzungsanalyse als fachspezifisches instandsetzungstypisches und an der Analyse ausgerichtetes Unterrichtsverfahren gewinnen. Es ist im Kern durch zergliedernde und rekonstruierende Phasen gekennzeichnet, wodurch insbesondere das analytische und schlussfolgernde Denken gefördert wird.

Mit dem Unterrichtsverfahren „Instandsetzungsanalyse“ werden sowohl Kenntnisse über arbeits- und technikspezifische Prozesse der Instandsetzung als auch über spezifische technische Gegenstände vermittelt. Die Untersuchung einer schon durchgeführten Instandsetzung eines technischen Gerätes, eines Apparates, einer Maschine oder Anlage fordert von den Lernenden Analysefähigkeiten, die zugleich als Methoden der Erkenntnisgewinnung von allgemeiner Bedeutung sind.

Im Rahmen der Unterrichtseinheit „Instandsetzungsanalyse an einer Tischbohrmaschine“ erhalten die Lernenden die Gelegenheit, eine Analyse authentischer Instandsetzungen in der Arbeitsgruppe selbstständig durchzuführen. Dabei kann sowohl der Weg der Instandsetzung beurteilt werden als auch deren Ergebnis.

Die Tischbohrmaschine eignet sich wiederum besonders, da sie – im Unterschied etwa zu komplexen Anlagen – ein übersichtliches Analyseobjekt dar-

[13] Dieses Unterrichtsbeispiel wurde im Wesentlichen von Lehrkräften des Oberstufenzentrums Elbe-Elster (OSZ EE) Elsterwerda und des Staatlichen Berufsbildungszentrum (SBBZ SOK) Saale-Orla-Kreis entwickelt und erprobt.

stellt, wodurch auch potentielle Fehlervarianten auf einen im Bereich beruflichen Lernens sinnvollen und zu bewältigenden Umfang eingrenzbar sind. Zur Bereicherung der schulischen Lern- und Arbeitsumgebung lassen sich aus dem beruflichen Tätigkeitsfeld außer den Tischbohrmaschinen auch verschiedene Dokumentationen (z. B. Instandsetzungsprotokolle) einsetzen.

Lernvoraussetzungen

Besonders motiviert sind die Lernenden, wenn ein Gerät, das aus dem Umkreis ihrer Arbeit stammt, untersucht werden soll. Sie sind in der Regel mit einer Tischbohrmaschine vertraut, jedoch selten steht dieses Objekt unter dem Analyseaspekt.

Inhalte, an denen Fehleranalysen vorgenommen werden können, finden sich je nach Berufsbild an unterschiedlichen Stellen in den jeweiligen Rahmenlehrplänen wieder (z. B. Zerspanungsmechaniker/-in: Lernfeld 6 und 7; Werkzeugmechaniker/-in: Lernfeld 8; Anlagenmechaniker/-in und Industriemechaniker/-in: Lernfeld 9; Konstruktionsmechaniker/-in: Lernfeld 12). Grundsätzlich kennen die Lernenden technische Objekte sowie Anlagen und können Funktionseinheiten von Maschinen und Anlagen und deren Wirkungsweisen beschreiben. Sie beherrschen den Umgang mit technischen Unterlagen und Informationen (Gruppen- und Gesamtzeichnungen bzw. Teilzeichnungen, Stücklisten und Montagepläne, Anordnungspläne, Funktions- und Montagebeschreibungen). Bekannt sind auch unterschiedliche Prüfverfahren.[14]

Unterrichtsziele und angestrebter Kompetenzzuwachs

Der bei der Instandsetzungsanalyse problemorientiert ausgerichtete Ansatz zielt insbesondere auf sezierende und zergliedernde Denkleistungen sowie systematische Handlungsfähigkeiten. Die Lernenden können selbstständig und kooperativ

- die Notwendigkeit einer Instandsetzungsanalyse erkennen und begründen bzw. nicht optimal durchgeführte Instandsetzungen analysieren,
- ihr analytisches Vorgehen planen und umsetzen,
- mögliche Schwachstellen bei der Instandsetzung aufzeigen,
- Fehlerhypothesen für die durchgeführte Instandsetzung aufstellen,
- Fehlerursachen der Instandsetzung analysieren,

[14] Die Bohrmaschinen können für eine Instandsetzungsanalyse – auch durch Lernende z. B. höherer Ausbildungsjahrgänge – unterschiedlich präpariert werden. Beispielsweise ist bei einigen die Schutzabdeckung nicht richtig verschlossen, der Sicherungsschalter ist im Deckel verdreht, oder sie sind besonders laut, da die Spindel verformt ist, wobei Fehler verschiedener Schwierigkeitsgrade manipuliert werden können.

- eine Fehlerart und den Fehlerumfang bei der vorausgegangenen Instandsetzung ermitteln,
- Verbesserungsvorschläge für Optimierungen der Instandsetzung aufführen sowie
- einen Analysebericht verfassen.

Didaktisch-methodische Struktur

Um neben kognitiv-analytischen Fähigkeiten auch soziale und kommunikative Kompetenzen erwerben zu können, ist die Organisation des Lernprozesses bei der Instandsetzungsanalyse an einer Tischbohrmaschine in der Form der Partnerarbeit, Kleingruppen- oder Gruppenarbeit erforderlich.

Handlungsablauf

Die Leistungsfähigkeit dieses Verfahrens zeigt sich im tabellenförmigen Überblick unter den verschiedenen Beurteilungskriterien.

Unterrichtsbeispiel 12: Analyse der Instandsetzung einer Tischbohrmaschine

Nr.	Lernphase	Handlungsablauf	Aktions- und Sozialform	Medien und didaktische Materialien	Didaktische Hinweise
1	Einstieg mit Schadensbeschreibung und Problemstellung	Die Lernenden finden auf ihren Arbeitsplätzen eine Mängelanzeige in Form eines Briefes, in dem eine offensichtlich fehlerhafte Instandsetzung an Tischbohrmaschinen kritisiert wird. Die Lehrkraft erläutert den Hintergrund, d. h., wie es zur vorliegenden Situation gekommen ist.	Unterrichtsgespräch	Anschreiben	Durch die Mängelanzeige werden die Schülerinnen und Schüler mit dem Ergebnis einer durchgeführten Instandsetzung konfrontiert. Es soll die Bereitschaft bei den Lernenden geweckt werden, die Problemstellung selbstständig anzugehen.
2	Problemklärung und intuitive Problemsuche	Die Lehrkraft gibt Möglichkeiten zu spontanen Äußerungen. Intuitive Erklärungsversuche zur offensichtlich nicht optimal verlaufenen Instandsetzung werden aufgegriffen und gesammelt. Die Lernenden beraten darüber, welche Informationsquellen sie benötigen, um ihren Einsatz zu planen.	Unterrichtsgespräch Diskussion	Anschreiben, Tafel, Arbeitsprojektor	Die Sammlung ergibt im Regelfall, dass keinem der Erklärungsversuche ohne weiteres der Vorzug gegeben werden kann.
3	Planung des Analyseweges	Im fragend-entwickelnden Unterrichtsgespräch werden gemeinsam Schritte zur Analyse der fehlerhaften Instandsetzung erarbeitet und diese in eine sinnvolle Reihenfolge gebracht. Ergebnis der Phase ist eine sachgerechte Arbeitsplanung.	Unterrichtsgespräch	Tafel, Arbeitsprojektor	Inhaltliche Basis für die Arbeitsplanung können die gesammelten intuitiven Problemlösungsversuche sein. Die Arbeitsplanung bestimmt im Folgenden den weiteren Verlauf des Unterrichts.

4	Erarbeitung, Planung	Nachdem die Schülerinnen und Schüler die möglichen Schadens- bzw. Fehlerstellen gekennzeichnet haben, notieren sie sich mit Hilfe der Pläne die entsprechenden Werkzeuge und Prüfmittel. Sie erstellen eine Rangordnung, nach der sie bei der Instandsetzungsanalyse vorgehen. Dazu können sie gelernte Strategien anwenden. Die Lehrkraft steht beratend zur Seite und hilft, wenn nötig, bei der Erstellung der Dokumentation.	Partnerarbeit	vorgegebene Dokumentationsstruktur, Zusatzliteratur, Mitschriften der Lernenden	Bei leistungsschwächeren Klassen empfiehlt es sich, einen Schadensbericht und zu beachtende Schwerpunkte vorzugeben, da die Planungsphase sonst sehr viel Zeit in Anspruch nimmt. Dabei können Verbesserungen und Optimierungen angeregt werden.
5	Informieren zum Objekt und zur Arbeit	Die Lernenden führen eine Funktionsanalyse der Tischbohrmaschine durch, um sich selbst ein Bild vom Zustand und evtl. Mängel des Objektes zu machen. Nötigenfalls werden fehlende Informationen eingeholt.	Partnerarbeit	Tischbohrmaschine	Gegebenenfalls müssen die Lernenden auf vorher gewonnene Kenntnisse über den Aufbau und die Funktion der Tischbohrmaschine zurückgreifen.
6	Analyse der Instandsetzung	Die Lernenden untersuchen die Maschinen nach ihren Festlegungen. Sollten sie die von ihnen gewählten Maschinen als in Ordnung empfinden, werden sie aufgefordert, Mitschüler zu unterstützen. Alle Lernenden machen sich während der Arbeit Notizen.	Partnerarbeit	Tischbohrmaschine, Schülermitschriften	Möglicherweise werden präparierte Maschinen zur Verfügung gestellt.

7	Auswertung der Analyseergebnisse	Die Schülerinnen und Schüler überprüfen ihre dokumentierten Ergebnisse zu überprüfen und sie möglichen Ursachen gegenüberzustellen. Sie präsentieren die gefundenen Schäden ihren Mitschülern. Das Plenum hat die Möglichkeit, Fragen zu stellen.	Partnerarbeit Unterrichtsgespräch	Mitschriften, eventuell Anordnungsplan oder reale Objekte	Bei den einzelnen Arbeitsschritten ist – wenn erforderlich – auf mögliche Fehlerquellen zu verweisen.
8	Schadensbericht	Die Lernenden erstellen einen Analysebericht und ein Anschreiben, das sich auf die Instandsetzungsanalyse sowie auf die Mängelanzeige bezieht.	Partnerarbeit		Die Lernenden antworten hier auf den Analyseanstoß in der Einstiegsphase.
9	Reflexion	In einer Diskussionsrunde werden wichtige Ergebnisse durch die Lernenden zusammengetragen und als Vorlage für eine Mitschrift an der Tafel oder am Flipchart fixiert.	Unterrichtsgespräch	Tafel, Flipchart	Die Schülerinnen und Schüler diskutieren die Wichtung einzelner Ergebnisse und einigen sich auf gemeinsame Resultate.

Didaktische Materialien

Brief
„Mängelanzeige Tischbohrmaschine“

Firma Leißig,
Berolfsstraße 2
32765 Zinnstein

Firma Homann
Wiederlosstraße 299
34900 Unterstein

Betrifft: Mängelanzeige

Sehr geehrte Damen und Herren,

vor einigen Wochen wurden uns durch Ihre Firma elf instandgesetzte Tischbohrmaschinen geliefert. Der verantwortliche Abteilungsleiter teilte mir mit, dass einige Maschinen nun untypische Laufgeräusche aufweisen.
Ich bitte Sie, diese Unregelmäßigkeiten vor Ort zu überprüfen und gegebenenfalls zu beheben. Da wir die Maschinen dringend benötigen, sollten diese Arbeiten zwei Wochen nach Erhalt dieses Schreibens abgeschlossen sein. Andernfalls sehen wir uns gezwungen, eigenständig eine Instandhaltungsanalyse vorzunehmen und Lösungsvorschläge zu erarbeiten. Wir behalten uns vor, Ihnen die dabei auftretenden Kosten in Rechnung zu stellen.

Mit freundlichen Grüßen

Arbeitsblatt:
Instandsetzungsanalyse an einer Tischbohrmaschine

Name: .... Klasse: .... Datum: ....

Lern- und Arbeitsaufgabe:

Informieren Sie sich bitte über mögliche Instandsetzungsmängel an der Tischbohrmaschine!
Führen Sie in der Tabelle weitere Störungen („Symptome“) auf!

Störung	Überlegung	Info-quelle	i. O.	Bemerkung
Vor allen Überprüfungen ist der Netzstecker zu ziehen!				
Maschine geht nicht einzuschalten				
Maschine macht sehr laute Geräusche				

Lösungsvorschlag zum Arbeitsblatt:
Instandsetzungsanalyse an einer Tischbohrmaschine

Name: .... Klasse: .... Datum: ....

Lern- und Arbeitsaufgabe:

Informieren Sie sich bitte über mögliche Instandsetzungsmängel an der Tischbohrmaschine!
Führen Sie in der Tabelle weitere Störungen („Symptome“) auf!

Störung	Überlegung	Infoquelle	i. O.	Bemerkung
Vor allen Überprüfungen ist der Netzstecker zu ziehen!				
Maschine geht nicht einzuschalten	*Stromzufuhr gewährleistet? Netzsicherungen alle intakt? Maschinenschalter geht zu betätigen? Wo befinden sich weitere Schutzschalter? Sind diese in Ordnung? Sind diese in der richtigen Position?*	*Bedienungsanleitung, Anordnungsplan*	*ja ja ja am Gehäuse links ja ja*	*Anzunehmen ist, dass der Ein-/ Ausschalter an der Maschine selbst defekt ist.*
Maschine macht sehr laute Geräusche	*Ort durch subjektives Prüfen lokalisieren. Welche Elemente befinden sich an der Stelle? Können die Stellen durch Messungen überprüft werden? Ersatzteile vorhanden? Alle Deckel und Abdeckungen geschlossen? (alle Riegel und Verschraubungen vorhanden)?*	*funktionstüchtige Maschinen gleicher Bauart, Bedienungsanleitung, Anordnungsplan, Messmittel, Zugänglichkeit Rücksprache Lager*	*i. O. Spannfutter nur bedingt ja ja*	*Spannfutter ist auszutauschen.*
Maschine erhitzt sich sehr stark	*Wodurch kann Wärme entstehen? Wo tritt Reibung auf? Sind die Lager entsprechend gefettet? Ist der Riemen im Getriebe zu straff gespannt?*	*Bedienungsanleitung, Anordnungsplan*	*Reibung versch. Stellen ja ja*	*Riemenspannung prüfen*

Reflexion der Unterrichtseinheit

Instandsetzungsanalysen an Tischbohrmaschinen stellen Lernende erfahrungsgemäß vor eine Geduldsprobe: Einerseits ist klar, dass an den realen Objekten „irgendetwas“ nicht stimmt. Deshalb möchten Lernende in aller Regel sofort „loslegen“, um den Fehler zu finden. Andererseits ist jedoch auch klar, dass es sich bei einer professionellen Instandsetzungsanalyse um ein strategisch-systematisches Vorgehen handelt, das auch für die Suche nach Fehlfunktionen in bereits instandgesetzten hochkomplexen Maschinen und Anlagen genutzt werden kann und für diese Fälle beherrscht werden muss. Die unterrichtliche Problemstellung liegt zunächst also darin, Lernende trotz des vermeintlich einfachen Untersuchungsgegenstandes „Tischbohrmaschine“ von einer systematischen Herangehensweise zu überzeugen. Hierzu könnte in der Vorplanung und in Zusammenarbeit mit den Lernenden durchaus überlegt werden, unterschiedliche Gruppen mit verschiedenen Vorgehensweisen gleiche Fehlfunktionen am Gerät suchen zu lassen, um u. U. hierüber zu einem Vergleich eines systematischen und eines „try-and-error-Vorgehens“ zu gelangen.

Von hoher Bedeutung sind in jedem Fall die abschließenden Phasen der Präsentation, der Diskussion und des Transfers der Analyseergebnisse. Erst hierüber werden die unterschiedlichen Analysewege und Analyseresultate kommunizierbar, und erst auf die Weise kann eben auch von anderen, und zwar in der Form sekundärer Arbeitserfahrungen gelernt werden.

Unterrichtsbeispiel 13: Instandsetzung bzw. Erneuerung einer Getriebe- bzw. Stufenräderwelle[15]

Unterrichtsverfahren: Instandsetzungsaufgabe

Thematische Aspekte

Die Lern- und Arbeitsaufgabe „Instandsetzung bzw. Erneuerung einer Getriebe- bzw. Stufenräderwelle“ für eine Säulenbohrmaschine als ein vorwiegend synthetisierendes Unterrichtsbeispiel ermöglicht es den Schülerinnen und Schülern, selbstständig zu arbeiten und damit die Handlungsschritte weitestgehend selbst festzulegen. Das hierbei vermittelte Gefühl der Selbstbestimmung und der hohe Anteil an motorischer Aktivität beim instrumentellen Handeln können die Lernenden motivieren.

Neben den kognitiven und instrumentellen Fähigkeiten können durch eine geeignete Unterrichtsgestaltung auch soziale, d. h. vor allem kooperative und kommunikative Kompetenzen erworben werden. Um allerdings solche umfassenden Kompetenzen vermitteln zu können, ist die Organisation des Lernprozesses in Form von Partner-, Kleingruppen- oder Gruppenarbeit in einer spezifischen Lern- und Arbeitsumgebung erforderlich. In Lern- und Arbeitsgruppen, die Möglichkeiten der selbsttätigen Auseinandersetzung mit dem Problem des Instandsetzungsfalles zulassen, werden die Lernenden ihre Kenntnisse und Erfahrungen durch die dem Unterrichtsverfahren „Instandsetzungsaufgabe“ zu Grunde liegenden immanenten Anforderungen selbstbestimmt erweitern.

Lernvoraussetzungen

Die Lern- und Arbeitsaufgabe „Instandsetzung bzw. Erneuerung einer Getriebe- bzw. Stufenräderwelle“ bietet sich beispielsweise für die Ausbildung von Industriemechanikerinnen und -mechanikern im zweiten Ausbildungsjahr an. Der problemorientierte Ansatz des Unterrichtsbeispiels erfordert insbesondere planerische und synthetisierende Denkleistungen, strategisch-organisatorische Handlungsfähigkeiten sowie die Bereitschaft und Fähigkeit zum gemeinschaftlichen Arbeiten. Auch verlangt die Durchführung der Instandsetzungsaufgabe ein erhöhtes Maß an psychomotorischen Fähigkeiten der Lernenden. Da das behandelte technische Gerät aus dem Umkreis der Arbeit oder Ausbildung der

[15] Dieses Unterrichtsvorhaben wurde im Wesentlichen von Lehrkräften des Oberstufenzentrums Elbe-Elster (OSZ EE) Elsterwerda entwickelt und erprobt.

Schülerinnen und Schüler stammt, sind hinsichtlich ihrer Lernmotivation gute Voraussetzungen gegeben.

Unterrichtsziele und angestrebter Kompetenzzuwachs

Mit Hilfe des Unterrichtsbeispiels „Instandsetzung bzw. Erneuerung einer Getriebe- bzw. Stufenräderwelle" können sowohl Kenntnisse über arbeits- und technikspezifische Prozesse bei der Instandhaltung dieses technischen Artefaktes vermittelt als auch Schlussfolgerungen für ähnliche Instandsetzungsfälle gezogen werden. Im Kern der Lern- und Arbeitsaufgabe geht es um die funktionsgerechte Instandsetzung bzw. Erneuerung der Getriebe- bzw. Stufenräderwelle. Die Welle ist hinsichtlich der an sie gestellten Anforderungen und des Funktionszusammenhanges, in dem sie stehen sollte, zu überprüfen, zu bewerten, wiederherzustellen oder sogar zu verbessern.

Die Lern- und Arbeitsaufgabe erfordert und fördert instrumentelles, kommunikatives und strategisch-organisatorisches Handeln. Dadurch sollen und können berufliche Fähigkeiten im Bereich einfacher mechanischer Instandsetzungsaufgaben erworben werden.

Das Grobziel der Unterrichtseinheit lautet: Die Schülerinnen und Schüler können eine defekte Getriebe- bzw. Stufenräderwelle instand setzen bzw. erneuern.
Im Einzelnen können die Lernenden

- die Lern- und Arbeitsaufgabe „Instandsetzung bzw. Erneuerung einer Getriebe- bzw. Stufenräderwelle" analysieren,
- die notwendigen Instandsetzungsarbeiten planen und vorbereiten,
- die Instandsetzung der Getriebewelle durchführen sowie
- den Ablauf des Instandsetzungsvorganges protokollieren, auswerten und präsentieren.

Didaktisch-methodische Struktur

Die Lern- und Arbeitsaufgabe „Instandsetzung bzw. Erneuerung einer Getriebe- bzw. Stufenräderwelle" kann im Anschluss an eine Instandsetzungsanalyse einer Getriebewelle durchgeführt werden. Es ist aber ebenso möglich, die Instandsetzungsaufgabe separat oder im Rahmen eines ganzheitlich angelegten Verfahrens einzusetzen. Schließlich kann es auch sinnvoll sein, auf die durchgeführte Instandsetzungsaufgabe eine Instandsetzungsanalyse folgen zu lassen.

Die Aufgabe erfordert selbstständiges, analytisches und wirksames Handeln. Daher ist die unterrichtliche Lern- und Arbeitsumgebung konkret-handlungsorientiert zu organisieren. Im Vorfeld erhalten die Lernenden die Skizze der Welle (Informationsblatt) und den Arbeitsauftrag (Arbeitsblatt 1 und 2).

Handlungsablauf

Im Folgenden ist ein möglicher Handlungsentwurf für die Unterrichtseinheit tabellarisch dargestellt.

Unterrichtsbeispiel 13: Instandsetzung bzw. Erneuerung einer Getriebe- bzw. Stufenräderwelle					
Nr.	**Lern-phase**	**Handlungsablauf**	**Aktions- und Sozial-form**	**Medien und didaktische Materialien**	**Didaktische Hinweise**
1	Einstieg durch Instandsetzungs-auftrag	Die Schülerinnen und Schüler werden mit einem Schadensfall an einer Säulenbohrmaschine konfrontiert, an der die Stufenräderwelle irreparabel defekt ist. Es wird Gelegenheit gegeben, sich dazu zu äußern.	Unter-richts gespräch	Informations-blatt	Der konkrete Fall ist medial aufbereitet und hat auffordernden Charakter sodass sich die Lernenden damit befassen wollen. Die Aufgabenstellung soll zur Instandsetzungsplanung motivieren und das Interesse für den Lern- und Arbeitsprozess wecken.
2	Intuitive Phase und Auftrags-klärung	Die Lernenden äußern spontane und intuitive Vorschläge zur Behebung des Schadens. Sie erkennen, dass die Welle neu zu fertigen ist, sie jedoch nicht in der Lage sind, die Herstellung der Welle mittels CNC-Maschine planen zu können, ohne die konventionelle Vorgehensweise (Drehen der Welle) zu beherrschen.	Unter-richts-gespräch	Informations-blatt	Die Lernenden stellen fest, dass weitere Informationen über die Getriebewelle und deren Fertigung eingeholt werden müssen, um einen detaillierten und fachlich begründeten Arbeitsplan erstellen zu können.
3	Sammeln von Informatio-nen	Ein Arbeitsblatt regt die Lernenden dazu an, objektbezogene Kenntnisse zusammenzustellen. Fehlende Kenntnisse zur Instandsetzung der Getriebewelle erarbeiten sich die Lernenden mit Hilfe der bereitgestellten Unterlagen selbstständig.	Gruppen-arbeit	Arbeitsblatt 1, Lösungs-blatt 1, Fachbuch, Tabellenbuch, Hersteller-angaben etc.	Um einen detaillierteren Eindruck des Objektes zu gewinnen und um sich in den Arbeitsablauf hineinzudenken, sollen die Lernenden mit einem jeweils durch sie selbst bestimmten Partner die vorgegebene Darstellung – unter zu Hilfenahme der Textinformationen – vervollständigen.

4	Erstellen eines Arbeitsablaufplanes	Die Schülerinnen und Schüler erstellen einen Arbeitsablaufplan für das Drehen der Welle, benennen dazu die erforderlichen Arbeitsschritte, Werkzeuge und Hilfsmittel sowie die nötigen Einstellwerte der Maschine. Lernende informieren ihre Mitschüler über ihren Arbeitsstand und ergänzen die eigenen Unterlagen.	Gruppenarbeit	Arbeitsblatt 2, Lösungsblatt 2, Fachbuch, Tabellenbuch, Herstellerangaben etc.	Die Lehrkraft berät und informiert über weitere Möglichkeiten und Vorgehensweisen bzw. bestätigt die Richtigkeit bei möglichen Fragen. Für Lernende mit geringeren Lernvoraussetzungen kann ein tabellarischer Arbeitsfolgeplan zur Verfügung gestellt werden.
5	Präsentieren und Optimieren der Arbeitsplanung	Die Gruppen stellen ihren Arbeitsfolgeplan in Form eines Schülervortrages vor. Es wird darauf geachtet, dass nicht an der Stelle der Teilergebnissicherung weiter vorgetragen wird, sondern der Ablauf in seiner Gesamtheit vorgestellt wird. Die Pläne werden diskutiert und wenn notwendig verbessert und optimiert.	Schülervortrag Diskussion	erarbeitete Unterlagen	Die Präsentation von Zwischenergebnissen verhindert bei komplexeren Aufgaben allzu heterogene Bearbeitungsstände und ist für die Lernenden ein Maßstab zur Einschätzung ihrer eigenen Leistungen.
6	Durchführen der Instandsetzung	Die Stufenräderwelle wird nach den in den Arbeitsablaufplänen festgehaltenen Arbeitsschritten hergestellt.	Gruppenarbeit	Arbeitsumgebung, -mittel und -materialien in der Schulwerkstatt	Die Lehrkraft sollte sich weitgehend zurückhalten und in erster Linie beratend fungieren.

7	Ergebnis-präsentation	Die erstellten Arbeitsergebnisse werden verglichen. Wenn vorhanden, nehmen die Lernenden die vorgeschlagenen Einstellungen partiell an der Drehmaschine vor. Dabei werden notwendige oder mögliche Änderungen des Arbeitsfolgeplanes erkannt und bekräftigt.	Gruppenarbeit	erarbeitete Unterlagen, Lösungsblatt zu Arrbeitsblatt 1	Die erarbeiteten Einstellungen können nur durchgeführt werden, wenn entsprechende Maschinen vorhanden sind, oder es wird ein Betrieb gefunden, der sich für eine solche Aktion bereit erklärt.
8	Auswertung	In Form eines Abschlussgespräches wird die Bearbeitung des Instandsetzungsauftrags ausgewertet. Dabei werden z. B. folgende Sachverhalte diskutiert: - Probleme bei der Lösung der Aufgabe, - Defizite im Fachwissen, - Unterschiede zur betrieblichen Praxis, - Aktivitäten der Gruppenmitglieder, - Übertragbarkeit der Vorgehensweise und der Ergebnisse.	Plenum, Unterrichtsgespräch		Auch durch die Lehrkraft erfolgt eine Reflexion des Ablaufs und der Schülerleistungen.

Didaktische Materialien

Informationsblatt:
Instandsetzungsaufgabe „Stufenräderwelle“

Name: .... Klasse: .... Datum: ....

Lern- und Arbeitsaufgabe:

Nach einem Crash ist das Getriebe einer Werkzeugmaschine d. h. einer Säulenbohrmaschine unbrauchbar geworden. Bei einer Schadensanalyse wurde u. a. festgestellt, dass eine Getriebe- bzw. Stufenräderwelle erneuert werden muss.

1. Erarbeiten Sie bitte die Dokumentation zur Fertigung der Stufenräderwelle, wenn diese

   a) auf einer CNC-Maschine,
   b) konventionell hergestellt

   werden soll

2. Fertigen Sie eine Zeichnung und einen Arbeitsplan (WZ, Schnittdaten, ...)!

3. Wie wird die Welle gelagert, und wie erfolgt die Schmierung?

4. Wie wird geprüft, ob die Welle einwandfrei ihre Aufgabe erfüllt? (Prüfplan)

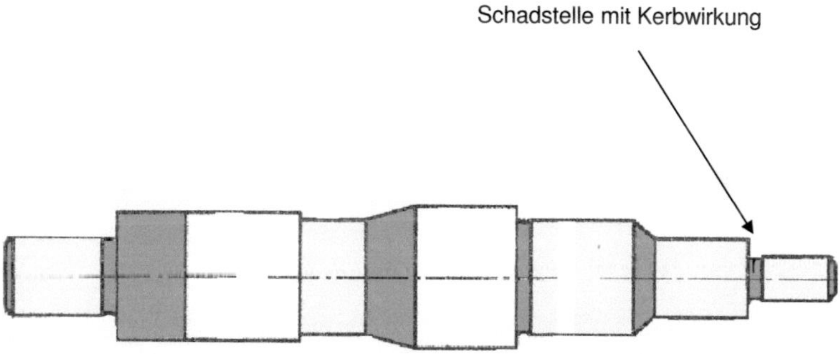

Abb.: Schadhafte Stufenräderwelle einer Säulenbohrmaschine

Arbeitsblatt 1:
Instandsetzungsaufgabe „Stufenräderwelle“

Name: .... Klasse: .... Datum: ....

Lern- und Arbeitsaufgabe:

Ergänzen Sie bitte die Zeichnung der Stufenräderwelle mit den fehlenden Maßen! Entnehmen Sie die Längenmaße der Zeichnung! An den Stirnseiten der Welle sind Zentrierbohrungen anzubringen (DIN ISO 6411). Tragen Sie die Passmaße für die Lager- und Zahnradsitze in die Zeichnung und die Abmaße in die Tabelle im Schriftfeld ein! Der Durchmesser 32 mm sollte nur für die Lage des Zahnrades z = 18, m = 2,5 Presssitz haben. Am Übergang Aufnahmedurchmesser zur Stirnseite ist ein Freistich DIN 509-F vorzusehen. Für Durchmesser 30 und 32 sind Form- und Lagetoleranzen zu den Bezugselementen der Lagersitze einzutragen (DIN ISO 1101). Die Passmaße sollen geschliffen werden. Tragen Sie dazu Oberflächenangaben ein (DIN EN ISO 1302)! Beachten Sie dabei, dass die Rauheitswerte annähernd die Hälfte der Passtoleranzwerte betragen sollen! Allgemeinheitstoleranz DIN ISO 2768-mK. Wählen Sie als Werkstoff bitte einen legierten vergüteten Stahl (DIN EN 10083)!

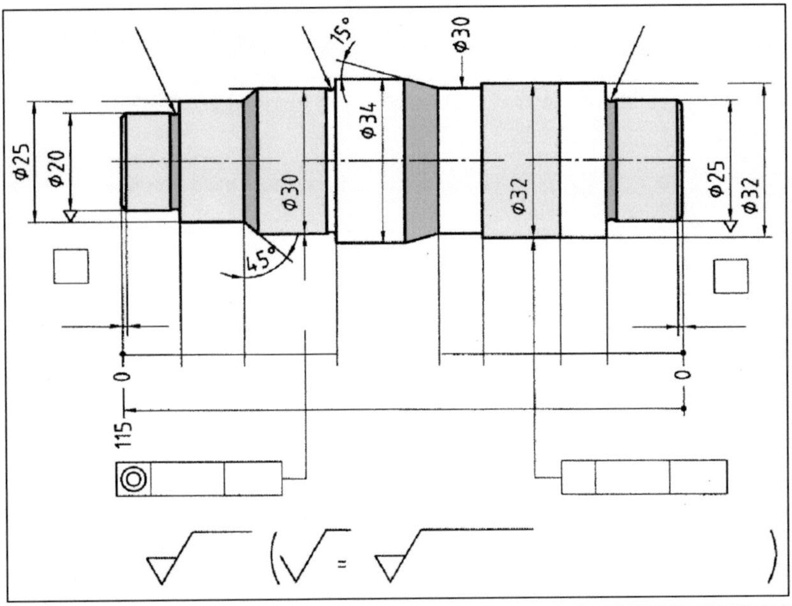

				Zul. Abw.		Oberflächen	Maßstab 1 : 1	Gewicht
							Werkstoff	
					Datum	Name	Benennung Stufenräderwelle	
				Bearb.				
				Gepr.				
				Schule				Klasse / Blatt-Nr.
Passmaß	Abmaße	Passmaß	Abmaße					

Lösungserwartung zu Arbeitsblatt 1:
Instandsetzungsaufgabe „Stufenräderwelle“

Name: .... Klasse: .... Datum: ....

Lern- und Arbeitsaufgabe:

Ergänzen Sie bitte die Zeichnung der Stufenräderwelle mit den fehlenden Maßen. Entnehmen Sie die Längenmaße der Zeichnung! An den Stirnseiten der Welle sind Zentrierbohrungen anzubringen (DIN ISO 6411). Tragen Sie die Passmaße für die Lager- und Zahnradsitze in die Zeichnung und die Abmaße in die Tabelle im Schriftfeld ein! Der Durchmesser 32 mm sollte nur für die Lage des Zahnrades z = 18, m = 2,5 Presssitz haben. Am Übergang Aufnahmedurchmesser zur Stirnseite ist ein Freistich DIN 509-F vorzusehen. Für Durchmesser 30 und 32 sind Form- und Lagetoleranzen zu den Bezugselementen der Lagersitze einzutragen (DIN ISO 1101). Die Passmaße sollen geschliffen werden. Tragen Sie dazu Oberflächenangaben ein (DIN EN ISO 1302)! Beachten Sie dabei, dass die Rauheitswerte annähernd die Hälfte der Passtoleranzwerte betragen sollen! Allgemeintoleranz DIN ISO 2768-mK. Wählen Sie als Werkstoff bitte einen legierten vergüteten Stahl (DIN EN 10083)!

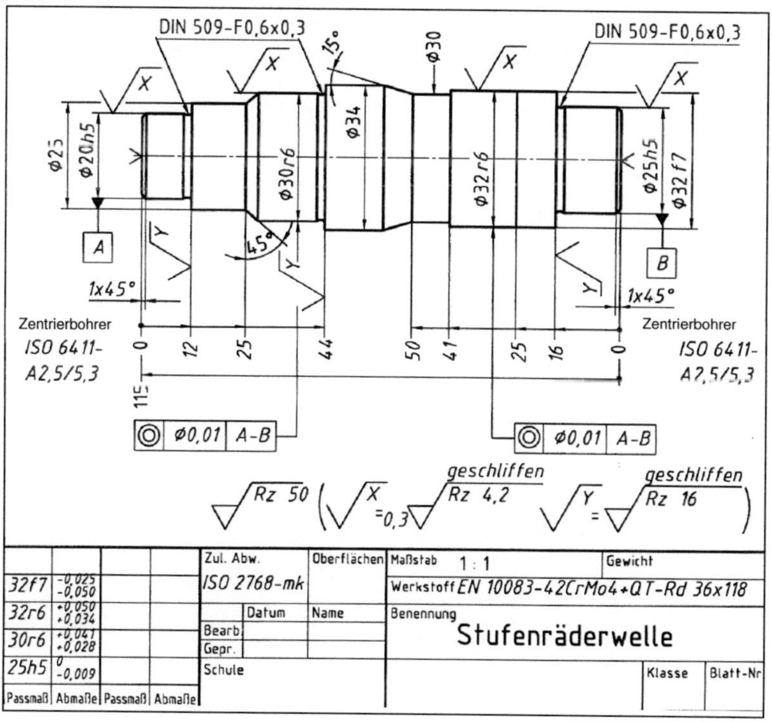

Arbeitsblatt 2:
Erstellen eines Arbeitsablaufplanes für die Instandsetzung „Stufenräderwelle“

Name: .... Klasse: .... Datum: ....

Lern- und Arbeitsaufgabe:

Erstellen Sie bitte einen Arbeitsplan in zwei Varianten zur Instandsetzungsaufgabe! Sie können sich an folgendem Muster orientieren:

Variante 1

Nr.	Arbeitsschritt	Werkzeug	Schnittdaten (für HSS)	Hilfsmittel/ Prüfmittel
01	Rohmaße prüfen			Messschieber
02				
03				
04				
05				
06				
07				
08				
09				
10				
11				
12				
13				
14				
15				
16				
17				

Variante 2

- Spannen im Dreibackenfutter, mit umspannen,
- ……
- ……

Lösungsbeispiel zu Arbeitsblatt 2:
Erstellen eines Arbeitsablaufplanes für die Instandsetzung „Stufenräderwelle“

Name: .... Klasse: .... Datum: ....

Variante 1

Nr.	Arbeitsschritt	Werkzeug	Schnittdaten (für HSS)	Hilfsmittel/ Prüfmittel
01	*Rohmaße prüfen*			*Messschieber*
02	*Werkstück einspannen*			*Dreibackenfutter*
03	*erste Seite Plandrehen*	*gebogener rechter Schruppdrehmeißel*	$v_c = 50$ *m/min,* $n = 450$ min^{-1}, $f = 0{,}1$ *mm*	*Kühlschmiermittel*
04	*Zentrieren*	*Zentrierbohrer*		
05	*Umspannen*			*Dreibackenfutter*
06	*auf Länge 115 planen*	*gebogener rechter Schruppdrehmeißel*		
07	*Zentrieren*			
08	*zwischen den Spitzen spannen*			*mitlaufende Spitzen; Reitstock*
09	*auf Ø 34 drehen*	*abgesetzter rechter Seitendrehmeißel*	$n = 450$ min^{-1}, $n = 560$ min^{-1}	*Messschieber*
10	*Kontur vordrehen*	*abgesetzter rechter Seitendrehmeißel*		
11	*Bund Ø 30, 11 lg. drehen*	*abgesetzter rechter Seitendrehmeißel; gerader Drehmeißel*		*Messschieber*
12	*Kegel 15° drehen*	*abgesetzter rechter Seitendrehmeißel*		*Winkelmesser*
13	*Fase 45° bei Ø 25 drehen*	*gebogener linker Schruppdrehmeißel*	$n = 560$ min^{-1},	
14	*Freistiche fertigen*	*Formdrehmeißel*		*Lehre*
15	*Passungen schlichten (ggf. Schleifen)*	*abgesetzter rechter Seitendrehmeißel*	$n = 560$ min^{-1}, $f = 0{,}05$ *mm*	*Bügelmessschraube; Grenzrachenlehren*
16	*beiderseitig anfasen*	*gebogener linker Schruppdrehmeißel; gebogener rechter Schruppdrehmeißel*		
17	*Ausspannen, Fertigmaße kontrollieren*			*Messschieber, Bügelmessschraube, Winkelmesser*

Variante 2

- *Spannen im Dreibackenfutter, mit umspannen,*
- *Reihenfolge der Arbeitsschritte nicht zwingend,*
- *Werkzeugwahl nicht zwingend, aber Schneidstoff mind. HSS beschichtet bzw. Hartmetall – dann auch andere Schnittdaten,*
- *evtl. Rundlaufprüfung,*
- *evtl. Oberflächenprüfung*

Reflexion der Unterrichtseinheit

Das vorgestellte Unterrichtsbeispiel stellt relativ hohe Anforderungen an die Schülerinnen und Schüler hinsichtlich der Lernvoraussetzungen und Selbstständigkeit. Den Schwerpunkt bilden konkret-handlungsorientierte Vorgänge. Durch die Möglichkeiten zum konkreten selbstständigen Handeln und die Nähe des Lerngegenstandes „Getriebewelle" für die Säulenbohrmaschine zum beruflichen Wirkungsfeld kann eine gute Motivation der Schülerinnen und Schüler erreicht werden. Aus der Erkenntnis heraus, dass die Lernenden im Regelfall das für die Getriebewelle geforderte CNC-Programm (noch) nicht schreiben können und oft mit einer solchen komplexen Aufgabenstellung überfordert sind, sollten sie über die konventionelle Herstellung und vorgearbeitete Zeichnung, also einem vermeintlich eher zu erreichenden Unterrichtsziel, zusätzlich motiviert werden. Wenn die Schülerinnen und Schüler generelle Probleme beim Erfassen der Aufgabenstellung haben, muss die Lehrkraft neue Teilziele stellen, um einen Lernfortschritt zu begünstigen. In der Unterrichtspraxis hat sich gezeigt, dass dabei oft zum Frontalunterricht zurückgekehrt werden muss, um den Lernenden Handlungsschritte zu erläutern.

Da die Lern- und Arbeitsaufgabe konkret-handlungsorientiert angelegt ist, erfordert sie teilweise einen erheblichen medialen und organisatorischen Aufwand an Geräten und Unterlagen. Voraussetzung für die Durchführung dieses Unterrichts sind demnach entsprechend ausgestattete Lern- und Arbeitsumgebungen.

Didaktisch sinnvoll ist in jedem Fall eine Verbindung dieser Aufgabe mit einer vorangegangenen und nachfolgenden Instandsetzungsanalyse der defekten bzw. erneuerten Getriebewelle. Auf diese Weise können die nicht berücksichtigten Aspekte des jeweils anderen Beispiels kompensierend eingelöst werden.

Unterrichtsbeispiel 14:
Analyse der Verbesserung einer Tischbohrmaschine[16]
Unterrichtsverfahren: Verbesserungsanalyse

Thematische Aspekte

Unter Verbesserung wird in den Normblättern der Instandhaltung die Kombination aller technischen und administrativen Maßnahmen sowie Maßnahmen des Managements zur Steigerung der Funktionssicherheit einer Betrachtungseinheit verstanden. Dabei darf sich nach DIN 31051 an dem technischen Objekt die geforderte Funktion nicht verändern. Eine Verbesserung mit dem Ziel der Schwachstellenbeseitigung führt nicht zu einer Änderung der Funktion. Die Verbesserung einer Anlage im Rahmen der festgelegten Anforderungen gilt als ein Teil der Instandhaltung, weil die Bedingungen für Wartung, Inspektion und Instandhaltung optimiert werden.

Mit dem Unterrichtsbeispiel wird den Lernenden die Möglichkeit gegeben, die Auswirkungen einer bereits durchgeführten Verbesserung einer Bohrmaschine zu analysieren. Dabei werden vor allem abstrakte Kompetenzen beansprucht und gefördert. Erforderlich ist eine entsprechend ausgestattete Lern- und Arbeitsumgebung, damit die Verbesserungsanalyse handlungsorientiert angelegt werden kann. Weil der Erfolg der Verbesserung von den Lernenden direkt überprüfbar sein sollte, um die lernpsychologisch wichtige Verknüpfung von Handlung und Ergebnis herzustellen, ist es im Rahmen der Verbesserungsanalyse empfehlenswert, die geplanten Maßnahmen möglichst – wie in dem Fall – am konkreten Objekt durchzuführen. Die in diesem Beispiel durchzuführende Analyse eines zuvor verbesserten Gerätes (Bohrmaschine) ist eine didaktisch besonders effiziente Form der Unterrichtsgestaltung. Ist diese Möglichkeit nicht gegeben, sollte die Lehrkraft als Unterrichtsmedium ein aus der Arbeitsumgebung stammendes technisches Objekt auswählen, das einstmals Schwachstellen aus der Perspektive der Instandhaltung besaß, die nun durch konstruktive oder administrative Maßnahmen verringert wurden. Hierzu sollten die Objekte idealerweise sowohl in vormaliger als auch in verbesserter Form vorliegen.

[16] Dieses Unterrichtsvorhaben wurde im Ursprung von Ralf Johannes und Ulrich Walther am Staatlichen Berufsbildungszentrum (SBBZ SOK) Saale-Orla-Kreis Pößneck entwickelt und erprobt.

Lernvoraussetzungen

Von den Lernenden werden durch den analytischen Angang der Unterrichtseinheit sowohl komplexes technisches Wissen als auch allgemeine kognitive Fähigkeiten wie abstraktes Denken und Problemlösefähigkeit verlangt. Außerdem wird vorausgesetzt, dass die Schülerinnen und Schüler einen kriterienorientierten Vergleich zwischen zwei Objekten durchführen können.

Da die Lernenden die technischen Objekte hinsichtlich der Verbesserung nach DIN 31051 analysieren sollen, ist es notwendig, dass sie vertiefte Kenntnisse über die Norm sowie die Erscheinungsformen von Instandhaltung, d. h. Wartung, Inspektion, Instandsetzung und Verbesserung, haben. Daher sollte die Unterrichtseinheit frühestens am Ende des ersten Ausbildungsjahres, d. h. zum Abschluss von Lernfeld 4 „Warten technischer Systeme“ der industriellen metalltechnischen Berufe durchgeführt werden, obgleich den Lernenden das Objekt „Tischbohrmaschine“ schon weitaus früher bekannt sein sollte.

Unterrichtsziele und angestrebter Kompetenzzuwachs

Ziel des Unterrichts ist es, bei den Lernenden die Fähigkeit des Erkennens und Beurteilens von Verbesserungen und Verbesserungsmöglichkeiten an technischen Artefakten, hier an der Bohrmaschine, herauszubilden und zu fördern. Gleichzeitig werden den Schülerinnen und Schülern ihre Mitwirkungsmöglichkeiten bei der Verbesserung von Arbeitsmitteln verdeutlicht sowie Verfahren und Methoden zur Bewertung der technischen Produkte an die Hand gegeben. Am Ende der Unterrichtseinheit können die Lernenden

- die Verbesserung als Teil der Instandhaltung und als Möglichkeit erfassen, die Funktionssicherheit zu erhöhen,
- die Verbesserung als Mittel der Fehler- und Schwachstellenbeseitigung verstehen und einer Analyse unterziehen,
- prüfen und erkennen, welche konkreten Verbesserungen an der Bohrmaschine vorgenommen worden sind, sowie
- weitere Verbesserungspotenziale an einem technischen Gerät (der Bohrmaschine) erkennen.

Durch die arbeitsteilige Gruppenarbeit und das notwendige Zusammenführen der Teilergebnisse werden Selbstorganisation und Kooperationsfähigkeit in besonderer Weise angesprochen.

Didaktisch-methodische Struktur

Im Mittelpunkt der Unterrichteinheit steht der Vergleich von alter und optisch verbesserter Tischbohrmaschine, wobei letztere aus der alten hervorgegangen ist. Daher werden methodische Elemente des Vergleichs genutzt. Die zum Beginn aufgeworfene Frage „Handelt es sich bei der neuen Bohrmaschine nur um eine optisch ‚aufgemotzte' Version der alten Maschine?“ bzw. die These „Die neue Tischbohrmaschine ist auch verbessert!“ muss am Ende der Analyse wieder aufgegriffen und nun unter streng fachlichen Gesichtspunkten beurteilt werden.

Das Unterrichtsbeispiel bietet durch die Gestaltung des Arbeitsblattes und das Vorgehen in arbeitsteiliger Gruppenarbeit Möglichkeiten der Binnendifferenzierung. Dadurch können auch lernschwache Jugendliche aktiviert werden. Um abschließend dennoch ein einheitliches Analyseergebnis für alle Lernenden zu erhalten, wird eine Gruppe beauftragt, die Ergebnisse von allen Gruppen zu sammeln und im Plenum vorzustellen.

Als Artikulationsschema für eine Verbesserungsanalyse erscheint folgender Ablauf didaktisch sinnvoll:

1. Konfrontation und intuitive Phase
2. Planung der Analyse
3. Durchführung der Analyse
4. Auswertung und Ergebnissicherung
5. Transfer
6. Reflexion

Handlungsablauf

Ein möglicher auf die konkrete Aufgabenstellung bezogener Handlungsablauf wird im Folgenden in tabellarischer Form dargestellt.

Unterrichtsbeispiel 14: Analyse der Verbesserung einer Tischbohrmaschine

Nr.	Lernphase	Handlungsablauf	Aktions- und Sozialform	Medien und didaktische Materialien	Didaktische Hinweise
1	Konfrontation und intuitive Phase	Den Lernenden wird eine alte Tischbohrmaschine vorgestellt. Danach zeigt die Lehrkraft ein Exemplar, das aus einer derartig alten bzw. korrodierten Tischbohrmaschine hervorgegangen ist. Die Lehrkraft konfrontiert die Schülerinnen und Schüler mit der Frage nach den Unterschieden. „Handelt es sich bei der neuen Bohrmaschine nur um eine optisch ‚aufgemotzte' Version der alten Maschine? Oder lassen sich andere Unterschiede erahnen?“ Die Lernenden äußern sich spontan. Kommt das Unterrichtsgespräch nicht recht in Gang, behauptet die Lehrkraft provokativ: „Die neue Tischbohrmaschine ist auch verbessert!“	Unterrichtsgespräch	alte und neue Bohrmaschine Tafel, gegebenenfalls Fotos	Die alte und neue Tischbohrmaschine wird für die Schülerinnen und Schüler gut sichtbar im Klassenraum platziert. Eventuell kann auch in der Anfangsphase Zeit für die genaue Betrachtung, nicht nur vom Arbeitsplatz der Lernenden aus, eingeplant werden. Die Beiträge der Schülerinnen und Schüler werden gegebenenfalls an der Tafel gesammelt. Sollte die alte Tischbohrmaschine nicht mehr verfügbar sein, werden Fotos eingesetzt.
2	Planung	Die Lernenden erhalten den Arbeitsauftrag, die neue Tischbohrmaschine hinsichtlich möglicher Verbesserungen gegenüber der alten zu analysieren. Kriterien zum Vergleich werden durch die Lernenden selbst entwickelt. Die Aufgabe wird in Partnerarbeit durchgeführt.	Partnerarbeit	DIN 31051	In Partnerarbeit entwickeln die Lernenden einen selbst erstellten Kriterienkatalog. Gegebenenfalls sollte eine Informationsphase oder Wiederholung zur Verbesserung nach DIN 31051 eingeschoben werden, sofern diese in der Vergangenheit noch nicht behandelt wurde oder zusätzlicher Lernbedarf besteht.

3	Durchführung	Die Lernenden führen die Analyse entsprechend Ihrer Planung und mit Hilfe des Arbeitsblatts in den Gruppen durch. Dazu muss das alte mit dem neuen Exemplar der Tischbohrmaschine verglichen werden. Die Gruppe 4 erhält den Auftrag, sich rechtzeitig für die Präsentation mit den anderen Gruppen in Verbindung zu setzen.	Gruppenarbeit	Arbeitsblatt, alte und neue Bohrmaschine, Dokumente zur Bohrmaschine (Gruppe 2), Flipchart, Tafel bzw. Präsentationsmaterial	In den jeweiligen Gruppen werden entsprechend der Aufgabenstellung Ergebnisse erarbeitet. Es ist hier für die Lehrkraft möglich, eine Binnendifferenzierung der Lernenden nach ihrer Leistungsstärke vorzunehmen. Die Aufgabe der Gruppe 1 kann so von einer leistungsschwächeren Gruppe bearbeitet werden. Die Aufgaben der Gruppen 2 bis 4 sind etwas anspruchsvoller. Sollten für die Gruppe 2 keine Dokumente der alten Tischbohrmaschine vorliegen, so analysieren die Schülerinnen und Schüler lediglich die neuen Dokumente.
4	Auswertung und Ergebnissicherung	Die vierte Gruppe präsentiert die Ergebnisse der Gruppenarbeit. Besonders wichtige Erkenntnisse werden durch die Mitlernenden (und gegebenenfalls die Lehrkraft) verstärkt. Unklarheiten werden besprochen und fehlende Ergebnisse ergänzt. Abschließend wird die Eingangsthese aufgegriffen. Es wird die Frage beantwortet, ob das neue Exemplar der Tischbohrmaschine nur optisch „aufgemotzt“ oder im Sinne der DIN 31051 auch verbessert wurde. Die Lehrkraft sorgt für die Sicherung der Unterrichtsergebnisse.	Präsentation Unterrichtsgespräch	Tafel, Flipchart	Die von der Gruppe 4 erstellte Präsentation sollte allen Lernenden bereitgestellt werden, allerdings erst, wenn enthaltene Fehler beseitigt sind.

5	Transfer	Die Lernenden suchen nach Beispielen aus ihrem betrieblichen oder außerbetrieblichen Umfeld. Es sollten Ähnlichkeiten zum Beispiel der Tischbohrmaschine gefunden werden. Diese können sich zum einen auf die „Restauration“ bereits einmal stillgelegter Maschinen oder auf Maßnahmen der Verbesserung beziehen. Als bereits „verrottete“ technische Artefakte die wieder in Betrieb genommen worden sind, können z. B. eine mechanische Uhr oder ein Mittelwellen-Rundfunkempfänger aufgezählt werden, wobei zu prüfen ist, ob mit der „Restauration“ auch Verbesserungen im Sinne der DIN 31051 erfolgen.	Unterrichtsgespräch		Zur Verbesserung können z. B. genannt werden: - Erhöhung des Rhythmus zur Säuberung von Werkzeugmaschinen, - Verwendung neuartigen Getriebeöls sowie - Änderung des Inspektionszyklus am eigenen Kfz.
6	Reflexion	Die Lernenden äußern sich zum Vorgehen im Unterricht, zu den Arbeitsergebnissen und vor allem zur Arbeit in den Gruppen.	Unterrichtsgespräch		Hier sollten die Lernenden vor allem ihre Organisationsleistung und Kooperationsfähigkeit beurteilen, da die Gruppe 4 stark auf die Arbeit der anderen Gruppen angewiesen war und entsprechende Wünsche sowie Forderungen stellen musste.

Didaktische Materialien

Arbeitsblatt: Verbesserungsanalyse an der Tischbohrmaschine
Name: .... Klasse: .... Datum: ....
Lern- und Arbeitsaufgaben: **Für alle:** Teilen Sie sich bitte in vier Gruppen ein! Jede Gruppe übernimmt jeweils eine Teilaufgabe. **Gruppe 1:** Vergleichen Sie bitte die Tischbohrmaschinen aufgrund optischer Merkmale! Welche Unterschiede sind erkennbar? Bewerten Sie die Veränderungen zwischen altem und neuem Exemplar der Tischbohrmaschine aus Sicht der Instandhaltung! **Gruppe 2:** Analysieren Sie bitte die Dokumente der beiden Tischbohrmaschinen! Beachten Sie dabei insbesondere instandhaltungsrelevante Änderungen! **Gruppe 3:** Analysieren Sie bitte die konstruktiven Änderungen! Sind weitere Möglichkeiten für instandsetzungsrelevante Änderungen erkennbar? **Gruppe 4:** Sie haben die Aufgabe, eine kurze Präsentation zum gesamten Vorhaben zu erstellen. Informieren Sie sich ständig bei den anderen Gruppen zum Stand der Arbeiten! Nehmen Sie Einfluss auf deren Arbeiten, indem Sie Zuarbeiten einfordern sowie sammeln, und fügen Sie diese zu einem Gesamtpräsentationskonzept!

Reflexion der Unterrichtseinheit

Das Erkennen von Schwachstellen und Verbesserungsmöglichkeiten an technischen Systemen ist in der Berufspraxis von großer Bedeutung. Facharbeiter und auch schon Lernende sind durchaus in der Lage, solche Potenziale erkennen zu können, denn gerade jenen Mitarbeitern, die tagtäglich mit den jeweiligen Maschinen, Geräten und Anlagen zu tun haben, fällt es störend auf, wenn bestimmte Arbeitsprozesse aufgrund mangelhafter Optimierung und wiederholter Ausfälle zeit- und arbeitsintensiver sind als nötig.

Im Rahmen dieses Unterrichtsbeispiels werden die Schülerinnen und Schüler in Abhängigkeit von ihren Lernvoraussetzungen mehr oder weniger stark dazu befähigt, entsprechende Kompetenzen auszubilden, um Verbesserungen an technischen Geräten – in diesem Falle einer Bohrmaschine – zu erkennen und zu analysieren sowie gegebenenfalls weitere Verbesserungspotentiale ausfindig zu machen. In der Berufspraxis kann es z. B. um den möglichen Einsatz eines widerstandsfähigeren Materials, die Wahl von Maschinenelementen wie etwa Kugellagern einer höheren Güteklasse, die Optimierung der Formgebungen und die Anpassung von Wartungsstrategien (z. B. Modifikation der Schmierstellen und -stoffe oder des Wartungsrhythmus) gehen. Im konkreten Fall sind Verbesserungen an der Bohrmaschine durch die Lernenden analysiert worden.

Darüber hinaus haben die Lernenden durch die eingesetzten kooperativen Sozialformen der Gruppen- und Partnerarbeit erfahren, wie kollegialer Gedankenaustausch zu einer großen Vielfalt von Verbesserungsvorschlägen führen kann. Über die Vermittlung technischer Kreativität und strategische Vorgehensweise bei der Optimierung betrieblicher Produktionsmittel wird ein Beitrag zur Entwicklung der Fähigkeit einer selbstständigen Bewertung, Kritik und Verbesserung von Instandhaltungsarbeit und -technik geleistet.

Unterrichtsbeispiel 15: Verbesserung eines Kranhakens

Unterrichtsverfahren: Verbesserungsaufgabe

Thematische Aspekte

Ein Kranhaken aus einem Portalkran ist ausgebaut worden, um ihn zuerst mit einer Sichtprüfung auf Beschädigungen zu inspizieren. Darüber hinaus soll auch eine Röntgenprüfung vorgenommen werden, um ihn auf nicht sichtbare Schäden hin zu untersuchen. Zugleich mit der Inspektion des Kranhakens und Wartungsarbeiten durch Glättung der Oberfläche soll eine Veränderung an dem Bauteil vorgenommen werden, um das Herausspringen der Seile zu verhindern.[17]

Unter Verbesserung wird in der Instandhaltung die Kombination aller technischen und administrativen Maßnahmen sowie Maßnahmen des Managements zur Steigerung der Funktionssicherheit einer Betrachtungseinheit verstanden. Dabei darf sich nach DIN 31051 an dem technischen Objekt die geforderte Funktion nicht verändern. Eine Verbesserung mit dem Ziel der Schwachstellenbeseitigung führt nicht zu einer Änderung der Funktion. Die Verbesserung einer Anlage im Rahmen der festgelegten Anforderungen gilt als ein Teil der Instandhaltung. Die Konstruktion der Sicherheitseinrichtung am Kranhaken stellt eine allgemeine Verbesserungsaufgabe dar.

Die Nutzung des Kranhakens wird durch die Sicherheitseinrichtung, die von den Lernenden erdacht und konstruiert werden sollte, verbessert.

Lernvoraussetzungen

Anspruchsvolle Ausbildungs- und Unterrichtsverfahren wie die Verbesserungsaufgabe setzen entsprechend hohe Vorkenntnisse technischer und technologischer Art voraus. So findet das „Optimieren von technischen Systemen“ in der Ausbildung von Industriemechanikerinnen und -mechanikern beispielsweise auch erst im letzten Lernfeld des vierten Ausbildungsjahres statt. Dabei werden von den Lernenden sowohl komplexes technisches Wissen als auch konstruktive Fähigkeiten wie abstraktes Denken und Problemlösefähigkeit verlangt.

[17] Es ist eine Verbesserung des technischen Artefakts, weil die Funktionssicherheit zunimmt. Sie kann nach einer Wartung und Inspektion durchgeführt werden, sodass sie beim realen Arbeitsbezug im Kontext einer Instandhaltung stehen würde. Im Sinne der DIN 31051 handelt es sich jedoch nicht um eine Verbesserung als Grundmaßnahme der Instandhaltung.

Die Lehrperson hat für dieses Unterrichtsverfahren detaillierte Kenntnisse, aber genauso ein entsprechendes Erfahrungswissen vorzuweisen, um technische Entwicklungen zur Verbesserung konkreter Objekte beurteilen bzw. Hilfestellungen geben zu können.

Unterrichtsziele und angestrebter Kompetenzzuwachs

Übergeordnetes Ziel des Unterrichtsbeispiels ist es, bei den Lernenden die Fähigkeit des Erkennens und Beurteilens von Verbesserungen und Verbesserungsmöglichkeiten am konkreten Beispiel des Kranhakens zu entwickeln sowie Verbesserung als Teil der Instandhaltung und als Möglichkeit zu begreifen, um die Funktionssicherheit zu erhöhen.
Im Einzelnen können die Lernenden

- die Verbesserung des Produkts „Kranhaken" detailliert planen und dabei entstehende Probleme erkennen,
- prüfen, ob die Verbesserung auch unter ökonomischen Gesichtspunkten realisierbar und wirtschaftlich ist,
- das verbesserte Objekt „Kranhaken" auf der Grundlage der technischen Anforderungen und Ausgangsbedingungen bewerten sowie
- die Verbesserung grundsätzlich als Mittel der Schwachstellenbeseitigung auch für andere technische Produkte verstehen und in Betracht ziehen.

Didaktisch-methodische Struktur

Für den Auftrag der Inspektion und Verbesserung eines Kranhakens sind die Unterrichtsverfahren „Inspektionsaufgabe" und „Konstruktionsaufgabe" miteinander zur Verbesserungsaufgabe zu verknüpfen. Dazu stehen nach einem Gespräch zwischen Sicherheitsingenieur und Meister als Einstieg im weiteren Verlauf Lern- und Arbeitsaufgaben im Mittelpunkt, die auf die konstruktive Verbesserung eines Kranhakens zielen, um die Sicherheit des Arbeitsmittels zu erhöhen. Durch arbeitsgleiche Gruppenarbeit werden die Selbstständigkeit und Kooperationsfähigkeit der Schülerinnen und Schüler angesprochen. Es entstehen verschiedene Vorschläge zu Verbesserung des Kranhakens, sodass die Lernenden bei der Ergebnispräsentation erkennen, dass es viele Lösungsmöglichkeiten für die zentrale Aufgabe gibt.

Handlungsablauf

Ein möglicher und auf die konkrete Aufgabenstellung bezogener Handlungsablauf wird im Folgenden in tabellarischer Form dargestellt.

Unterrichtsbeispiel 15: Verbesserung eines Kranhakens

Nr.	Lern-phase	Handlungsablauf	Aktions- und Sozial-form	Medien und didaktische Materialien	Didaktische Hinweise
1	Einstieg, Motivation	Zwei Lernende inszenieren ein Gespräch zwischen Sicherheitsingenieur und Meister (Informationsblatt). Dabei geht es um einige Kranhaken im Betrieb für die eine Inspektion ansteht und die in diesem Zusammenhang eine Verbesserung durch den Einbau einer Sicherheitsvorrichtung vorgesehen ist.	Unter-richts-gespräch Rollen-gespräch	Protokoll des Telefonge-sprächs, Rollen-gespräch (In-formations-blatt), Zeich-nung des Kranhakens	Den Lernenden wird die Notwendigkeit der Verbesserung des Kranhakens mit dem Schwerpunkt Unfallverhütung und Arbeitssicherheit sowie Bedienungskomfort bewusst. Sie assoziieren eigene Erfahrungen und werden auf die Aufgabenstellung eingestimmt.
2	Intuitive Problem-lösungs-phase	Auf die Frage der Lehrperson, was unternommen werden könnte, um den im Rollengespräch deutlich gewordenen Problemen zu begegnen, äußern die Lernenden Vorschläge, wie etwa die Sichtprüfung oder die Röntgenprüfung. Die Lehrkraft teilt das Arbeitsblatt aus und fordert die Lernenden auf, es zu bearbeiten.	Unter-richts-gespräch	Zeichnung des Kranha-kens, evtl. Mindmap mit Hilfe der Schülervor-schläge Arbeitsblatt	Die Lernenden erkennen, dass es einer systematischen Planung bedarf, um zu einer adäquaten Lösung zu gelangen.
3	Planung der In-standhal-tung mit Verbesse-rung	Die Schülerinnen und Schüler bereiten sich selbstständig auf die Erarbeitung notwendiger Strategien und Zielstellungen vor und legen die Schwerpunkte der weiteren Vorgehensweise fest.	Gruppen-arbeit	Informations-materialien, Fachbücher, Zeichnung des Kranha-kens	Hier werden bereits auch Anforderungen an das Endresultat genau beschrieben sowie Kriterien entwickelt, nach denen die Ergebnisse zum Ende der Unterrichtseinheit bewertet werden.

4	Konstruktion der Verbesserung	Die bestehende Konstruktion wird nach der zuvor aufgestellten Vorgehensplanung verbessert. Zeichnerisch werden mögliche Varianten für eine konkrete technische Lösung entwickelt, die das Herausrutschen von Stahlseilen aus dem Kranhaken verhindert.	Gruppenarbeit	Materialien zum Zeichnen bzw. Konstruieren (günstigenfalls per CAD im Computerraum), Informationsmaterial, Fachbücher	Die Lernenden erkennen, dass die eigentliche Durchführungsphase organisatorisch besonders problemlos verläuft, wenn die vorherige Planung hochwertig war.
5	Präsentation der Ergebnisse	Alle Arbeitsergebnisse (einschl. Entwurfsskizzen und CAD-Zeichnungen) werden in einer präsentationsfähigen Form dokumentiert und im Plenum vor- sowie zur Diskussion gestellt.	Schüler- und Gruppenvorträge	CAD-Zeichnungen, PC, Skizzen,Tafel, Flipchart, Beamer	Durch die Präsentation und anschließende Diskussion soll nicht nur eine gemeinsame Lösung entwickelt, sondern das Thema weiter vertieft werden. Die Schülerinnen und Schüler lernen voneinander.
6	Auswertung, Transfer	Die Schülerinnen und Schüler vergleichen und bewerten die präsentierten Resultate nach den vorher festgelegten Kriterien. Abschließend regt die Lehrkraft eine Diskussion darüber an, welche grundlegenden Prinzipien der Verbesserungsaufgabe sich auch auf andere zu verbessernde technische Produkte übertragen lassen.	Bewertung in Gruppenarbeit, Unterrichtsgespräch	CAD-Zeichnungen, PC, Skizzen, Tafel, Flipchart, Beamer	Die Präsentation, Einschätzung und Bewertung der Verbesserungsvorschläge sollte durch die Arbeitsgruppensprecher erfolgen.

Didaktische Materialien

Informationsblatt:
Telefonat zwischen Sicherheitsingenieur und Meister

Der Sicherheitsingenieur Herr Gruner ruft den Meister Herrn Marten in der Montagehalle an:

Gruner: Hallo Herr Marten, wie geht's? Lange nichts mehr von Ihnen gehört!

Marten: Na ja, muss ja, was gibt's denn Dringendes?

Gruner: Nun gut, also, um gleich mit der Tür ins Haus zu fallen: Wir waren vorgestern Abend wegen einer Sichtprüfung der Deckenkräne nochmal bei Ihnen in den beiden Hallen

Marten: ... achso? Davon hatte mir niemand erzählt ...

Gruner: ... ja, die Prüfung war auch außerplanmäßig, eine Art Stichprobe sozusagen ... - also ... die Deckenkräne selbst waren in Ordnung, soweit wir sehen konnten. Wir würden uns in den nächsten Tagen allerdings gerne einmal die vier Kranhaken vornehmen. Allein von außen besehen, ist einmal zu überprüfen, wie es nach dem Dauereinsatz überhaupt noch mit deren Tragfähigkeit aussieht.

Marten: ... ja, man hat ja schon so manches gehört, ein Kranhaken kann von außen noch einwandfrei aussehen – den einen oder anderen Riss im Materialgefüge erkennt man dennoch nicht...

Gruner: Richtig. Genau so ist es. Und wenn wir die Haken schon einmal abgenommen haben ...

Marten: ... dann könnten Sie mir auch einen kleinen Gefallen tun ...

Gruner: ... aha, und der wäre?

Marten: ... wenn Sie noch ein bisschen mehr für uns und unsere Sicherheit tun wollen, dann überlegen Sie sich doch bitte einmal wie die Haken konstruktiv verbessert werden können, so dass sie sicherer und eben nicht so rissanfällig sind

Gruner: ... was denn für eine Sicherung?

Marten: Eine Sicherung. Sie soll verhindern, dass die Stahlseile beim Anheben der Last aus dem Kranhaken rutschen. Passt mal einen Moment nicht genau auf – so wie neulich –, zieht der Kran an, und die Last kippt vorn über. Es müsste so eine Art Klappe oder ein Sicherungsstift direkt am Kranhaken sein. Und das ganze muss leicht zu bedienen sein!

Gruner: Okay, Herr Martens, so, wie sie die Sache geschildert haben, habe ich verstanden. Ich werde mich darum kümmern und einmal eine Lösung konstruieren, die wir uns dann gleich morgen einmal zusammen ansehen können.

Marten: Prima, vielen Dank!

Gruner: Na warten Sie mal bis morgen mit dem Dank, wir sehen uns dann. Frohes Schaffen!

Arbeitsblatt:
Verbesserungsaufgabe: Kranhaken

Name: .... Klasse: .... Datum: ....

Lern- und Arbeitsaufgaben:

Machen sie sich bitte mit den Aufgaben eines Kranhakens aufgrund der Abbildung vertraut!

1. Stellen Sie dar, auf welche Stellen des Kranhakens bei einer Sichtprüfung insbesondere geachtet werden muss!

2. Welche Fehler könnten durch eine Röntgenprüfung erkennbar werden?

3. Konstruieren Sie eine Sicherheitseinrichtung gegen das Abspringen der Hebeseile, so dass durch ihre Lösung eine Verbesserung eintritt!

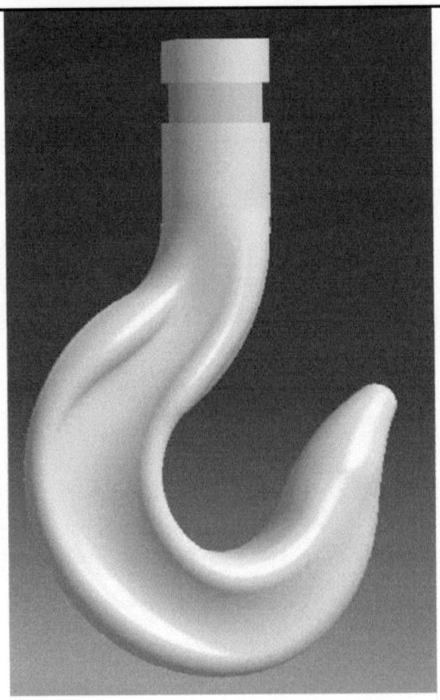

Abb.: Kranhaken ohne Sicherungsverschluss

Aufgabe für alle Gruppen

Stellen Sie bitte im Plenum Ihre Arbeitsergebnisse den anderen Gruppenmitgliedern vor! Diskutieren Sie Ihre Ergebnisse! Fügen Sie die gewonnenen Erkenntnisse in geeigneter Form der Dokumentation bei! Wählen Sie gemeinsam die beste Konstruktionslösung unter Berücksichtigung von Sicherheit, Handhabbarkeit, Aufwand und Kosten, Erhalt der Tragfähigkeit des Kranhakens sowie Wartung und Inspektion aus!

Notizen:

Reflexion der Unterrichtseinheit

Das Erkennen von Schwachstellen und Verbesserungsmöglichkeiten an technischen Systemen ist in der Berufspraxis von großer Bedeutung. Facharbeiter und auch schon Schülerinnen und Schüler sind durchaus in der Lage, Verbesserungserfordernisse bei den beruflichen Tätigkeiten – nicht nur im Rahmen von Instandhaltungsarbeiten – erkennen zu können, denn gerade diejenigen Mitarbeiter, die tagtäglich mit bestimmten Maschinen, Geräten und Anlagen zu tun haben und deren „Marotten“ kennen, fällt es störend auf, wenn bestimmte Arbeitsprozesse aufgrund mangelhafter Optimierung und wiederholter Ausfälle zeit- und arbeitsintensiver sind als nötig oder Gefährdungen auftreten.

Die Verbesserungsaufgabe in der dargestellten Form – also als Verknüpfung von Inspektions- und Konstruktionstätigkeiten – bietet den Lernenden einerseits analysierende Momente und andererseits synthetisierende Aspekte in einem Handlungsrahmen an, der in seinem Zusammenhang berufswelttypisch ist und der auch technikgestaltende Überlegungen mit einschließt. Hierbei stehen insbesondere auch Anforderungen an das selbstständige und eigenmotivierte Handeln im Vordergrund.

Darüber hinaus haben die Lernenden durch die eingesetzten kooperativen Sozialformen der Gruppen- und Partnerarbeit erfahren, wie kollegialer Gedankenaustausch zu einer großen Vielfalt von Verbesserungsvorschlägen führen kann.

Unterrichtsbeispiel 16: Analyse der Remontage einer Biegemaschine und einer Hebelschere[18]

Unterrichtsverfahren: Remontageanalyse

Thematische Aspekte

Remontagen sind im Rahmen von Instandhaltungsarbeiten immer dann notwendig, wenn ein technisches Objekt aufgrund von Wartungs-, Inspektions-, Instandsetzungs- oder Verbesserungsmaßnahmen zuvor demontiert wurde. Die fachgerechte Remontage wird vereinfacht, wenn die vorhergehende Demontage ordnungsgemäß durchgeführt wurde und Unterlagen zum Zusammenbau vorliegen. Insbesondere kommt es darauf an, dass die ursprüngliche Lage und Zuordnung aller Bauteile dokumentiert bzw. kenntlich gemacht worden ist. Aber was passiert, wenn die demontierten Teile durcheinander geraten sind und keine Unterlagen existieren? Im vorliegenden Unterrichtsbeispiel wird einerseits von einem solchen Fall ausgegangen, andererseits davon, dass nachfolgend aufgrund logistischer Schwierigkeiten in aller Eile Hilfskräfte eingesetzt wurden, um die Geräte zu remontieren.

Die Remontage als konkret-handlungsorientiertes Verfahren stellt in vielen gewerblich-technischen Berufen einen wichtigen Ausbildungsinhalt des zukünftigen Facharbeiters dar. Dabei sollten sich die Fachkräfte nicht allein auf das handwerkliche Montieren der vorgefertigten Einzelteile und Baugruppen zu funktionsfähigen Produkten beschränken, sondern sich genauso mit konstruktiven und verfahrenstechnischen Zusammenhängen auseinandersetzen, die über die eigentliche Berufsarbeit hinausgehen. Auch Sichtweisen der Instandhaltung können thematisiert werden, selbst wenn die Remontage nicht zwingend in den Kontext einer Instandhaltung gesetzt werden muss.
Das Besondere an diesem Unterrichtsbeispiel besteht darin, dass zwei technische Objekte im (re-)montierten Zustand vorliegen und die Remontage gedanklich nachvollzogen werden muss, wodurch abstraktes Denkvermögen verlangt wird. Wenn aber darüber hinaus die Geräte auch im demontierten oder teilweise demontierten Zustand vorliegen, können recht genau angepasste Lernhilfen gegeben werden, indem die Analyse mit Syntheseschritten verbunden wird. So können vielfältige Varianten einer Kombination von Remontageanalyse und Remontageaufgabe entstehen.

[18] Dieses Unterrichtsvorhaben wurde mit Hilfe von Lehrkräften des Oberstufenzentrums Elbe-Elster (OSZ EE) Elsterwerda entwickelt und erprobt.

Der Schwerpunkt der Aufgabe liegt im gedanklichen Nachvollziehen des Fügens bzw. des Wiederverbindens von Bauelementen zweier verschiedener technischer Geräte (vgl. DIN 8580). Dabei kann an Beispielen auch deutlich werden, dass eine Remontage nicht nur als Umkehrung einer Demontage verstanden werden kann, sondern mitunter im Detail auch Unterschiede zur (erstmaligen) Montage bestehen können.

Entscheidend ist, dass das Leistungsniveau der Lernenden der Komplexitätsgrad dieser Lern- und Arbeitsaufgabe entspricht. Eine Remontage – ob konkret oder abstrakt durchgeführt – umfasst ein relativ umfangreiches Handlungsfeld, da hierbei vielfältige Informationsmaterialien (z. B. technische Zeichnungen) und Betriebsmittel, wie beispielsweise Speichereinrichtungen (Lager, Magazine, Regale usw.) sowie Fügeeinrichtungen (Nieteinrichtungen, Pressen, Schraubenschlüssel usw.) eine Rolle spielen. Auch wenn weder das Funktionsprinzip noch die konstruktiven Entwicklungen der beiden Objekte im Mittelpunkt dieses Unterrichtsbeispiels stehen, können sie bei entsprechendem Zeitbudget ebenso mit angesprochen werden wie spezielle Aspekte der Instandhaltung.

Lernvoraussetzungen

Der Einsatz des Unterrichtsbeispiels kann z. B. im Lernfeld 9 „Instandsetzen technischer Systeme“ für den Ausbildungsberuf „Industriemechaniker/-in“ erfolgen.

Als notwendige Voraussetzungen müssen die Lernenden z. B. Bauelemente benennen sowie Normteile erkennen und mit Hilfe von Tabellenbüchern genau bezeichnen können. Sie sollten zudem Montagepläne oder ähnliche Dokumente kennen und mit ihnen bereits gearbeitet haben.
Die Analyse der Remontage der Biegemaschine und der Hebelschere fordert von den Lernenden vor allem antizipatives Denken, geht es doch darum, sich im Wechselspiel von Analyse und Synthese den jeweiligen Remontageschritt und den zugehörigen Stand des Zusammenbaus gedanklich vorzustellen. Dadurch wird es den Lernenden zudem möglich, die Funktionen der einzelnen Bauelemente der beiden technischen Systeme „Biegemaschine“ und „Hebelschere“ besser zu verstehen. Beinahe nebenbei müssen die Lernenden bei diesem Unterrichtsbeispiel alle erforderlichen Arbeits- und Hilfsmittel fachgerecht auswählen und einsetzen können, obgleich die Remontage real bereits durchgeführt wurde. Die so gewonnenen Fähigkeiten können dazu beitragen, dass die Lernenden später Remontagen systematisch gestalten und durchführen können.

Da im Verlauf der Unterrichtseinheit Gruppenarbeit integriert ist, sind gute kooperative und rhetorische Fähigkeiten für den Lernerfolg von Vorteil.

Unterrichtsziele und angestrebter Kompetenzzuwachs

Die Lernenden sollen eine Stückliste und einen Remontageplan für eines der beiden Geräte aufstellen. Dazu sollen sie

- sich die Einzelteile und Baugruppen der technischen Geräte „Biegemaschine“ und „Hebelschere“ in den jeweiligen Remontageschritten gedanklich vorstellen,
- die zum Montieren erforderlichen Betriebsmittel auswählen und Hinweise für den Gebrauch geben können,
- den Remontagevorgang beschreiben und dokumentieren.

Außerdem sollen die Lernenden

- Verbesserungsvorschläge zum (Re-)Montageprozess sowie gegebenenfalls auch zu Aspekten der Instandhaltung formulieren,
- die Bereitschaft und Fähigkeit zur Kooperation und Kommunikation in der Gruppenarbeitsphase (weiter-)entwickeln,
- Arbeiten von anderen Lernenden kritisch, aber sachbezogen beurteilen sowie
- über das rein Fachliche hinaus soziale und kommunikative Prozesse reflektieren, die sich aus der Gruppenarbeit ergeben.

Didaktisch-methodische Struktur

Die Analyse der Remontage der beiden technischen Geräte „Biegemaschine“ und „Hebelschere“ ist im Wesentlichen abstrakt-handlungsorientiert angelegt, kann aber je nach Leistungsstand der Lernenden sowie Zeitbedarf durch Schritte konkreter Handlungen ergänzt oder mit diesen kombiniert werden. Damit kann die Unterrichtseinheit dazu beitragen, das (Re-)Montagewissen der Lernenden sowie entsprechende Fähigkeiten und Fertigkeiten herauszubilden und zu fördern. Die Remontageanalyse besitzt gegenüber einer Remontageaufgabe einen höheren Schwierigkeitsgrad, da für das gedankliche Operieren eine höhere Abstraktionsstufe erforderlich wird.

Aufgrund des engen Bezugs zur Remontageaufgabe bietet sich im Unterricht eine Integration bzw. Kombination der beiden Vorgehensweisen an. Ebenso kann die große Nähe zur Demontageaufgabe und zur Demontageanalyse in der Lern- und Arbeitsumgebung didaktisch sinnvoll genutzt werden.

Die Umsetzung des Unterrichtsbeispiels erfolgt im Wesentlichen in den Phasen:

1. Motivierender Einstieg
2. Problemfindung
3. Analyse der Remontage im engeren Sinne
4. Präsentation
5. Lernerfolgskontrolle
6. Reflexion
7. Ergebnissicherung

Handlungsablauf

Im Folgenden ist ein möglicher Handlungsablauf zur Analyse der Remontage einer Biegemaschine und einer Hebelschere in tabellarischer Form dargestellt.

Unterrichtsbeispiel 16: Analyse der Remontage einer Biegemaschine und einer Hebelschere

Nr.	Lern-phase	Handlungsablauf	Aktions- und Sozial-form	Medien und didaktische Materialien	Didaktische Hinweise
1	Motivie-render Einstieg	Die Schülerinnen und Schüler sehen im Klassenraum Kisten stehen, in denen sich verschiedene Einzelteile befinden. Es entwickelt sich eine Diskussion über die möglichen Aufgaben der Teile. Im Ergebnis stellt sich heraus, dass es sich um unbeschädigte und zum Teil auch beschädigte Teile zweier Geräte handelt: einer Biegemaschine und einer Hebelschere.	Unter-richts-gespräch	Einzelteile ei-ner Biege-maschine und einer Hebel-schere	Es werden Einzelteile der Modelle von der Biegemaschine und der Hebelschere (z. B. der Firma GUNT) verwendet und vermischt. Mit den Modellen kann sowohl geschnitten und – wenn ein Schraubstock vorhanden ist – auch gebogen werden. Sollten die Modelle nicht derart zahlreich vorhanden sein, dass sie auch demontiert vorliegen, so muss auf diese Phase verzichtet werden. Es ist möglich, den Un-terricht dann auch sofort mit der Fallschilderung zu beginnen.
2	Problem-findung a) Fall-schilder-ung	Die Lehrkraft stellt Exemplare der remontierten Geräte vor und schildert, dass Hilfskräfte aus den Einzelteilen mühselig die Geräte zusammengebaut, aber diese Remontage nicht dokumentiert haben. Nunmehr soll die Dokumentation nachgeholt werden. Zu dieser Ausgangslage werden intuitive Meinungen der Lernenden eingeholt.	Kurzvortrag der Lehr-kraft Meinungen der Lernen-den	Situations-schilderung, ggf. auf Folie	Es ist auch möglich, den Lernen-den die Fallschilderung durch Vorlesen eines kurzen Textes zu überlassen.

	b) Klärung des Vorgehens	Die Klasse berät mit der Lehrkraft das mögliche Vorgehen. Dabei wird auch die Wichtigkeit eines Remontageplans (Arbeitserleichterung und Prüfungsrelevanz) herausgearbe tet. Es werden Schwerpunkte für die Präsentation und Ergebnissicherung festgelegt. Nach dem Sammeln von Vorschlägen erhalten die Lernenden die vorbereitete Lern- und Arbeitsaufgabe. Es werden Gruppen für die Analyse der Remontage einerseits der Biegemaschine und andererseits der Hebelschere gebildet.	Unterrichtsgespräch	Arbeitsblatt mit Arbeitsauftrag, ggf. auch auf Folie	Die Gruppenbildung kann im Wesentlichen den Lernenden überlassen werden.
3	Analyse der Remontage im engeren Sinne	Anhand der den Gruppen im remontierten Zustand zur Verfügung gestellten Geräte entwickeln die Lernenden eine Stückliste und einen Arbeitsfolge- bzw. Remontageplan. Die Lernenden bereiten sich darauf vor, die Ergebnisse ihrer Gruppenarbeit zu präsentieren.	Gruppenarbeit	Geräte im montierten Zustand, ggf. weitere Geräteunterlagen, Tabellenbuch, eigene Unterlagen, Präsentationsmaterialien	Ob die Lernenden erst eine Stückliste erarbeiten und dann einen Arbeitsfolgeplan (oder umgekehrt oder auch parallel), sollte weder vorgegeben noch kommentiert werden. Gegebenenfalls ist diese Frage allerdings bereits in der Phase 2b) diskutiert worden. Dann könnte die Lehrkraft darauf Einfluss nehmen, dass im Klassenverband beide bzw. sogar drei Varianten auftreten. Sollte sich die Aufgabe als zu schwer erweisen, können weitere Geräteunterlagen bereitgestellt werden. Außerdem ist es möglich, die Geräte den Lernenden im demontierten Zustand zu überlassen, um anhand konkreter Handlungen die abstrakte Aufgabe zu erleichtern.

4	Präsentation	Die Gruppen stellen ihre Ergebnisse vor. Dabei nennen sie auch auf besondere Schwierigkeiten, die sie bei der Remontage erwarten würden. Außerdem sollen Probleme der Instandhaltung mit angesprochen werden. Lernende anderer Gruppen gehen auf die vorgestellten Ergebnisse ein und stellen gegebenenfalls Fragen.	Präsentation vor Plenum	Präsentationstechniken	Es sollten nicht mehr als vier Gruppen – je zwei zur Biegemaschine und zwei zur Hebelpresse – ihre Ergebnisse vorstellen. Sollte es mehr Gruppen geben, so können die weiteren eine Art „Expertenfunktion" einnehmen, wobei sie die vorgestellten Ergebnisse der anderen Gruppen mit den ihren vergleichen, kommentieren und bewerten. Möglicherweise berichten die Lernenden von Erfahrungen aus ihrer betrieblichen Praxis.
5	Lernerfolgskontrolle	Zur Kontrolle der Ergebnisse soll eine Gruppe ein Gerät nach dem Plan einer jeweils anderen Gruppe zusammenbauen. Dazu studieren, sortieren sowie nummerieren die Lernenden das ihnen übergebene Material und teilen sich die Fügeelemente ein. Die sortierten Teile werden nach den Plänen zu den beiden Geräten remontiert. Zu jedem Schritt überprüfen die Lernenden die Angaben aus den Plänen und vervollständigen diese gegebenenfalls durch zusätzliche Notizen. Anschließend wird die Funktion der Geräte erprobt. Die Lernenden beurteilen die Brauchbarkeit, aber auch die Form der ihnen übergebenen Materialien.	Gruppenarbeit	Einzelteile der Biegemaschine und der Hebelpresse, Arbeitsergebnisse einer anderen Gruppe	Diese Phase kann nur durchgeführt werden, wenn ausreichend (Zeit sowie) Modelle vorhanden sind und einige davon demontiert vorliegen. Wenn Schwierigkeiten bei der Remontage bestehen sollten, dann können Grundtabletts dazu gestellt werden. Der Schwerpunkt des gesamten Unterrichtsvorhabens sollte dennoch auf der Analyse einer bereits durchgeführten Remontage (Phasen 3 und 4) liegen. Mit anderen Worten: Diese Phase hat eine lediglich nachgeordnete Bedeutung und kann u. U. entfallen.

6	Reflexion	Die Lernenden reflektieren das prinzipielle Vorgehen zur Problemlösung (einschließlich darüber, inwieweit es sinnvoll ist, erst eine Stückliste und danach einen Ablaufplan zu erstellen) sowie ihre Zusammenarbeit in der Gruppe.	Gruppen-arbeit, Plenum	ggf. Folien, Tafel	Die Lehrkraft kann Folien oder auch die Tafel einsetzen, auf der z. B. zwei Fragen festgehalten sind, so etwa: 1) Inwieweit war Ihr Vorgehen in der Gruppe sinnvoll bzw. kann man es verallgemeinern? 2) Wie schätzen Sie die Arbeit in Ihrer Gruppe ein? Im Anschluss sollte jede Gruppe ca. drei Minuten Zeit zur Reflexion erhalten, ehe kurze mündliche Einschätzungen eingeholt werden.
7	Ergebnis-sicherung	Es wird noch einmal auf den Ausgangsfall eingegangen und die Bedeutung von Montage-, Demontage und Remontageplänen – gerade im Zusammenhang mit Instandhaltungsarbeiten – hingewiesen.			Montage- und Remontagepläne müssen bei technischen Systemen – gerade unter den Aspekten der Instandhaltung – nicht 1:1 identisch sein.

Didaktische Materialien

Folie: Fallschilderung: Remontageanalyse

Nach dem Kistendilemma

Vor Ihnen stehen die nach erfolgter Instandsetzung inzwischen wieder demontierten Biegemaschinen und Hebelscheren.

Zuvor waren bei einem Umzug die Einzelteile der beiden Modellarten in den Kisten leider durcheinander geraten. Es entstand ein riesiges Chaos, des möglichst schnell beseitigt werden sollte. In aller Eile haben daraufhin Hilfskräfte mühsam die Remontagen von Biegemaschinen und Hebelscheren vorgenommen, jedoch es versäumt, diese zu dokumentieren.

Der Chef war darüber alles andere als erfreut. Zwar war das Chaos beseitigt, doch er hatte erwartet, dass auch gleich die Pläne für die Remontage erstellt werden. Schließlich kann so ein Dilemma immer mal wieder auftreten. Und der Chef war davon ausgegangen, man würde doch wissen, dass zu einer Remontage auch entsprechende Pläne gehören würden.

Arbeitsblatt:
Analyse der Remontage einer Biegemaschine und einer Hebelschere

Name: .... Klasse: .... Datum: ....

Lern- und Arbeitsaufgabe

Vor Ihnen stehen die nach erfolgter Instandsetzung inzwischen wieder demontierten Biegemaschinen und Hebelscheren. Zuvor waren bei einem Umzug die Einzelteile der beiden Modellarten leider durcheinander geraten. Hilfskräfte haben daraufhin mühsam die Remontage vorgenommen, jedoch es versäumt, diese zu dokumentieren.
Sie haben nun die Aufgabe, für die Remontage der Einzelteile der beiden Geräte nachträglich eine Dokumentation zu erstellen, damit die Arbeit für ähnliche Fälle künftig wesentlich erleichtert wird. Die Dokumentation soll **mindestens eine Stückliste** und **einen fachgerechten Arbeitsfolgeplan** für eines der beiden Geräte beinhalten.
Notieren Sie bitte außerdem alle Teile, an denen Instandhaltungsmaßnahmen vorgenommen worden sein könnten! Benennen Sie die entsprechenden Tätigkeiten fachgerecht und ordnen Sie diese den vier Hauptgruppen der Instandhaltung zu! Überlegen Sie für jeden Fall, welche Ursachen einer Instandhaltung zu Grunde liegen könnten und welche Verbesserungen aus instandhaltungstechnischer Sicht möglich sind!

Weitere Hinweise:

- Für Stücklisten gibt es Normen.
- Im Arbeitsfolgeplan sind immer Positionsnummern anzugeben.

Der Arbeitsfolgeplan könnte wie folgt aussehen:

Arbeitsfolgeplan: Remontage

Schritt	Arbeitsgang	Bemerkung
1	Bereitlegen der Teile und Werkzeuge	...
...		
...		
...		
...		
...		
x	Endkontrolle	z. B. Probeschritt „Biegeprobe“

Lösungsvorschlag zum Arbeitsblatt:
Analyse der Remontage einer Biegemaschine – Stückliste

Name: .... Klasse: .... Datum: ....

Stückliste der Biegemaschine

Pos.	Menge	Benennung	Norm-Abmessung	Werkstoff	Bemer-kung/ Masse
1	*1*	*Grundplatte*	*DIN 174, ▭90x10x90*	*S235JR*	
2	*1*	*Matrize*	*DIN 174, ▭50x12x70*	*S235JR*	
3	*2*	*Seitenteil*	*DIN174, ▭70x8x60*	*S235JR*	
4	*1*	*Stempel*	*DIN174, ▭50x20x70*	*S235JR*	
5	*1*	*Exzenter*	*DIN1651 Ø 36x10*	*9SMn28-K*	
6	*1*	*Hebel*	*DIN1651 □ 10x190*	*9SMn28-K*	
7	*1*	*Achse*	*DIN17440 Ø 10x8*	*X12CrNiS188*	
8	*2*	*Distanz-buchse*	*DIN1651 Ø 20x20*	*9SMn28-K*	
9	*1*	*Spannplatte*	*DIN174, ▭90x10x40*	*S235JR*	
10	*6*	*Zylinder-schraube*	*DIN912 M5x12*	*8.8*	
11	*2*	*Zylinder-schraube*	*DIN912 M4x12*	*8.8*	
12	*4*	*Zylinderstift*	*DIN6325 6x30*	*S235*	*m6*
13	*4*	*Druckfeder*	*DIN2098 0,5x7,1x15*	*Federstahl-draht C DIN 17223*	
14	*2*	*Scheibe*	*DIN125 B 10,5*	*S235*	
15	*2*	*Splint*	*DIN94 2x16*	*S235*	
16	*1*	*Zylinder-schraube*	*DIN 912 M4x16*	*8.8*	
17	*1*	*Federring*	*DIN 7980-A4*		

Lösungsvorschlag zum Arbeitsblatt:
Analyse der Remontage einer Biegemaschine – Remontageplan

Name: .... Klasse: .... Datum: ....

Arbeitsfolgeplan: Remontage einer Biegemaschine

Schritt	Arbeitsgang	Bemerkung
1	*Bereitlegen der Teile und Werkzeuge*	
2	*Verschrauben von Pos. 1 mit Pos. 2 mittels Pos. 11*	*2 Schrauben*
3	*Anschrauben der Pos. 9 an Pos. 1 mit Pos. 10*	*2 Schrauben*
4	*Befestigen der Pos. 3 mittels Pos. 10 an Pos. 2*	*4 Schrauben*
5	*Aufsetzen der Pos. 13 auf Pos. 12*	
6	*Auflegen der Pos. 4 auf Zylinderstifte Pos. 12*	
7	*Zusammensetzen der Pos. 6 und Pos. 5 durch Verbindungselement Pos. 16*	*1 Schraube*
8	*Zusammenbauen der Pos. 8 und Pos. 5 durch Durchstecken der Pos. 7*	
9	*Auflegen der Pos. 14*	*2 Scheiben*
10	*Sichern der Pos. 7 mit Pos. 15*	*2 Splinte*
11	*Durchführen der Endkontrolle*	*z. B. Probeschritt „Biegeprobe“*

Lösungsvorschlag zum Arbeitsblatt:
Analyse der Remontage einer Hebelschere – Stückliste

Name: .... Klasse: .... Datum: ....

Stückliste der Hebelschere

Pos.	Menge	Benennung	Norm-Abmessung	Werkstoff
1	*1*	*Grundkörper*	*Fl DIN 1017, 110x30*	*S235JR*
2	*1*	*Lagerflansch*	*Rd 60 DIN EN 10278*	*9SMn28*
3	*1*	*Exzenterwelle*	*Rd 20 DIN EN 10278*	*9SMn28*
4	*1*	*Lagerdeckel*	*Fl DIN 1017, 50x8*	*S235JR*
5	*1*	*Scherkörper*	*Fl DIN 1017, 50x8*	*S235JR*
6	*1*	*Exzenterführung*	*Fl 20x8*	*CuZn39Pb3*
7	*1*	*Untermesser*	*Fl 20x4*	*1.2842*
8	*1*	*Obermesser*	*Fl 20x4*	*1.2842*
9	*1*	*Führung*	*Fl DIN 1017, 20x15*	*S235JR*
10	*1*	*Anschlag*	*Fl DIN 1017, 20x15*	*S235JR*
11	*1*	*Grundplatte*	*Fl DIN 1017, 60x8*	*S235JR*
12	*2*	*Führungsstange*	*Rd 8*	*1.4305*
13	*1*	*Führungsstift 1*	*Rd 5 DIN EN 10278*	*9SMn28*
14	*1*	*Führungsstift 2*	*Rd 5 DIN EN 10278*	*9SMn28*
15	*1*	*Hebelstange*	*Rd 10*	*1.4305*
16	*2*	*Splint*	*DIN 94, 1,6x13*	*S235JR*
17	*2*	*Scheibe*	*DIN 9021, M5*	*S235JR*
18	*2*	*Druckfeder*	*DIN 2098, 0,5x7,1x15*	*Federstahldraht C DIN 17223*
19	*2*	*Zylinderschraube*	*ISO 1207, M5x16*	*8.8*
20	*2*	*Zylinderschraube*	*DIN 912, M4x12*	*8.8*
21	*2*	*Zylinderschraube*	*DIN 912, M5x8*	*8.8*
22	*2*	*Zylinderschraube*	*DIN 912, M5x10*	*8.8*
23	*4*	*Zylinderschraube*	*DIN 912, M5x16*	*8.8*
24	*2*	*Senkschraube*	*ISO 10642, M5x8*	*8.8*
25	*1*	*Kugelknopf*	*DIN 319, C 20*	*Kunststoff*
26	*1*	*Rändelschraube*	*DIN 653, M5*	*5.8*
27	*1*	*Rändelschraube*	*DIN 653, M4*	*5.8*

Lösungsvorschlag zum Arbeitsblatt:
Analyse der Remontage einer Hebelschere – Remontageplan

Name: .... Klasse: .... Datum: ....

Arbeitsfolgeplan: Remontage einer Biegemaschine

Schritt	Arbeitsgang	Bemerkung
1	*Bereitlegen der Teile und Werkzeuge*	
2	*Pos. 1 mit Pos. 11 verbinden*	*Pos. 22 verwenden*
3	*Pos. 8 mit Pos. 5 verschrauben*	*Pos. 24 verwenden*
4	*Pos. 6 mit Pos. 3 zusammenstecken*	
5	*Pos. 6 in Pos. 5 einsetzen*	
6	*Pos. 5 in Pos. 1 einsetzen*	
7	*Pos. 2 in Bohrung Pos. 4 einsetzen und verschrauben*	*Pos. 19 verwenden*
8	*Pos. 4 an Pos. 1 anschrauben*	*Pos. 23 verwenden*
9	*Pos. 7 an Pos. 1 anschrauben*	*Pos. 21 verwenden*
10	*Pos. 25 an Pos. 15 befestigen*	
11	*Pos. 15 in Bohrung Pos. 3 einsetzen*	*Mit Pos. 26 arretieren*
12	*Pos. 12 an Pos. 1 befestigen*	*Pos. 20 verwenden*
13	*Pos. 9 auf Pos. 12 aufschieben*	*Mit Pos. 27 arretieren*
14	*Pos. 18 auf Pos. 13 und 14 aufsetzen*	
15	*Pos.10 auf Pos.18 aufbringen*	
16	*Pos.17 auf Pos. 10 aufbringen*	*Arretierung mit Pos.16*
17	*Endkontrolle*	*z. B. Probeschritt „Schnittprobe“*

Reflexion der Unterrichtseinheit

Die Unterrichtspraxis zeigt, dass diese Form einer Remontageanalyse motivierend auf die Schülerinnen und Schüler wirken kann. Durch den unmittelbaren Berufsbezug kann mit dieser Aufgabe ein Beitrag dazu geleistet werden, berufliche Handlungskompetenz zu fördern. Durch den Unterricht hat sich bestätigt, dass das Beispiel die Lernenden auffordert, eine bereits durchgeführte Montagehandlung, die der beruflichen Arbeitsumgebung entlehnt sein könnte, weitgehend selbstständig gedanklich nachzuvollziehen, was ein gutes abstraktes Denkvermögen voraussetzt. Außerdem können wettbewerbsähnliche Situationen entstehen. Zugleich hat man verschiedene Möglichkeiten, je nach Lernsituation den Verlauf zu variieren und z. B. bei Schwierigkeiten die abstrakte mit einer realen Remontage zu kombinieren, sofern ausreichend montierte und demontierte Modelle vorliegen. In einem solchen Lernprozess sind vor allem antizipatorische, kritisch-kreative und gestalterisch-planerische Denkprozesse notwendig.

Durch die abschließende gemeinsame Reflexion über arbeitsplanerische (re-) montagetechnische Aspekte, Verallgemeinerungen sowie die Arbeit in den Gruppen wird zum einen ermöglicht, dass die Lernenden die Zusammenhänge und Schritte einer Remontage besser verstehen sowie Planungen in einen größeren Kontext stellen. Zum anderen werden damit in besonderer Weise überfachliche Fähigkeiten wie Selbstreflexion, Teamfähigkeit etc. gefördert. Das Beispiel bietet sich auch gut dazu an, ganzheitlichere Inhalte zu vermitteln, indem Bezüge zu den der Remontageanalyse verwandten Verfahren „Remontageaufgabe" sowie „Demontageanalyse" und „Demontageaufgabe" sowie zu instandhaltungstechnischen Aspekten im engeren Sinne hergestellt werden. Damit werden beispielsweise auch die Ansprüche der auf Ganzheitlichkeit angelegten Konzepte auftragsorientierten Lernens in der betrieblichen Ausbildung sowie die daraus resultierenden neuen Prüfungsprämissen für berufliches Lernen aufgegriffen.

Unterrichtsbeispiel 17: Remontage einer Hebelpresse[19]

Unterrichtsverfahren: Remontageaufgabe

Thematische Aspekte

Beim Instandhalten von technischen Artefakten, vor allem beim Instandsetzen, werden häufig eine Demontage und eine spätere Remontage notwendig, bevor der Gegenstand wieder betriebs- und einsatzfähig ist. Laien gehen dabei oft unsystematisch und wenig zielgerichtet vor. Auszubildende und Facharbeiter sollten aber in der Lage sein, bereits bei der Demontage an die Remontage zu denken, sodass es nach der eigentlichen Fehlerbeseitigung – zum Beispiel dem Austausch eines defekten Bauteiles – zu keinen unnötigen Schwierigkeiten beim Wiederherstellen der Betriebsbereitschaft des Gerätes kommt. Ein Montageplan kann dabei helfen, dank eines systematisch angelegten Fügens schneller und sicherer die volle Funktionssicherheit des Bauteils wiederzuerlangen. Nicht nur nebenbei ist ein solcher Plan ein wichtiges Verständigungsmittel, durch das auch andere Fachkräfte das Artefakt problemlos zerlegen bzw. wieder zusammensetzen können. Zu beachten ist aber, dass die Remontage nicht in jedem Fall einfach nur die Umkehrung der Demontage ist. Zuweilen müssen die Arbeitsschritte in einer anderen Reihenfolge durchgeführt worden. Für dieses Beispiel der Hebelpresse ist der (Re-)Montageplan aber lediglich die Umkehrung des Demontageplanes, sodass je nach Zielstellung bzw. Vorliegen der Objekte (montiert oder zerlegt) beide Vorgehensweisen möglich sind.

Der Unterricht ist beispielsweise für eine Klasse von Industriemechanikerinnen und -mechanikern des ersten Ausbildungsjahres geeignet und kann im Lernfeld 3 „Herstellen von einfachen Baugruppen“ oder im Lernfeld 4 „Warten technischer Systeme“ eingesetzt werden.
Sinnvoll ist es, wenn die Lernenden vor dieser Unterrichtseinheit das technische Artefakt – in diesem Fall die Hebelpresse – bereits kennen gelernt, dieses zunächst intuitiv zerlegt und dessen Wirkungsweise erklärt haben (Funktionsbetrachtungen), um es danach wieder zu remontieren. Außerdem ist es vorteilhaft, dass die Lernenden zuvor eine Stückliste erstellt und sich auf Bezeichnungen und Positionsnummern geeinigt haben, damit die zur Remontage zu erarbeitenden Pläne für alle Schülerinnen und Schüler auch später nachvollziehbar, handhabbar und leichter vergleichbar werden. Darüber hinaus können sich die Lernenden vorher bereits mit einer Explosionszeichnung zur Hebelpresse vertraut gemacht haben.

[19] Dieses Unterrichtsvorhaben wurde mit Hilfe von Detlef Böse entwickelt und erprobt.

Nunmehr wird ein Montage- bzw. Remontageplan aufgestellt, damit bei der Remontage systematisch vorgegangen wird und die Dokumente zu diesem technischen Gegenstand komplettiert werden. Im Anschluss werden weitere noch fehlende Dokumente zur Hebelpresse wie Montagezeichnung, Wartungs- oder Instandhaltungspläne erstellt. Am Ende der Lernsituation liegt eine Angebotsmappe mit allen – teilweise von den Schülerinnen und Schülern selbst erstellten – erforderlichen Unterlagen zur Instandhaltung des Artefakts vor.

Lernvoraussetzungen

Die Schülerinnen und Schüler können sich zwar noch im ersten Jahr ihrer Ausbildung befinden, sie müssen aber bereits über Wissen zu wichtigen metalltechnischen Zusammenhängen verfügen und dieses auch – wenngleich meist noch nicht in vertiefter Weise – bei Frage- und Problemstellungen anwenden können. Die Fertigung mit von Hand geführten Werkzeugen (Lernfeld 1) und mit Werkzeugmaschinen (Lernfeld 2) ist Auszubildenden aller metalltechnischer Berufe bekannt. Im Lernfeld 3 werden wichtige Fügeverfahren wie das Schrauben, das Nieten oder das Löten vermittelt. Aus der betrieblichen Ausbildung bringen die Lernenden meist Kenntnisse und Erfahrungen insbesondere zum Schrauben mit, sodass wichtige Teilaspekte des Montierens bzw. Remontierens bereits behandelt sind.

Den Lernenden sollten folgende Begriffe und Inhalte schon bekannt sein, die mit der Thematik im Zusammenhang stehen:

- Fertigungshauptgruppen nach DIN 8580,
- Fügen, Fügeverfahren, Baugruppen, Verbindungselemente, Sicherungselemente,
- Schraubverbindung mit Arten von Schrauben und Gewinden, Arbeitstechniken beim Verschrauben,
- Stiftverbindung mit Arten von Stiften,
- Bezeichnungen und DIN-Normen von Normteilen,
- Arbeitsplan, Werkzeugliste mit Bezeichnungen grundlegender Werkzeuge zur Montage,
- technische Zeichnung, Zusammenbauzeichnung, Einzelteilzeichnung, Stückliste, Explosionszeichnung sowie
- Aspekte des Arbeitsschutzes bei einfachen Montagetätigkeiten.

Es wird davon ausgegangen, dass den Schülerinnen und Schülern die mit den Begriffen „Montageplan“, „Struktogramm“, „Netzplan“ und „Aufbauübersicht“ verbundenen Inhalte noch nicht vertieft vermittelt wurden. Gegebenenfalls kann zuvor bereits auch ein Demontageplan erstellt worden sein. Aber selbst wenn für die Lernenden subjektiv neue Begriffe angesprochen werden sollten, so kann zu weiten Teilen von einem Vorverständnis – insbesondere auch durch den bereits bekannten Begriff des Arbeitsplanes – ausgegangen werden.

Zur methodischen Kompetenz lässt sich feststellen, dass die Lernenden selbstständige Gruppen-, Partner- oder Einzelarbeit gewohnt sein sollten.

Unterrichtsziele und angestrebter Kompetenzzuwachs

Das Grobziel der Lerneinheit lautet: Die Schülerinnen und Schüler können verschiedene Formen von (Re-)Montageplänen erstellen und auf ihre Richtigkeit hin prüfen.

Da es sich um eine Unterrichtseinheit mit konkret-handlungsorientierten Zielen handelt, kann der Kompetenzzuwachs am besten anhand einer auszuführenden Handlung überprüft werden. Die Zielerreichung ließe sich insbesondere überprüfen, indem andere Personen nur auf der Basis der erarbeiteten Montagepläne (sowie gegebenenfalls Stückliste und Montage- oder Explosionszeichnung) die Hebelpresse zusammenfügen.

Unter dem Zielaspekt der Fachkompetenz können die Lernenden
- einen (Re-)Montageplan erstellen,
- andere (Re-)Montagepläne kritisch prüfen,
- eine begründete Entscheidung für einen bestimmten Typ von (Re-)Montageplan treffen sowie
- mit Fachbegriffen aus der Fügetechnik umgehen.

Unter dem Zielaspekt der Methodenkompetenz sollen die Schülerinnen und Schüler ihre Präsentationstechniken verbessern. Hierfür ist eine separate Phase im Unterricht vorgesehen. Außerdem arbeiten sie mit dem Instrument des Vergleichs. Auf längere Sicht sollen die Lernenden diese Methode des Erkenntnisgewinns selbstständig anwenden können.

Unter dem Zielaspekt der angestrebten Sozialkompetenz wird durch das unterrichtliche Vorgehen angestrebt, die Fähigkeit und Bereitschaft zu verbessern, mit anderen zusammenzuarbeiten und Mitlernenden als Präsentierende zuzuhören sowie begründete Entscheidungen anderer zu akzeptieren. Diese Ziele werden insbesondere in der Phase der Präsentation und der Ergebnissicherung sowie bei der abschließenden (erneuten) Beantwortung der Leitfrage angestrebt.

Didaktisch-methodische Struktur

Mit dem berufs- und fachdidaktischen Konzept wird eine möglichst hohe Schülereigentätigkeit angestrebt. Die Lernenden erarbeiten selbstständig – allerdings aus lernorganisatorischen Gründen nicht in Einzel-, sondern in Gruppenarbeit – einen (Re-)Montageplan zu einer Hebelpresse, die ihnen aus den unmittelbar vorhergehenden Stunden bereits bekannt ist. Hier schließt die Unterrichtseinheit an vorherige Erfahrungen der Lernenden aus einem (eher intuitiven) Demontagevorgang sowie der Erarbeitung einer Stückliste direkt an. Dazu wird die Unterrichtseinheit mit einer Fallschilderung aus einer Werkstatt eingeleitet.

Die Unterrichtseinheit hat über weite Phasen konkret-handlungsorientierte Anteile, da die Schülerinnen und Schüler die Möglichkeit nutzen werden, die Hebelpresse mit dem Erstellen des (Re-)Montageplanes zu montieren. Es wird davon ausgegangen, dass die Erarbeitung eines solchen Planes die Fähigkeit einschließt, einen (Re-)Montageplan auch lesen zu können. Beide Fähigkeiten werden von Facharbeitern später verlangt. Problematisch ist allerdings, dass sich viele Lernende unter einem tabellarischen Montageplan durchaus etwas vorstellen können und die dann ausgeteilte Arbeitsaufgabe nahezu selbsterklärend ist, während bei einer schematischen Darstellung von nur bescheidendem Vorwissen ausgegangen werden kann. Hier muss vor der Gruppenarbeit den Schülerinnen und Schülern wenigstens ein Minimum an Informationen zur Verfügung stehen.

Die Präsentation durch die Gruppen dient vornehmlich der fachlichen Überprüfung der Ergebnisse. Zudem sollen hier auch nicht-fachliche Aspekte wie Präsentationstechniken in den Blick geraten.

Die Struktur der Unterrichtseinheit wird durch eine Leitfrage bestimmt, die sich aus dem Einstiegsfall und dem anschließenden Lehrer-Schüler-Gespräch gewinnen lässt. Dazu ist ein Vergleich der (beiden) grundlegenden Varianten eines Montageplanes notwendig. Um den Vergleich auf geeigneter Basis durchführen zu können, müssen sich die Lernenden mit den Vergleichsobjekten – also den Varianten – vertieft auseinandersetzen. Die Vergleichskriterien können – um den Prozess abzukürzen – vorgegeben und nicht weiter ausdifferenziert werden. Im Sinne des selbstständigen Lernens ist aber bei zur Verfügung stehender Zeit zu favorisieren, dass der Kreativität der Schülerinnen und Schüler freien Lauf gelassen wird. Das kann dann eine der interessantesten Stellen des Unterrichts werden, die auch für die Lehrkraft neue Erkenntnisse bringen könnte. Der Unterrichtende kann später immer noch Vergleichskriterien vorgeben, wenn wichtige Punkte von den Schülerinnen und Schülern übersehen werden. Aber auch dann wäre es besser, nur Anregungen zum Selbstentdecken zu geben.

Am Beginn und am Ende der Unterrichtseinheit wird die Leitfrage gestellt, wobei die zweite Antwort auf einem nun größeren Erfahrungshintergrund basiert. Daher ist auch eine Änderung des Meinungsbildes möglich, wenn nicht sogar zu erwarten.

Handlungsablauf

Die folgende Tabelle zeigt einen möglichen Handlungsablauf für das beschriebene Unterrichtsbeispiel.

Unterrichtsbeispiel 17: Remontage einer Hebelpresse

Nr.	Lernphase	Handlungsablauf	Aktions- und Sozialform	Medien und didaktische Materialien	Didaktische Hinweise
1	Einstieg mit Fallschilderung	Drei Lernende lesen eine Fallschilderung vor. Es werden Meinungen zur beschriebenen Situation eingeholt.	Plenum	Fallschilderug (dreimal ausgedruckt und zusätzlich als Folie)	
2	Intuitive Problemlösungsphase	Die in der Fallschilderung aufgeworfenen Fragen, was ein Montageplan ist und welche verschiedenen Formen es gibt, werden aufgenommen und das Lehrer-Schüler-Gespräch darauf fokussiert. Hierbei wird ggf. auf das Vorgehen nach „Versuch und Irrtum“ durch die Lernenden bei der erstmaligen (Re-) Montage der Hebelpresse verwiesen.	Plenum Lehrer-Schüler-Gespräch		
3	Systematisierung	Die Möglichkeiten, wie ein Montageplan aussehen kann, werden systematisiert. Dazu wird ggf. noch einmal auf die Anfangsschilderung zurückgegriffen. Die grundsätzlichen Möglichkeiten werden an der Tafel notiert. Es wird die Leitfrage herausgearbeitet, ob ein tabellarischer oder ein schematischer Montageplan geeigneter ist. Danach wird darüber abgestimmt, welche Variante die Schülerinnen und Schüler favorisieren. Das Ergebnis wird an der Tafel festgehalten.	Plenum Lehrer-Schüler-Gespräch	Tafel	Erwartet wird, dass aufgrund des geringeren Schreibaufwandes eine schematische Darstellung favorisiert wird.

4	Erarbeitungsphase	Ein Arbeitsauftrag (Arbeitsblatt 1) wird erteilt und besprochen. Dazu werden sechs Gruppen – möglichst nach dem Abstimmungsergebnis – eingeteilt. Allen Gruppen wird ein Objekt (oder ein Montageset) zur Verfügung gestellt. Jede Gruppe erarbeitet entsprechend der vorherigen Einteilung selbstständig einen Montageplan (Arbeitsblatt 2 und 3).	Gruppenarbeit	Arbeitsblatt 1 (Folie), Arbeitsblatt 2 und 3, Montageset	Ansage: 30 min. Zeit. Zu einem Struktogramm müssen gegebenenfalls Hinweise gegeben werden (siehe dazu z. B. in einem Fachbuch).
5	Präsentationsphase	Die Lernenden präsentieren ihre Ergebnisse. Im Anschluss einer jeden Vorstellung erhalten alle die Gelegenheit, Fragen zu stellen.	Plenum	Lösungserwartungen	
6	Vergleich und Ergebnissicherung	Die Schülerinnen und Schüler erhalten die Aufgabe einen Vergleich von tabellarischem und schematischem Montageplan durchzuführen. Dazu ermitteln sie zunächst Vergleichskriterien. Danach führen sie den Vergleich durch. Die Lösungen werden über ein Raster verglichen und systematisiert.	Plenum	Vergleichsraster auf Folie, Lösungserwartung	Unter Zeitdruck und bei nicht geeigneten Lernvoraussetzungen können die Vergleichskriterien vom vorbereitetem Vergleichsraster genutzt werden.
7	Zusammenfassung mit Ausblick	Es wird erneut die Bedeutung eines planvollen Vorgehens unterstrichen. Der Lernprozess und die Ergebnisse werden eingeschätzt. Es erfolgen ein Rückblick auf den eingangs geschilderten Fall sowie ein Hinweis auf nachfolgende Arbeiten mit den aufgestellten Plänen. Abschließend wird nach der favorisierten Variante für einen Montageplan gefragt und das Antwortverhalten mit dem Ergebnis am Beginn verglichen.		Fallschilderung (auf Folie)	
8	Didaktische Reserve	Die Unterlagen für die (Re-) Montage einer Baugruppe sind zusammenzustellen. Thematisiert werden daher: Zusammenbauzeichnung, Explosionszeichnung, Einzelteilzeichnung, Stückliste, Montageplan, Montageanleitung.			

Didaktische Materialien

Fallschilderung:
Pausengespräch mit dem Meister

Sprecher:	Der Meister kommt in den Pausenraum. Dort sitzt ein Auszubildender, liest Zeitung und isst sein Frühstücksbrot.
Meister:	Michael, wir haben ein Problem mit den 200 zerlegten Hebelpressen, die auf den Paletten an den Montageplätzen dahinten liegen.
Auszubildender:	Wieso ein Problem? Was soll da das Problem sein?
Meister:	Die müssen montiert werden, nachdem bei allen die Ständer getauscht werden mussten. Das müssen aber die Praktikanten machen. Dich brauch' ich in der Fräserei.
Auszubildender:	Das werden die beiden ja wohl packen.
Meister:	Ja, ... mag sein, aber es wäre besser, wenn Du den bei den hilfst! Alle Unterlagen sind weg, aber Du weißt ja wenigstens, wie es geht. Am besten ist, Du erstellst einen Montageplan.
Auszubildender:	Was ist denn ein Montageplan?
Meister:	Hast Du noch nie etwas von einem Montageplan gehört?
Auszubildender:	Nein, da kann ich mir nichts drunter vorstellen.
Meister:	Na, dann wird's ja Zeit. Ich gebe Dir als Beispiel gleich mal einen tabellarischen und einen schematischen Montageplan für ein anderes Gerät. Überleg' aber erst, welche Artvon Plan für die Hebelpresse am besten ist! Bis heute Nachmittag machst Du ihn dann fertig.
Auszubildender:	Ist in Ordnung.
Meister:	Denk dran, dass die Praktikanten auf den Plan warten und dass ich Dich noch in der Fräserei brauche! Melde Dich dort mit dem Plan, wenn Du fertig bist!
Auszubildender:	Geht klar.
Sprecher:	Der Meister geht kurz hinaus und kommt dann mit den beiden Plänen wieder.
Auszubildender:	Das ist ja eine ganze Menge Arbeit. Ich werde mir mal bei meinen Lehrkollegen Hilfe holen.

Arbeitsblatt 1:
Montageplan für eine Hebelpresse

Name: .... Klasse: .... Datum: ....

Lern- und Arbeitsaufgabe:

Erstellen Sie bitte in Gruppenarbeit einen (Re-)Montageplan, für die Hebelpresse! Verwenden Sie dabei die Bezeichnungen sowie die Positionsnummern aus der Stückliste! Sie können auch das Montageset nutzen.
Bereiten Sie eine Präsentation vor, bei der die Gruppe das Ergebnis vorstellt!
Sie haben hierfür insgesamt 30 Minuten Zeit.

Achten Sie bitte darauf, dass

- Sie sich vorher in der Gruppe verständigen, wer welche Aufgaben (z. B. Präsentieren) übernimmt,
- die Ergebnisse gut lesbar sind,
- Anfang und Ende der Präsentation deutlich erkennbar sind,
- aus der Klasse Fragen kommen können,
- Ihr Ergebnis überprüft werden kann, indem „fremde“ Personen nach Ihrem Plan die Hebelpresse montieren können müssen!

Notizen:

Arbeitsblatt 2:
Tabellarischer Montageplan für eine Hebelpresse

Name: .... Klasse: .... Datum: ....

Lern- und Arbeitsaufgabe:

Erstellen Sie bitte für die Hebelpresse einen tabellarischen Montageplan, und tragen Sie in diesen die Montageschritte mit den dazugehörigen Werkzeugen und Hilfsmitteln ein!

Tabellarischer Montageplan

lfd. Nr.	Montageschritte	Werkzeuge/Hilfsmittel

Lösungsblatt zum Arbeitsblatt 2:
Tabellarischer Montageplan für eine Hebelpresse

Name: .... Klasse: .... Datum: ....

Lern- und Arbeitsaufgabe:

Erstellen Sie bitte für die Hebelpresse einen tabellarischen Montageplan und tragen Sie in diesen die Montageschritte mit den dazugehörigen Werkzeugen und Hilfsmitteln ein!

Tabellarischer Montageplan

lfd. Nr.	Montageschritte	Werkzeuge/Hilfsmittel
1	*Das Fußstück (Pos. 2) mit dem Ständer (Pos. 3) mittels Senkschraube (Pos. 17) fügen.*	*Schraubendreher mit Schlitz*
2	*Baugruppe (Pos. 2, 3) mit der Grundplatte (Pos. 1) verbinden.*	*Sechskantschraubendreher, Schraubendreher*
3	*Handgriff (Pos. 7) mit Gabel (Pos. 4) verschrauben.*	
4	*Bogenstück (Pos. 8) auf Bolzen (12) der Gabel (Pos. 4) stecken.*	
5	*Baugruppe Gabel (Pos. 4, 7, 12, 13, 8) unter Verwendung der Bolzen (Pos. 11), der Zwischenstücke (Pos. 5), der Scheiben (Pos. 19) und der Splinte (Pos. 20) mit Ständer (Pos. 3) fügen.*	*Flachzange*
6	*Unterstempel (Pos. 22) in den Ständer (Pos. 3) einfügen und mit dem Gewindestift (Pos. 23) sichern.*	*Sechskantschraubendreher*
7	*Oberstempel (Pos. 21) in den Druckbolzen (Pos. 6) einfügen und mittels Gewindestift (Pos. 24) sichern.*	*Sechskantschraubendreher*
8	*Druckfeder (Pos. 9) auf den montierten Druckbolzen (Pos. 6, 24, 21) stecken.*	
9	*Montierten Druckbolzen (Pos. 6, 24, 21, 9) in die Druckbolzenführung des Ständers (Pos. 3) stecken.*	
10	*Gefügten Druckbolzen (Pos. 6) mit den Bogenstücken (Pos. 8) mittels Bolzen (Pos. 10), Scheibe (Pos. 19) und Splinte (Pos. 20) verbinden.*	*Flachzange*

Arbeitsblatt 3:
Schematischer Montageplan für eine Hebelpresse

Name: .... Klasse: .... Datum: ....

Lern- und Arbeitsaufgabe:

Erstellen Sie bitte für die Hebelpresse einen schematischen Montageplan als Struktogramm!

Schematischer Montageplan (Struktogramm):

Lösungsblatt zum Arbeitsblatt 3:
Schematischer Montageplan für eine Hebelpresse

Name: ....Klasse: .... Datum: ....

Lern- und Arbeitsaufgabe:

Erstellen Sie bitte für die Hebelpresse einen schematischen Montageplan als Struktogramm!

Schematischer Montageplan (Struktogramm):

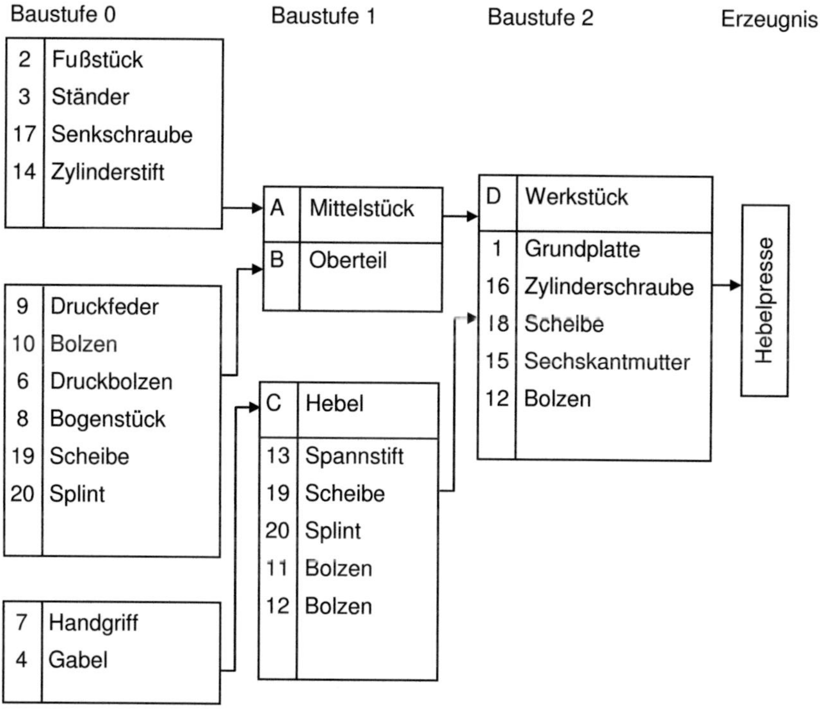

Die Montage geht von Baustufe 0 aus; für die Demontage wird vom Erzeugnis ausgegangen.

Vergleichsraster 1:
Möglichkeiten für einen Montageplan

Name: ....Klasse: .... Datum: ....

	tabellarischer Montageplan	schematischer Montageplan (Struktogramm)
Kurzbeschreibung		
Darstellungsform		
Vorteile		
Nachteile		
Anwendung		

Lösungserwartung zum Vergleichsraster 1: Möglichkeiten für einen Montageplan		
Name: ....Klasse: .... Datum:		
	tabellarischer Montageplan	**schematischer Montageplan (Struktogramm)**
Kurzbeschreibung	*Montageschritte, Werkzeuge und Hilfsmittel werden untereinander (nacheinander) aufgelistet*	*in einem Schema werden die Montageschritte in allen Baustufen erfasst*
Darstellungsform	*Tabelle mit* *- lfd. Nr.* *- Montageschritten* *- Werkzeugen/Hilfsmitteln* *- ggf. Montagehinweisen*	*Struktogramm*
Vorteile	*- konkrete Beschreibung mit Werkzeugen, Hilfsmitteln und ggf. Hinweisen* *- linear und chronologisch, dadurch „sichere“ (Re-) Montage*	*- gibt guten Überblick über Teil(re)montagen bzw. End(re)montage* *- vergleichsweise schnell erstellbar* *- wenig Schreibaufwand*
Nachteile	*- Schreibaufwand* *- für Überblick schwer nachvollziehbar, welche Teile zu Baugruppen gehören* *- parallel durchführbare Teil(re)montagen nicht erkennbar*	*- Werkzeuge und Hilfsmittel nicht aufgeführt (ebenso Montagehinweise)* *- durch Verzweigung Chronologie nicht klar erkennbar*
Anwendung	*für (Re-)Montage einfacher Gegenstände geeignet*	*eher für (Re-)Montage mehrstufig zusammengesetzter Gegenstände geeignet*

Vergleichsraster 2:
Möglichkeiten für einen Montageplan

Name: ....Klasse: .... Datum: ....

	tabellarischer Montageplan	**schematischer Montageplan**	
		Aufbau-übersicht (Stufen)	**Netzplan (Struktogramm)**
Kurzbeschreibung			
Darstellungsform			
Vorteile			
Nachteile			
Anwendung			

Lösungserwartung zum Vergleichsraster 2:
Möglichkeiten für einen Montageplan

Name: ....Klasse: .... Datum: ....

	tabellarischer Montageplan	**schematischer Montageplan**	
		Aufbau-übersicht (Stufen)	**Netzplan (Strukto-gramm)**
Kurzbe-schreibung	*Montageschritte, Werkzeuge und Hilfsmittel werden untereinander auf-gelistet*	*Baustufen werden ermittelt und diese aufgezeichnet*	*Montageschritte in allen Baustu-fen werden er-fasst*
Darstellungs-form	*Tabelle mit* *- lfd. Nr.* *- Montageschritte* *- Werkzeuge/ Hilfsmittel* *- ggf. Montagehin-weisen*	*Schema („Baum-struktur“)*	*Schema (Strukto-gramm)*
Vorteile	*- konkrete Angaben (Werkzeuge, Hilfs-mittel, ggf. Hin-weise)* *- linear, chronolo-gisch, dadurch „sichere“ Montage*	*- gibt Überblick über Teil(re)mon-tagen bzw. End(re)montage* *- rasch erstellbar* *- wenig Schreib-aufwand*	*- gibt Überblick über Teil(re)mon-tagen bzw. End(re)montage* *- rasch erstellbar* *- wenig Schreib-aufwand*
Nachteile	*- viel Schreibauf-wand* *- im Überblick schwer nachvoll-ziehbar, wie, was zusammenhängt*	*- Werkzeuge und Hilfsmittel nicht aufgeführt* *- Chronologie schwer erkennbar*	*- Werkzeuge und Hilfsmittel nicht aufgeführt* *- Chronologie schwer erkenn-bar*
Anwendung	*für Montage einfa-cher Gegenstände geeignet.*	*eher für Montage mehrstufig zusam-mengesetzter Ge-genstände geeignet*	*geeignet v. a., wenn zwischen Baugruppen- und End(re)montage unterschieden wird*

Reflexion der Unterrichtseinheit

Verläuft der Unterricht weitgehend entsprechend der Planungen und Erwartungen, ist ein hoher Grad an Selbstständigkeit der Lernenden zu erwarten, der gerade auch in der Gruppenarbeitsphase erreicht wird. Die auf eine Entscheidung zugespitzte Leitfrage wirkt auf die Lernenden in aller Regel sehr motivierend.

Als Problem kann sich bei der Unterrichtsdurchführung die Frage erweisen, wie viel Informationen den Lernenden über Möglichkeiten eines schematischen Montageplanes vorliegen müssen. Wird zunächst jedoch die Demontage und dort der Demontageplan behandelt, so erweist sich dieses als kaum noch problematisch. Anderenfalls können die Lernvoraussetzungen zu hoch angesetzt sein. Während sich die Lernenden unter einem tabellarischen Montageplan leicht etwas vorstellen können und mit dem selbsterklärenden Arbeitsblatt keinerlei Schwierigkeiten haben, stoßen sie manchmal bei einem schematischen Montageplan auf einige Schwierigkeiten. Alternativ bietet es sich dann an, eine kurze Informationsphase zwischenzuschalten. Dieses sollte allerdings nicht dazu führen, dass die Lernenden auf eine bestimmte Form der schematischen Darstellung gedrängt werden oder die Erarbeitungsphase, in der die Selbstständigkeit im Mittelpunkt steht, zu spät beginnt.

Unterrichtsbeispiel 18: Wiederinbetriebnahme einer Fräsmaschine

Unterrichtsverfahren: Wiederinbetriebnahmeaufgabe

Thematische Aspekte

Beim Analysieren bzw. Durchführen einer Wiederinbetriebnahme eines technischen Objektes stehen Tätigkeiten im Mittelpunkt, „die zum Ingangsetzen und zur korrekten Funktion von zuvor montierten und auf vorschriftsmäßige Montage kontrollierten Baugruppen, Maschinen und komplexen Anlagen zu zählen sind".[20] Aus einer ganzheitlichen arbeits- und technikdidaktischen Perspektive betrachtet, kann die Wiederinbetriebnahme als Bestandteil des Lebenszyklus technischer Geräte beschrieben werden. So kommt nach einer Instandsetzung der Fräsmaschine ihrer fachgerechten Wiederinbetriebnahme große Bedeutung zu.

Fräsmaschinen können zur technischen Standardausrüstung in Fertigungsstätten aller Art gezählt werden. Im Laufe der Zeit haben sich mit einer ständigen Erweiterung von Anforderungen und Einsatzgebieten auch die Anwendungsmöglichkeiten von Fräsmaschinen durchgehend flexibilisiert. Diese Merkmale machen die Wiederinbetriebnahme einer Fräsmaschine für selbstständiges, kooperatives Lernen und Arbeiten an beruflichen Lernorten attraktiv und didaktisch sinnvoll. Ganz allgemein lässt sich dabei feststellen: Die wachsende Komplexität von Bedienungs- und Verwendungsmöglichkeiten bei Fräsmaschinen hat den Anspruch an eine fachgerechte Wiederinbetriebnahme erhöht, was insbesondere dann gilt, wenn im Rahmen einer Instandsetzung eventuell auch eine Verbesserung erfolgt.

Berufliche Anforderungen an Fachkräfte bei der Wiederinbetriebnahme von Fräsmaschinen ergeben sich auf einer fachlichen Ebene zunächst an das grundlegende Verständnis der einzelnen Teile des Gerätes und deren Zusammenwirken im Bearbeitungsprozess. Hierin sind Kenntnisse über technische Voraussetzungen des Arbeits- und Umweltschutzes, aber auch im Umgang mit fachspezifischen Vorgehensweisen und Verfahren eingeschlossen, wie beispielsweise die Sicht- und Funktionsprüfung oder das Erstellen eines Wiederinbetriebnahme-Protokolls. Dabei können sich auch Ansprüche an ein erfahrungsbezogenes Arbeitswissen ergeben, wie etwa bei der fachgerechten Deutung von Laufgeräuschen. Eine Fachkraft muss nicht zuletzt dazu in der Lage sein, die gemachten Beobachtungen in protokollhafter Form zusammen-

[20] WEBER, KLAUS H.: Inbetriebnahme verfahrenstechnischer Anlagen – Praxishandbuch mit Checklisten und Beispielen. Berlin 2006, S. 1

zufassen und zu dokumentieren. Eine autonome und kooperative Durchführung der Wiederinbetriebnahme einer Fräsmaschine erfordert schließlich auch bestimmte fachspezifische und überfachliche soziale und personale Kompetenzen.

Die Wiederinbetriebnahmeaufgabe lässt sich am Beispiel einer Fräsmaschine sowohl im Detail als auch im ganzheitlichen Zusammenhang gut durchführen und darstellen. Aufgrund der relativ guten Überschaubarkeit des Lerngegenstandes lassen sich die erworbenen Kenntnisse und Wissensbestandteile in angepasster Form auf andere technische Geräte und Anlagen übertragen.

Lernvoraussetzungen

Im curricularen Zusammenhang lässt sich die Wiederinbetriebnahme einer Fräsmaschine nach einer Wartung, Instandsetzung oder Verbesserung – und auch die Inbetriebnahme technischer Geräte an sich – in die Rahmenlehrpläne industrieller Metallberufe (z. B. Lernfeld 4: „Warten technischer Systeme“) einordnen. Hier kann der Lernbereich „(Wieder-)Inbetriebnahme“ berufsspezifisch weiter differenziert werden – etwa im Lernfeld 8 des Berufes „Anlagenmechaniker/-in“ „Übergeben und Inbetriebnehmen von Anlagesystemen“.

Bei der Betrachtung eher fachlicher Lernvoraussetzungen wird deutlich, dass die Durchführung der vorliegenden Wiederinbetriebnahme einer Fräsmaschine etwa gegen Ende des zweiten Ausbildungsjahres sinnvoll erscheint. Zu diesem Zeitpunkt sind den Lernenden bereits die Grundbegriffe der Wartung, Inspektion und Instandsetzung von technischen Geräten geläufig. Sie sollten in der Lage sein, einfache technische Zeichnungen, Stücklisten, Betriebsanleitungen, Funktions- bzw. Montagebeschreibungen zu lesen sowie einfache Verfahren einer Funktionsprüfung durchführen und dokumentieren zu können.

Unterrichtsziele und angestrebter Kompetenzzuwachs

Mit Blick auf die thematischen Aspekte und die Lernvoraussetzungen können Erwartungen an den angestrebten Kompetenzzuwachs erörtert werden. Die folgenden Ausführungen sind bewusst eher allgemein gehalten, da sich die exakte Ausformung und Durchführung einer entsprechenden Unterrichtseinheit nach den Voraussetzungen einer spezifischen Lernendengruppe und der verfügbaren Lern- und Arbeitsumgebung richtet. Diese wiederum beeinflussen den erwartbaren Kompetenzzuwachs erheblich.

Durch die Wiederinbetriebnahme der Fräsmaschine bzw. das Erstellen einer Bedienungsanleitung zur Wiederinbetriebnahme können die Lernenden

- die Wiederinbetriebnahme der Fräsmaschine in ihren einzelnen Verfahrensschritten durchzuführen,
- verschiedene Aspekte, vor allem zur Arbeits- und Prozesssicherheit sowie zum Umweltschutz bei der Inbetriebnahme bedenken,
- die technischen Dokumente zur Wiederinbetriebnahme der Fräsmaschine verstehen sowie gegebenenfalls auch verbessern oder sogar selbst verfassen,
- die Wiederinbetriebnahme in den Kontext des Umgangs mit technischen Anlagen – Herstellung, Montage und Installation, Betrieb, Instandsetzung, Außerbetriebnahme usw. – einordnen und Zusammenhänge, z. B. zur Installation oder Remontage, erkennen,
- für den sorgsamen und verantwortungsbewussten Umgang mit Technik bei scheinbar routinemäßigen Tätigkeiten sensibilisiert werden sowie
- Technik und mit ihr verbundene Arbeit als gestaltbar erfahren sowie die Inbetriebnahme bewerten.

Auf einer fachlich-inhaltlichen Ebene sind die Lernenden in der Lage

- die Inspektion einer Fräsmaschine als Sichtprüfung durchzuführen, die Maschinentischhöhe, die Anschläge und Spindeldrehzahlen zu kontrollieren,
- die Standsicherheit des Gerätes auf dem Untergrund zu prüfen,
- die Tischlängsverstellung und die Tischvertikalverstellung zu überprüfen,
- Werkzeug und Werkstück einzuspannen,
- den Anfahrvorgang vorzubereiten,
- einen Dauerbetrieb zu überprüfen.

Die praktische Umsetzung der Unterrichtsidee befähigt die Lernenden auf einer fachlich-prozessualen Ebene dazu, die Wiederinbetriebnahme eines technischen Gerätes selbstständig und kooperativ zu planen, durchzuführen, zu bewerten und in der Form einer Bedienungsanleitung darstellen zu können.

Durch die selbstgesteuerte und kooperative Planung, Durchführung und Bewertung der Wiederinbetriebnahme einer Fräsmaschine

- erleben die Lernenden den kreativ-produktiven Umgang mit arbeitsplanerischen Freiräumen als Chance zur Selbstbestimmung,
- erfahren sie Selbstwirksamkeit bei ihrer Arbeit in der Gruppe (Integration und Konfrontation),
- entwickeln und verfeinern sie ihre Fähigkeiten im Umgang mit den Bedürfnissen und Befindlichkeiten anderer Menschen.

Didaktisch-methodische Struktur

Das Unterrichtsbeispiel ist besonders gut dazu geeignet, die Lernenden zu selbstständigem und kooperativem Lernen und Handeln zu motivieren und zu befähigen. Möglichkeiten etwa der freien Wahl, aber auch der Erweiterung bzw. des Wechsels des Lernvorgehens und vielleicht sogar der Lerninhalte, der Aktions- und Kooperationsformen und der Medien unterstützen dabei ein intrinsisch motiviertes Handeln.

Soll die Wiederinbetriebnahme einer Fräsmaschine Inhalt einer Unterrichtseinheit in der Instandhaltungsausbildung sein, ist sie unter didaktischen Gesichtspunkten zu detaillieren. Der instandhaltungsbezogenen didaktischen Entwicklung dieses Themas kommt vor allem dann besondere Relevanz zu, wenn dabei Aspekte der Kooperation und der Selbststeuerung von Lernenden herausgestellt werden sollen. Keinesfalls dürfen diese beiden Aspekte lediglich als allgemeinbildender „Appendix“ bezugslos zu fachlichen Ausdeutungen addiert werden. Günstigenfalls werden stattdessen technik- und arbeitsbezogene Lerngegenstände identifiziert, die neben einer berufsspezifischen auch eine hohe lebensweltliche Bedeutung aufweisen.

Von der planenden Lehrkraft und vor einem sachanalytischen Hintergrund sind zunächst technische und arbeitsgerichtete Wissensgrundlagen zu sichten, Kenntnisse darüber aufzufrischen oder zu vertiefen. Dazu gehören bei einer Fräsmaschine etwa die genaue Beachtung der Betriebsanleitung, das Einspannen von Werkzeug und Werkstück sowie die Berücksichtigung allgemeiner und maschinenspezifischer Sicherheitshinweise. Kenntnisse über diese Sachverhalte sowie über deren instandhaltungstechnischen Hintergründe und Zusammenhänge bilden die technik- und arbeitsbezogene Grundlage des didaktischen Planungsvorgehens.

Diese genannten Informationen und Inhalte sind in einem weiteren Schritt so auszuwählen und zu entwickeln, dass insbesondere Aspekte der Selbststeuerung und Kooperation von Lernenden realisierbar erscheinen. Günstigenfalls werden die Planungsschritte von den Lernenden selbst unternommen. Die Schülerinnen und Schüler werden bei entsprechender Aufgabenstellung sowie Methoden- und Medieneinsatz dazu angehalten, in der konkreten Beschäftigung mit dem Lerngegenstand „Fräsmaschine“ und mit Blick auf die Aufgabenstellung „Wiederinbetriebnahme“ eine Bedienungsableitung für diesen Vorgang zu entwerfen, in der eben diese Inhalte enthalten sind.

Aus einer inhaltsstrukturierenden Perspektive gesehen sind die oben aufgeführten Vorgänge in einer Art Vorgehensablauf zu organisieren, nach dem eine Wiederinbetriebnahme einer Fräsmaschine erfolgen könnte. Einzubetten und zu erweitern wären diese im Rahmen eines handlungsorientierten Vorgehens in der Abfolge von Einstieg und Aufgabenanalyse, dem Setzen von Prioritäten und der Suche von Lösungsvarianten, dem Variantenvergleich sowie einer Auswertung bzw. auch einem Ergebnistransfer. Diese auf dem Handlungsprinzip aufbauende Struktur zielt in direkter Weise auf die Verinnerlichung eines reflektiven und konstruierenden Lernvorgehens, das selbsttätig nicht nur im Berufs-, sondern ebenso im Lebensalltag bedeutsam sein kann.

Auswahl, Detaillierung und Strukturierung der Lerninhalte liegen somit bereits weitgehend in der Hand der Lernenden, die einen wesentlichen Bereich des Umgangs mit Lerninhalten selbst steuern. Eine Interaktion zwischen den Lernenden ist daneben über die Kooperation in einzelnen Lerngruppen sowie auch lerngruppenübergreifend – etwa durch Präsentation und Optimierung – zu sichern, was insgesamt auch beruflichen Charakter aufweist. So zeigt sich bereits hier, dass selbsttätige und interagierende Elemente in der Instandhaltungsausbildung nicht nachträglich „aufgestülpt“ werden, sondern sich direkt aus berufsfachlichen und didaktischen Notwendigkeiten ergeben.

Je nach Lernvoraussetzungen der Schülerinnen und Schüler können unterschiedliche Komplexitätsanpassungen erfolgen, in die wiederum die Lernenden selbst eingebunden werden. Die Fräsmaschine gibt dafür viele Möglichkeiten, die je nach Interesse und Anspruch der Lernenden ausgeschöpft werden können. In diesem Zusammenhang wäre im Vorfeld der Wiederinbetriebnahmeaufgabe etwa die Länge der Bearbeitungszeit, der genaue Umfang der zu erwartenden Arbeitsergebnisse und deren Dokumentation oder auch die Bearbeitungstiefe zu diskutieren und festzulegen bzw. im Bearbeitungsverlauf anzupassen. Eine systematische Einbeziehung von Lernenden in dieses Planungsvorgehen erfordert etwas Übung und organisatorische Arbeit sowohl auf der Seite der Lernenden als auch bei der Lehrkraft. Sie birgt zugleich aber die Option, Lernende an die Selbsteinschätzung ihrer persönlichen Produktivität bzw. an die Bemessung ihrer Gruppen-Arbeitsleistung heranzuführen – ebenfalls also die Möglichkeit einer Integration von Selbsttätigkeit und Kooperation in der Instandhaltungsausbildung.

Handlungsablauf

Die folgende Tabelle zeigt eine Möglichkeit zur didaktisch-methodischen Planung, Gestaltung und Durchführung der Unterrichtseinheit.

Unterrichtsbeispiel 18: Wiederinbetriebnahme einer Fräsmaschine

Nr.	Lernphase	Handlungsablauf	Aktions- und Sozialform	Medien und didaktische Materialien	Didaktische Hinweise
1	Einstieg mit Problemstellung	Den Lernenden wird die Maschine in der Werkstatt gezeigt. Als Arbeitsauftrag wird vorgestellt: Für eine Wiederinbetriebnahme der Maschine nach einer bereits erfolgten Instandsetzung sollen die Lernenden eine „Bedienungsanleitung“ erstellen.	Vortrag zweier Lernender	Fräsmaschine, Arbeitsblatt, evtl. Computer und Beamer	Zusätzlich zur Originalmaschine können weitere Unterlagen die Aufgabenstellung verdeutlichen. Es wird klar, dass die Aufgabe weitestgehend in selbstständiger Arbeit in Gruppen zu bearbeiten ist.
2	Aufgabenanalyse, intuitive Phase	Die Aufgabenstellung wird in der Gruppe ausführlich besprochen und analysiert: Was ist zu beachten, und welche Schritte sind für die Wiederinbetriebnahme der Fräsmaschine notwendig? Die intuitiv geäußerten Lösungsvorschläge werden an der Tafel gesammelt.	Arbeit in Gruppen Diskussion	Fräsmaschine, Tafel, evtl. Computer und Beamer	Zunächst ist keiner der intuitiv geäußerten Ideen ohne eine systematische Überprüfung der Vorzug zu geben. In dieser Phase werden zugleich Sicherheitsaspekte angesprochen.
3	Planung der Auftragsbearbeitung	Es werden Kriterien zur Auswahl von Lösungsvorschlägen festgelegt, die weiter verfolgt werden. Zu klären ist dabei die Genauigkeit und der Umfang der Bedienungsanleitung für die Wiederinbetriebnahme der Fräsmaschine.	Arbeit in Gruppen und Diskussion	Fräsmaschine, Tafel	Kriterien, wie z. B. Aspekte der Arbeitseffizienz, der Wirtschaftlichkeit oder Arbeitssicherheit, erleichtern den Lernenden, Prioritäten zu setzen. Spätestens hier ist auch über die Dokumentationsform nachzudenken, die verbildlicht werden soll.

4	Suche und Prüfung von Lösungsvarianten	Auf der Basis des Arbeitsblattes werden verschiedene Inbetriebnahmevorschläge selbstständig ausgearbeitet, an der Fräsmaschine überprüft (ohne die Maschine bereits real in Betrieb zu nehmen) und zu einer Bedienungsanleitung für die Wiederinbetriebnahme gefügt.	Arbeit in Kleingruppen	Fräsmaschine, Geräteanleitungen, Werkzeug und Arbeitsmaterial, Computer	Im Gegensatz zum Versuch-Irrtum-Prinzip erfordert das Erstellen einer Bedienungsanleitung stärker sprachliche und symbolisch-bildhafte Transferleistungen. Die Lehrkraft hält sich im Hintergrund und unterstützt allenfalls moderierend.
5	Wiederinbetriebnahme mit Variantenvergleich	Im Plenum werden die Gruppenergebnisse in direkter Bezugnahme zur bereitstehenden Fräsmaschine präsentiert und gemeinsam diskutiert. Die Inbetriebnahme wird von den Arbeitsgruppen während der Präsentation vorgenommen. Auf eine Dokumentation ist zu achten. Für den Probelauf wird als Prüfstück ein Doppel-T-Profil verwendet (s. Arbeitsblatt). Das Prüfstück muss fest und sicher gespannt werden. Die Lehrkraft weist darauf hin, dass die Maschine nur nach Rücksprache eingeschaltet werden darf.	kooperative Präsentation im Plenum	Fräsmaschine, Computer, Beamer, Arbeitsblatt	Es wird deutlich, dass ein Arbeitsziel in Kleingruppen auf unterschiedlichen Wegen erreicht werden kann. Die Varianten werden von den Gruppen gegebenenfalls per Beamer verbildlicht. Die Schülerinnen und Schüler führen ein Inbetriebnahmeprotokoll.
6	Ergebnissicherung, Auswertung und Transfer	In der Auswertung wird eine optimale Anleitung für die Wiederinbetriebnahme einer Fräsmaschine ausgewählt bzw. aus unterschiedlichen Varianten zusammengestellt und von den Lernenden in der Unterlagen festhalten. Es wird ein Vergleich mit der Bedienungsanleitung des Herstellers vorgenommen. Eine Wiederinbetriebnahme wird im Sinne eines Transfers zudem am Beispiel der Fräsmaschine vom Informationsblatt durchgeführt.	Diskussion und Zusammenarbeit in Kleingruppen	Beamer, Lernfeldhefter der Schülerinnen und Schüler, Informationsblatt	Denkanstöße, z. B. inwieweit sich die gewonnenen Erkenntnisse und Ergebnisse auch auf andere Geräteinbetriebnahmen übertragen lassen, können abschließend thematisiert werden.

Didaktische Materialien

Arbeitsblatt:
Wiederinbetriebnahme einer Fräsmaschine

Name: .... Klasse: .... Datum: ....

Ausgangssituation:

Nach einer Instandsetzung soll die vor Ihnen stehende Fräsmaschine wieder in Betrieb genommen werden. Dazu gehören unterschiedliche Teilschritte, wie beispielsweise das Prüfen, ob der Maschinentisch fest eingestellt ist, die Kontrolle der Spindeldrehfrequenzen bzw. -zahlen, das Ergründen und Ausschalten bzw. Vermindern von Vibrationen und unerwünschten Geräuschen, ein Probelauf, das Überprüfen der Standfestigkeit usw. Enorm wichtig ist bei alledem die Arbeitssicherheit.

Lern- und Arbeitsaufgabe:

Erarbeiten Sie bitte selbstständig und zusammen in Ihrer Kleingruppe eine Bedienungsanleitung für die Wiederinbetriebnahme der Fräsmaschine!

- Sammeln, benennen und beschreiben (bzw. analysieren) Sie zunächst alle notwendige Teilschritte zur Wiederinbetriebnahme der Fräsmaschine!
- Ordnen Sie die Teilschritte bitte zu einer sinnvollen Abfolge!
- Für einen Probelauf soll auf einem Doppel-T-Profil von 150 mm Länge eine Fläche plangefräst werden.

Tipps zur selbstständigen und kooperativen Bearbeitung:

Verteilen Sie bitte alle anfallenden Aufgaben unter den Gruppenmitgliedern! Legen Sie einen Zeitplan fest: Zu welchem Zeitpunkt soll welche Teilaufgabe erledigt sein? Einigen Sie sich schon zu Beginn Ihrer Arbeit auf Art und Form der anschließenden Ergebnisdokumentation (z. B. Plakat, Folie, Beamer)! Vor dem Probelauf ist eine Abnahme durch die Lehrkraft vorzunehmen.

Darstellungsbeispiel (verkleinert): Bedienungsanleitung für die Wiederinbetriebnahme:

Nr.	Arbeitschritte	Bemerkungen

Lösungsvorschlag zum Arbeitsblatt:
Wiederinbetriebnahme einer Fräsmaschine
(Bedienungsanleitung zur Wiederinbetriebnahme)

Name: .... Klasse: .... Datum: ....

Die folgende Lösung ist als Beispiel bzw. „Erwartungshorizont“ einer Wiederinbetriebnahmeaufgabe zu verstehen. Je nach Aufgabenstellung, Lernvoraussetzungen sowie -umgebung, gewähltem Maschinenfabrikat etc. können die Lerngruppen durchaus auch zu veränderten und anderen Arbeitsergebnissen gelangen.

Nr.	Arbeitsschritte	Bemerkungen
1	*Bereitstellen der Fräsmaschine*	*Inbetriebnahmeprotokoll bereitlegen*
2	*Prüfen der Arbeitsumgebung*	*Ordnung, Sauberkeit, dabei auch Vorhandensein z. B. von Sanitätskasten, Telefon, Wartungs- und Bedienbüchern*
3	*Inspizieren des Gerätes als Sichtprüfung*	*besonders auf Einrichtungen des Arbeitsschutzes achten*
4	*Prüfen der Standsicherheit auf dem Untergrund*	
5	*Probebewegen von Maschinentisch und Spindelknopf*	*Maschine bleibt zunächst aus*
6	*Prüfen des Not-Aus-Schalters*	
7	*Einspannen des Werkzeuges*	
8	*Überprüfen weiterer Einzelfunktionen*	
9	*Prüfen der Spindelbewegungen bei verschiedenen Drehzahlen (ohne Last)*	
10	*Einspannen des Werkstückes*	*Abnahme der vorbereitenden Arbeiten durch die Lehrkraft*
11	*Anlaufenlassen mit eingespanntem Werkzeug*	
12	*Fertigen der Prüffläche*	
13	*Überprüfen der Leistungsfähigkeit im Dauerbetrieb*	
14	*Abschließen des Inbetriebnahmeprotokolls*	

Informationsblatt:
Universal-Werkzeug-Fräsmaschine

Name: .... Klasse: .... Datum: ....

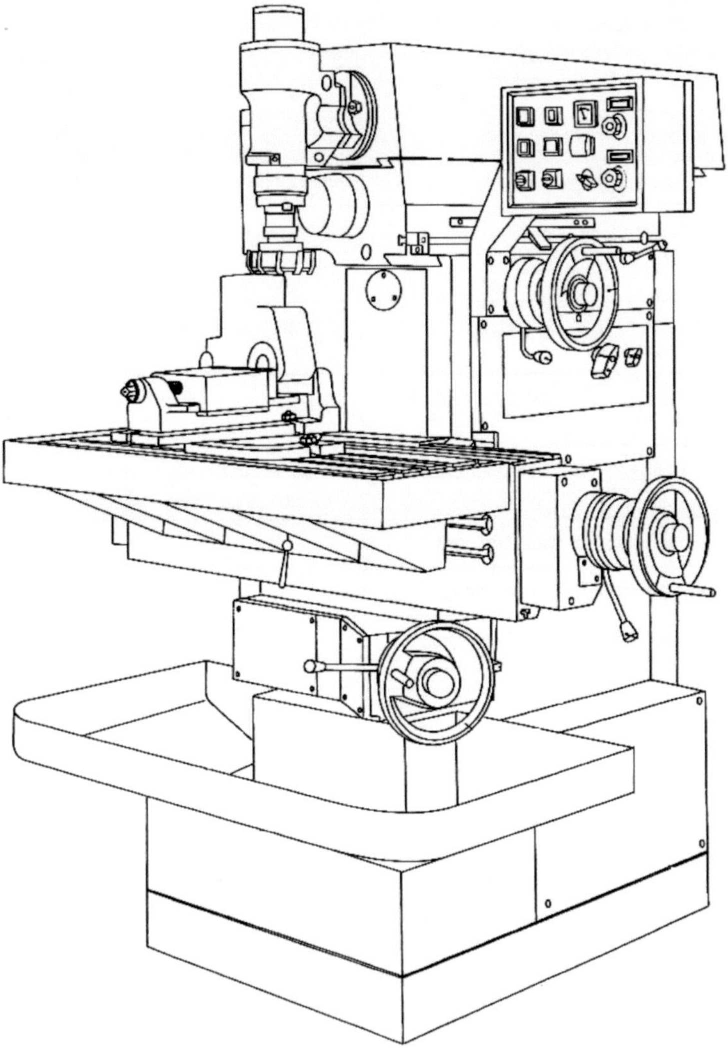

Reflexion der Unterrichtseinheit

Aus einer zunächst rein fachlichen Perspektive betrachtet und unter Bezugnahme auf Begriffe für Tätigkeiten zum Betreiben von Maschinen (DIN 32 541) und zur Instandhaltung (DIN 31051) wird schnell ersichtlich, dass das Einrichten, d. h. Justieren, Programmieren und Umrüsten, eng mit dem Wiederinbetriebnehmen technischer Geräte, Maschinen und Anlagen verbunden ist. Durch das technisch richtige Wiederinbetriebnehmen kann sich ein professioneller Umgang mit der Technik erst verstetigen. Fehlbedienungen, vorzeitiger Verschleiß, unnötige Instandsetzungen und Unfälle können durch eine fachgemäße und fachgerechte Wiederinbetriebnahme vermieden werden. Deutlich wird, dass die heutige technisch bestimmte Welt nicht nur ein ansatzweises Verständnis für die Funktionszusammenhänge technischer Artefakte erfordert – es sollte darüber hinaus auch ein sinnvoller und schonender Umgang mit Ressourcen erlernt werden. Das Wiederinbetriebnehmen technischer Geräte, Maschinen und Anlagen stellt damit besondere Anforderungen an die Nutzer. Inbetriebnahme – Erstinbetriebnahme oder Wiederinbetriebnahme – als sachgerechte, funktionale und verantwortungsbewusste Tätigkeit sollten daher beim beruflichen Lernen unbedingt thematisiert werden.

Elementare Grundprinzipien der Wiederinbetriebnahme, die bereits exemplarisch an weniger komplexen Aufgaben erlernbar sind, können darüber hinaus auf „unbekannte“ hochkomplexe, wenig durchschaubare Geräte, Maschinen und Anlagen übertragen werden. Beim Transferieren muss dennoch auf das steigende Risiko einer eventuellen Fehlbedienung und damit auf zunehmende Verantwortung bei der Wiederinbetriebnahme verwiesen werden.

Bei einer unterrichtlichen Thematisierung der Wiederinbetriebnahme einer Fräsmaschine dürfen Bildungsaspekte keinesfalls hinter Elementen einer fachlichen Qualifizierung zurücktreten bzw. diesen sogar nur „angehängt“ werden. Vielmehr lassen sich durch ein instrumentelles, strategisches und kommunikatives Handeln im lernenden Prozess des Wiederinbetriebnehmens eines Gerätes auch ebensolche Kompetenzen bei den Lernenden entwickeln. Aspekte der Kommunikation und Kooperation unter den Lernbeteiligten lassen sich dabei in eher unterrichtsorganisatorischen Zusammenhängen thematisieren. Elemente einer gezielten Lernenden-Selbststeuerung können dagegen bereits in der Planung beruflichen Lernens verankert werden: Es zeigte sich, dass Lernende schon bei der inhaltlichen Planung der Aufgabenstellung einbezogen werden können, d. h., die Auswahl, die Strukturierung und die Komplexitätsanpassung von Lerninhalten weitgehend selbst bestimmen, ein Akt der Selbststeuerung, durch den der lernende Umgang mit eher technischen Inhalten Bildungsrelevanz erhält. Erweitern und vertiefen lassen sich diese Überlegungen und Intentionen auch durch Verknüpfungen methodischer Art. Gerade mit Blick auf die Fassbarkeit des Lerngegenstandes „Fräsmaschine“ können weitere Themen der Instandhaltungsausbildung vertieft werden. So bietet sich in einem unterrichtsmethodischen Zusammenhang beispielsweise auch die anschließende Wartung einer Fräsmaschine im Verfahrenskontext der „Wartungsaufgabe“ an.

Bei einer Gesamtbewertung der Bildungsmöglichkeiten des Themenbereiches und der Aufgabenstellung „Wiederinbetriebnahme einer Fräsmaschine“ wird deutlich, dass sich hier nicht nur arbeits- und technikbezogene Elemente, sondern insbesondere auch Aspekte der Selbststeuerung und der Kooperation von Lernenden didaktisch vertiefen lassen. Diese Tatsache stellt einen nicht zu unterschätzenden Bildungswert für viele Bereiche der Berufs- und Lebenswelt von Heranwachsenden dar. Im Lernbereich von Arbeit und Technik sollte sich der heute erweiterten Bedeutung der Wiederinbetriebnahme technischer Maschinen, Geräte und Anlagen gestellt werden. Hierfür kann das vorgelegte didaktisch-methodische Konzept berücksichtigt sowie lernortbedingt ausdifferenziert werden.

Unterrichtsbeispiel 19: Schadensanalyse an einer CNC-Werkzeugmaschine[21]

Unterrichtsverfahren: Schadensanalyse

Thematische Aspekte

Der Ausfall von Anlagen, Maschinen, Aggregaten und Geräten stellt Unternehmen immer wieder vor neue Probleme. Konkrete Lösungen und Abhilfe können jedoch „nur dann eingeleitet werden, wenn die Schadensursachen durch Untersuchungen aufgeklärt werden“ (VDI 3822, 2004, Blatt e, S. 2). Zur Beurteilung der Ausfallgründe kann eine Schadensanalyse hilfreich sein, denn hierdurch sollen die Ursachen für das Versagen von Werkstoffen, Bauteilen bzw. für fehlgeleitete Bearbeitungsprozesse aufgedeckt werden. „Die sich hieraus ergebenden Erkenntnisse bilden die Grundlage gezielter Maßnahmen zur Schadensabhilfe und -verhütung.“ (ebd.)

Ein „Crash“ an einer CNC-Werkzeugmaschine und die Bedeutung einer an einem entsprechend konkreten Beispiel durchzuführenden Schadensanalyse stellen einen Ausschnitt aus der Produktions- und Berufswelt dar.[22] In diesem finden sich exemplarische Aspekte und Prinzipien wieder, die sich auf komplexe technische Systeme übertragen lassen. Hier sind anhand gängiger Vorgehensweisen Untersuchungsergebnisse anzustreben, wobei nicht nur technische und ökonomische Fragen, sondern beispielsweise auch Aspekte der Betriebssicherheit und des Umweltschutzes bedeutsam sind. Ebenso kann eine Schadensanalyse am konkreten Beispiel aus der CNC-Maschinentechnik systematische Denkleistungen fordern. So ist auch die Richtigkeit der Analyseresultate wesentlich abhängig vom Wissen über die Bezüge zwischen Funktion und Zustand technischer Systeme in diesem Bereich.

Werden während des Unterrichts entsprechende für diese Lernenden auf Grund ihrer Erfahrungen als relevant eingeschätzte Handlungs- und Problemsituationen thematisiert oder angesprochen, so zeigt sich häufig ein gesteigertes Interesse der Lernenden. Aufgrund von solchen positiven Erfahrungen erscheinen gezielte didaktisch-methodische Überlegungen zur Schadensanalyse als ein Vermittlungsansatz beruflichen Lernens sinnvoll.

[21] Dieses Unterrichtsvorhaben wurde auf der Grundlage der berufsdidaktisch transformierten Schadensanalyse von Maike-Svenja Pahl (2006) sowie mit deren Unterstützung entwickelt und erprobt. PAHL, M.-S.: Schadensanalyse – Ein neuer Unterrichtsansatz. In: lernen & lehren, 22. Jg. (2007), Heft 86, S. 69-73

[22] Im vorliegenden Fall wurden bei einem Fertigungsvorgang zwei Saugadapter zerstört, die das plattenförmige Werkstück auf dem Bearbeitungstisch fixierten. Aufgabe ist es, die Ursache für diesen Crash zu ergründen.

Besonders zu berücksichtigen ist dabei eine Herangehensweise für die Durchführung einer Schadensanalyse, die inzwischen vom Verein Deutscher Ingenieure detailliert aufgearbeitet worden ist und mit der „die zu erfassenden Angaben zum Schadensfall sowie die wichtigsten Untersuchungsmethoden“ (VDI 3822, 2004, Blatt 1, S. 4) systematisiert wurden. Das darauf gründende Ablaufschema ist zweifellos auch für berufliches Lernen bedeutsam, denn es kann nicht immer davon ausgegangen werden, dass sich vor allem mit der Analyse kleinerer und häufiger vorkommender Schadensfälle in der Betriebspraxis nur Ingenieure befassen. Eine solche Aufgabe reicht vielmehr in den Verantwortungsbereich des Facharbeiters hinein. Diesem jedoch ist ein in sich geschlossenes und technisch fundiertes Schema bekannt zu machen bzw. zu vermitteln, anhand dessen eine systematische Schadensanalyse auch gelingt.

Auf dieser Basis lässt sich das prozessuale Moment der Schadensanalyse als Gegenstand von Ausbildung bzw. Unterricht mit Methoden des Erkenntnisgewinns unter berufspädagogischen Gesichtspunkten verbinden. So bietet sich der in der VDI-Richtlinie 3822 dargelegte Vorgang zur Durchführung der Schadensanalyse an, der über die Schritte „Schadensbeschreibung“, „Bestandsaufnahme“, „Schadenshypothese“, „Einzeluntersuchungen“, Untersuchungsergebnisse“, „Schadensursache“, „Schadensabhilfe“, „Bericht“ und „Dokumentation“ (VDI 3822, 2004, Blatt 1, S. 5) die fachlich-inhaltliche Prozessstruktur bestimmt (Abb.). Mit dem „Prinzip der fachlichen Entsprechung“[23] erhält man durch die Verknüpfung fachlicher Kategorien mit lernpsychologischen und berufspädagogischen Momenten im makromethodischen Bereich ein spezifisches Unterrichtsverfahren. Eine Ausformung davon ist die Schadensanalyse für den beruflichen Unterricht.

[23] OTT, H./REIP, H./ISBERNER, D.: Planung, Analyse und Beurteilung von Unterricht. Bad Homburg 1995, S. 204

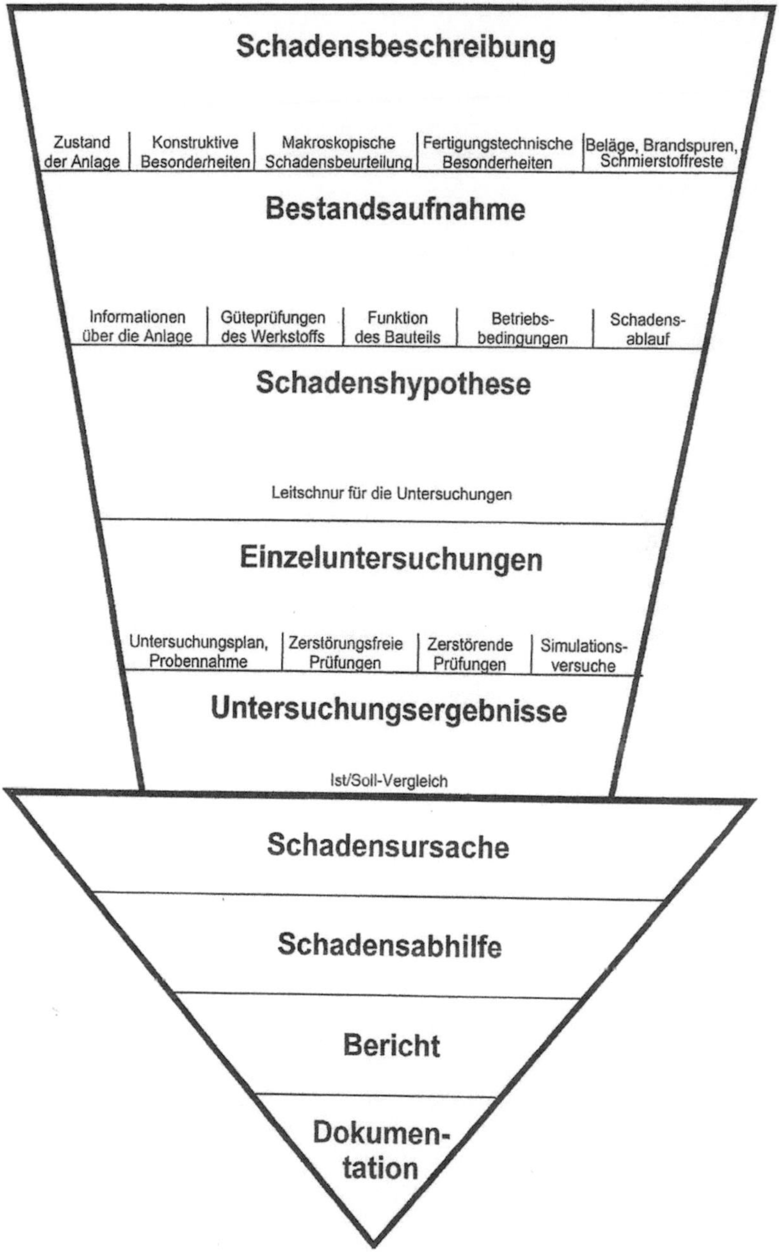

Abb.: Durchführung einer Schadensanalyse (VDI 3822, 2004, Blatt 2, S. 5)

Lernvoraussetzungen

Im curricularen Zusammenhang ist die vorliegende Schadensanalyse nach einem Bedienungs- bzw. Programmierfehler an einer CNC-Werkzeugmaschine in einem höheren Ausbildungsjahr möglich, wenn die Schülerinnen und Schüler das Grundwissen über die Programmierung einer rechnergestützten Maschine haben. Den Lernenden sollten somit nicht nur Grundbegriffe der Wartung, Inspektion und Instandsetzung von technischen Geräten geläufig sein. Sie sollten zudem in der Lage sein, neben technischen Zeichnungen, Stücklisten, Betriebsanleitungen, Funktions- bzw. Montagebeschreibungen auch einfache Programme für CNC-Maschinen lesen, verstehen sowie analytische Verfahren durchführen und dokumentieren zu können.

Der an der Schadensart ausgerichtete problemorientierte Ansatz erfordert somit analytische Denkleistungen und systematische Handlungsfähigkeiten. Motiviert zeigen sich die Lernenden eben dann, wenn das Gerät, das untersucht werden soll – in diesem Fall eine CNC-Maschine –, aus dem näheren Umfeld ihrer Arbeit oder Ausbildung stammt.

Für die Lehrkraft kommt es darauf an, typische Schäden im Vorfeld einer genauen Analyse zu unterziehen. Diese Analyse ist die entscheidende Voraussetzung dafür, Lerngegenstände und -inhalte so aufzubereiten, dass eine selbstständige, kooperative Aufgabengestaltung ermöglicht werden kann. Der Lehrkraft ist es dazu freigestellt, das Artikulationsschema nach Bedarf und Situation variabel zu gestalten.

Unterrichtsziele und angestrebter Kompetenzzuwachs

Schadensanalysen im Rahmen beruflichen Lernens zielen auch im Bereich „Instandhaltung“ auf den selbstbestimmten Umgang mit Analysegegenständen ab, über die in kooperativer Form ein definierter Bereich realer Arbeits- und Lebensumwelt erschlossen werden soll. Im konkreten Fall der Schadensanalyse im Bereich der CNC-Werkstückbearbeitung sollen die Lernenden

- das Schadensbild beschreiben die Schadensart sowie den Schadensumfang in einer Bestandsaufnahme festhalten,
- Schadenshypothesen als Leitfaden für die Einzeluntersuchungen aufstellen,
- Schadensursachen feststellen und Bedingungen der Schadensabhilfe und Schadensverhütung in einem Schadensbericht formulieren sowie
- diese Schritte kooperativ und weitestgehend selbstständig planen und umsetzen können.

Didaktisch-methodische Struktur

Für die Grobstruktur einer entsprechenden Lerneinheit bietet sich eine Unterteilung in drei Phasen an:

Einstieg: In dieser Phase wird der Schadensfall vorgestellt und das damit verbundene Problem aufgezeigt.

Hauptteil: Im Mittelpunkt dieser Phase steht die eigentliche Schadensanalyse, d. h. die Bestimmung der Schadensursache. Erarbeitet wird dazu eine Schadensbeschreibung mit Bestandsaufnahme und Schadenshypothese. Danach werden Einzeluntersuchungen durchgeführt und die Gesamtuntersuchungsergebnisse festgehalten.

Schlussteil: Die Schadensabhilfe wird festgelegt. Ein Bericht oder eine Dokumentation und Auswertung werden vorgenommen. Außerdem wird geprüft, inwieweit sich die gewonnenen Erkenntnisse auf andere Schadensfälle übertragen lassen.

Handlungsablauf

Grundsätzlich gilt, dass es sich bei der nun folgenden tabellarischen Strukturierung um Vorschläge zum Ablauf der vorzunehmenden Schadensanalyse handelt. Sie sollte in Abhängigkeit vorliegender Lern- und Arbeitsbedingungen (Lernvoraussetzungen, Anzahl der Lernenden, Besonderheiten der Arbeitsumgebung etc.) verändert oder ergänzt werden.

Unterrichtsbeispiel 19: Schadenanalyse an einer CNC-Werkzeugmaschine

Nr.	Lern-phase	Handlungsablauf	Aktions- und Sozial-form	Medien und didaktische Materialien	Didaktische Hinweise
1	Einstieg durch Scha-densschil-derung	Die Schülerinnen und Schüler werden mit einem Bericht über einen Crash an einer CNC-Maschine konfrontiert. Sie erhalten die Gelegenheit, sich dazu zu äußern.	medial gestützter Vortrag und Unterrichtsgespräch	Folie: Foto des beschädigten Bauteils/ Schadensmeldung	Das „Crash"-Szenario besitzt Aufforderungscharakter, sodass sich die Lernen damit befassen wollen. Der medial aufbereitete Schaden motiviert und weckt das Interesse für den nun folgenden Analyse- und Lernprozess.
2	Intuitive Überlegungen zur Schadensursache	Die Lernenden werden aufgefordert, auf der Grundlage der vorliegenden Informationen spontane und intuitive Versuche zu unternehmen, den Schaden abzuschätzen und mögliche Gründe dafür zu benennen. Sie bringen Vorschläge zur Untersuchung der Schadensursache ein. Die Leitfrage für diese und die nachfolgenden Phasen lautet: Ist der vorliegende Schaden durch eine fehlerhafte Instandsetzung oder durch einen Bedienungsfehler entstanden?	Unterrichtsgespräch und/oder Gruppenarbeit	Folie: Foto des beschädigten Bauteils/ Schadensmeldung	Nach ersten Schritten im Versuch-Irrtum-Prinzip und mit Blick auf die Vordrucke in ihren Unterlagen erkennen die Lernenden, dass ein systematisches Vorgehen von ihnen gefordert ist.

3	Schadensbeschreibung und Bestandsaufnahme	In den Lernendengruppen werden mit Hilfe der verfügbaren Vordrucke Schadensbeschreibungen erarbeitet und detaillierte Bestandsaufnahmen vorgenommen. Hierzu sind auch grundlegende Informationen über die Merkmale und Besonderheiten der Maschine sowie des Planungs- und Fertigungsprozesses und auch zum Schadenshergang erforderlich.	Gruppenarbeit	Unterlagen zur Programmierung und Bedienung der Maschine, Vordrucke	Aufgrund von auftretenden Schwierigkeiten werden die Lernenden eventuell feststellen, dass weitere Informationen eingeholt werden müssen. Wenn sich für die Schülerinnen und Schüler Informationslücken zeigen, wird ein Impuls zum Sammeln von Informationen gegeben.
4	Aufstellen von Schadenshypothesen	Die Lernenden formulieren Hypothesen zum Schadenshergang und zu möglichen Schadensursachen.	Gruppenarbeit	Unterlagen zur Programmierung und Bedienung der Maschine, Vordrucke	Diese Phase ist insbesondere dann erforderlich, wenn die Lernenden nicht genügend Vorwissen über das Objekt aufweisen.
5	Einzeluntersuchungen und Untersuchungsergebnisse zum Schaden	Die Lernenden untersuchen in Gruppenarbeit die vorher erkannten Ursachen. Die aufgestellten Schadenshypothesen werden überprüft.	Gruppenarbeit		Die Untersuchung kann mit Hilfe von Versuchen geschehen. So können auch Probeläufe an der CNC-Maschine vorgenommen werden.

6	Bestimmung der Schadensursache	Die von den Schülergruppen erarbeiteten Untersuchungsergebnisse werden verglichen. Im Plenum wird die Schadensursache mit Hilfe der Untersuchungsergebnisse festgelegt. In dieser Phase wird auch – verbindlich für alle – die Leitfrage beantwortet.	Präsentation im Plenum	Unterlagen zur Programmierung und Bedienung der Maschine, Vordrucke	Gehen die Lernenden systematisch bei der Schadensanalyse vor, stellen sie fest, dass ein Programmfehler (fehlende Nullpunktverschiebung in der Z-Achse um die Höhe der Saugadapter) den Schaden verursacht hat.
7	Bericht, Dokumentation, Auswertung und Ausblick	Die Schülerinnen und Schüler dokumentieren die Schadensanalyse und erstellen einen Bericht über die Schadensursache. Im Abschlussgespräch werden die einzelnen Verfahrensschritte betrachtet und Vorschläge zur zukünftigen Schadensvermeidung sowie für eine nachfolgende Instandsetzungs- oder Verbesserungsaufgabe unterbreitet.	Plenumsdiskussion	Präsentationsunterlagen mit Resultaten	Die Reflexion soll ein Verständnis für ähnlich strukturierte Probleme und Fälle aufbauen. Der durchgeführte Einzelfall kann insbesondere anhand einer Leitfrage die Möglichkeit eröffnen, die gewonnenen Erkenntnisse auf vergleichbare Schäden zu transferieren. Die Schlussphase wird dazu genutzt, für einige Schadensfälle aus dem beruflichen Erfahrungsraum der Schülerinnen und Schüler ähnliche Leitfragen zu skizzieren.

Didaktische Materialien

Folie 1

Zerstörter Vakuum-Saugadapter am Bearbeitungstisch einer CNC-Werkzeugmaschine – Schadensbild –

Zerstörter Saugadapter (Foto: H. Klein)
(oben rechts ist die Beschädigung durch das Fräswerkzeug zu erkennen)

Zerstörter Vakuum-Saugadapter am Bearbeitungstisch einer CNC-Werkzeugmaschine – Schadensbild –

Schreiben der Schule an die Firma HRS

HANS ARP SCHULE
Oberstufenzentrum für Konstruktionsbautechnik
Danziger Straße 112
10247 Coswig/Elbe

Coswig, 12.06.2009

HRS GmbH
Konstruktion und Bauteilefertigung
NC-Technik
Voigtstraße 93
10247 Berlin

Crash an unserer CNC-Werkzeugmaschine

Sehr geehrte Damen und Herren,

im vergangenen Jahr richteten Sie unserer CNC-Werkzeugmaschine des Herstellers SCN ein. Die Maschine arbeitete bis Mitte Mai einwandfrei.

Ende Mai 2009 passierte es jedoch, dass beim Formatfräsen einer MDF-Holzwerkstoffplatte der darunter befindliche Vakuum-Saugadapter durch das Fräswerkzeug zerstört wurde (dieser Saugadapter dient zur spannfutterfreien Befestigung des Werkstückes).

Wir bitten Sie höflichst, die Einrichtung unserer CNC-Werkzeugmaschine und den jüngst entstandenen Schaden zu überprüfen und zu analysieren. Bitte teilen Sie uns mit, wodurch dieser Schaden eventuell entstanden sein könnte und wie er zukünftig zu vermeiden ist.

Mit freundlichen Grüßen

Surmann, Werkstattleiter CNC-Technik

Zerstörter Vakuum-Saugadapter am Bearbeitungstisch einer CNC-Werkzeugmaschine – Schadensbild –

Antwortschreiben der Firma HRS

HRS GmbH
Konstruktion und
Bauteilefertigung
NC-Technik
Voigtstraße 93
10247 Berlin

Berlin, 23.06.2009

Oberstufenzentrum „Hans Arp“
Danziger Straße 112
Herr Surmann
Werkstattleiter CNC-Technik
10247 Coswig/Elbe

Schaden an Ihrer CNC-Werkzeugmaschine – Ihr Schreiben vom 12.06.2009

Sehr geehrter Herr Surmann,

vielen Dank für Ihr Schreiben vom 09.06.2009. Gemäß Ihrem Auftrag im Dezember letzten Jahres richteten wir Ihnen Ihre CNC-Werkzeugmaschine des Herstellers SCN produktionsbereit ein.

Die nachträgliche Fertigung der von Ihnen zusätzlich gewünschten Vakuum-Saugadapter (Höhe: 20 mm) nach den von Ihnen angefertigten Zeichnungen konnten wir herstellungsbedingt nicht übernehmen. Diese Adapter stellten sie deshalb selbst her und setzten sie auch ein.

Da die entstandenen Schäden direkt und ausschließlich nur an diesen Vakuum-Saugadaptern entstanden sind, sehen wir die Analyse und Behebung bzw. die Vermeidung zukünftiger Schäden an diesem Bauteil nicht in unserer Verantwortung.

Mit freundlichen Grüßen

Will, Abteilungsleiter NC-Technik

Schadensbericht CNC-Werkstattmaschine

Schadensbericht

Arbeitsauftrag Nr.______________________________
Abteilung: ________

Maschine/Nummer:_____________________
Standort:________________________

____
____
____
____
____
____
____
____
____
____
____
____
____
____
____
____
____
____
____
____
____

angefertigt am:

Unterschrift

Reflexion der Unterrichtseinheit

Die Schadensanalyse am konkreten Beispiel eines durch Fehlprogrammierung zerstörten Bauteils einer CNC-Maschine wird von den Lernenden als praxisorientiert erfahren, da der entstandene Schaden sichtbar vorliegt und die Zerstörungskraft von Werkzeugmaschinen unmittelbar vor Augen führt.[24] Diese problemlösende Methode der Schadensanalyse motivierten sie durch ihren handlungsorientierten Charakter mit der Möglichkeit zu detektivischen Aktivitäten.

Insgesamt lässt die vorliegende Schadensanalyse den Handlungsablauf des Unterrichtsganges überschaubar werden. So können Schülerinnen und Schüler, wenn entsprechende Lernvoraussetzungen vorliegen, mithilfe des Ablaufschemas in die Lage versetzt werden, jeweils den nächsten Handlungsschritt selbst festzulegen. Das dabei vermittelte Gefühl der Selbstbestimmung und der hohe Anteil an motorischer Aktivität beim instrumentellen Handeln können die Lernenden motivieren. Die didaktisierte Schadensanalyse kann für die Lernenden eine sinnstiftende Aufgabe sein. Lernende entwickeln konstruktive Überlegungen zur Aufgaben- und Problemlösung, indem sie die Schritte des Handelns selbst bestimmen und das zur Problemlösung erforderliche Wissen dem bereits vorhandenen hinzufügen.

Neben den kognitiv-analytischen Fähigkeiten können durch eine geeignete Ausbildung- und Unterrichtsgestaltung auch soziale und kommunikative Kompetenzen erworben werden. Um diese tatsächlich vermitteln zu können, ist die Organisation des Lernprozesses in der Form der Partnerarbeit, Kleingruppen- oder Gruppenarbeit erforderlich. In Arbeitsgruppen, die Möglichkeiten der selbsttätigen und handelnden Auseinandersetzung mit den Problemen des Schadensfalles, der Schadensart, des Schadensbildes, der Schadensmerkmale, von Schadenshypothesen zulassen, werden die Lernenden ihre Kenntnisse und Erfahrungen durch die dem Unterrichtsverfahren immanenten Anforderungen selbstbestimmt erweitern.

[24] Die Lernenden haben die Schadensanalyse systematisch durchgeführt und entdeckt, dass ein Programmfehler (fehlende Nullpunktverschiebung in der Z-Achse um die Höhe der Saugadapter) den Schaden verursacht hat.

Unterrichtsbeispiel 20: Analyse des Recyclings von Bauelementen am Beispiel des technischen Systems „PKW“[25]

Unterrichtsverfahren: Recyclinganalyse

Thematische Aspekte

Recycling gewinnt in der heutigen Zeit immer mehr an Bedeutung. Die Verantwortung für die Industrie, die Wirtschaft und die privaten Haushalte, ein umweltfreundlicheres Verhalten zu zeigen, wächst ständig. Mit Hilfe der Recyclinganalyse können die Lernenden eine erfolgte Entsorgung oder einen Recyclingvorgang nachvollziehen. Dabei werden zumeist funktionsuntüchtig gewordene technische Objekte oder Systeme möglichst in ihre wesentlichen Bestandteile aufgelöst. Die Lernenden entdecken – ähnlich einer Funktionsanalyse – die Beziehungen zwischen den einzelnen Teilen und erkennen, wie die Baugruppen aufgebaut sind. Darüber hinaus werden die Entscheidungen für das angewandte Recyclingverfahren bzw. für eine Entsorgung deutlich.

In Industrie und Wirtschaft wird häufig der Bereich „Recycling“ nur mit mechanischen Elementen in Verbindung gebracht. Sehr beachtlich können aber auch die negativen Umwelteinflüsse bei nicht ordnungsgemäßer Entsorgung von verarbeiteten Materialien sowie Hilfs- und Schmierstoffen sein. Schmierstoffe unterliegen besonderen Recyclingbedingungen. Diese sind u. a.:

- gesonderte Sammlung in Behältern,
- Wiederverwertung bzw. Aufarbeitung,
- energetische Nutzung,
- Entsorgung durch Lagerung in speziellen Behältern.

Schülerinnen und Schüler sollen auch im Rahmen der theoretischen Ausbildung zum ökologisch bewussten Verhalten erzogen werden. Durch die Einführung des Lernfeldunterrichts können Elemente der Bereiche Wirtschaft und Sozialkunde in den berufsbezogenen Unterricht einfließen. Sie fügen sich bei bestimmten Themen teilweise in den Fachunterricht ein.
Das vorliegende Unterrichtsbeispiel ist für den „Wirtschafts- und Sozialkundeunterricht“ im dritten Ausbildungsjahr konzipiert. Die Lernenden haben dann bereits erweitertes technisches Verständnis erlangt und können gleichermaßen ihr erlerntes Wissen aus dem Lernfeldunterricht aufgreifen. Sie sind während ihrer Ausbildung bereits mit dem Problem „Wohin mit den verbrauchten Materialien?“ konfrontiert worden und müssen sich so damit aktiv auseinan-

[25] Dieses Unterrichtsvorhaben wurde im Wesentlichen von Ulrike Kühn-Meinert am Oberstufenzentrum Elbe-Elster (OSZ EE) Elsterwerda entwickelt und erprobt.

dersetzen. Bezug nehmend auf den Begriff „technisches System“ wird wiederholt und konkret auf die Bestandteile des Systems „Kühl- und Schmierstoffe“ eingegangen.

Die Unterrichtseinheit lässt sich in der Grundidee auf alle in der Metall- und Maschinentechnik ausgebildeten Berufe übertragen. Sie unterscheidet sich im jeden Beruf nur in der Wahl des technischen Systems. Für diese Einheit ist es wichtig, dass den Schülerinnen und Schülern Gesetzestexte und Möglichkeiten für die Nutzung des Internets zur Verfügung gestellt werden. Von Vorteil ist auch, wenn sie Erfahrungen in der effektiven Arbeit mit dem Internet und insbesondere beim Umgang mit Internet-Suchmaschinen haben.

Lernvoraussetzungen

Von den Lernenden wird nicht nur der abstrakte Nachvollzug des Recyclingvorgangs als kognitive Leistung gefordert, sondern auch die Bereitschaft zum gemeinschaftlichen Arbeiten mit dem Anspruch, zielgerichtet Informationen zu verarbeiten und die Analyse voranzutreiben.

Es wird davon ausgegangen, dass die Lernenden zum Ende des dritten Ausbildungsjahres weitgehend selbstständig Lernen und Arbeiten können. Lernen und Arbeiten in Kleingruppen sollte für sie nicht neu sein. Um die allgemeinen Anforderungen an das Recycling von Baugruppen, Bauteilen sowie von Hilfs- und Schmierstoffen besser einschätzen zu können, müssen sie mit der entsprechenden aktuellen Theorie und der Praxis in den Betrieben vertraut sein. Dazu zählen zum Beispiel Kenntnisse über Werkstoffeigenschaften und Eigenschaften von Hilfsmitteln und Zusatzstoffen. Darüber hinaus sollten die Lernenden:

- fachliche Symbole, vor allem im Zusammenhang mit Recycling und Umweltgefährdungen erkennen und deuten können,
  aus Stücklisten Werkstoffangaben deuten können sowie
- aus Wartungsplänen und Datenblättern die notwendigen Angaben entnehmen und werten können.

Wie bereits erwähnt, müssen die Lernenden Vorkenntnisse über einzelne Baugruppen und Bauteile des behandelten technischen Systems „PKW“ haben und dessen Werkstoffe sowie Hilfsstoffe genau bestimmen können. Die Verwendung bzw. der Einsatz von unterschiedlichen Kühl- und Schmierstoffen ist ihnen bekannt. Sie können den Begriff „Recycling“ definieren und wissen, dass Recycling u. a. auch die sortenreine Trennung von Abfällen ist. Sie können Abfälle fachgerecht benennen und auf der Grundlage der Internetrecherche dem entsprechenden Entsorgungs- oder Wiederverwertungsbereich zuordnen

sowie ihre Entscheidungen begründen. Dabei beziehen sie sich auch auf ihre Kenntnisse aus dem Instandhaltungsbereich.
Die Recherchen zu den gesetzlichen Bestimmungen zur Verwertung und Entsorgung von Bestandteilen des technischen Systems „PKW“ und der Hilfs- und Kühlschmierstoffe werden in Partnerarbeit durchgeführt. Dazu ist eine selbstständige Internetrecherche sinnvoll, denn die Schülerinnen und Schüler sollen auch später im Berufsleben in der Lage sein, sich selbstständig notwendige Informationen und Daten zu beschaffen. Hauptziel der Unterrichtseinheit soll sein, dass die Lernenden die Verwertung und Entsorgung der unterschiedlichen Werk- und Hilfsstoffmaterialien sowie die fachgerechte Entsorgung der Kühl- und Schmiermittel anhand der gesetzlichen Regelungen planen und durchführen sowie analysieren und begründen können.

Unterrichtsziele und angestrebter Kompetenzzuwachs

Der Vorgang „Recycling“ ist ein komplexer Prozess, der technisches Grundverständnis voraussetzt und somit erst in den höheren Ausbildungsjahren vollständig durchdrungen werden kann. Der Einstieg ist auf das gesamte technische System ausgerichtet. So sollen sich die Lernenden mit dem gesamten technischen Gegenstand beschäftigen und diesen bildlich zerlegen. Aufbauend darauf, beschäftigen sich die Schülerinnen und Schüler mit der Verwertung der einzelnen Werkstoffe. Sie lernen wichtige Begriffe der Entsorgung, Verwertung, Aufbereitung, Aufarbeitung und deren Prinzipien kennen. Diese Begriffe wenden sie dann beim Ausfüllen des entsprechenden Arbeitsblattes an.

Der angestrebte Kompetenzzuwachs liegt darin, dass die Lernenden Gesetzmäßigkeiten und Möglichkeiten des Recyclings kennen lernen. Er ließe sich überprüfen, indem die Lernenden ein weiteres berufsspezifisches System erhalten und dieses nach dem gleichen Schema bearbeiten und Recyclingmöglichkeiten aufzeigen.

Unter dem Aspekt der Fachkompetenz können die Schülerinnen und Schüler ein technisches System hinsichtlich der unterschiedlichen Werkstoffe zerlegen, die Baugruppen und Bauteile hinsichtlich ihrer Recyclingarbeit bewerten, Gesetzmäßigkeiten erkennen und den Begriff „Recycling“ z. B. als sortenreines Trennen von Werkstoffen definieren.

Hinsichtlich der Methodenkompetenz sollen die Lernenden die effektive Recherche im Internet mit Hilfe von Suchmaschinen und ihre Präsentationstechniken verbessern sowie den Erkenntnisgewinn in anderen Bereichen anwenden.

Unter dem Aspekt der Sozialkompetenz sollen die Schülerinnen und Schüler das Zusammenarbeiten mit anderen verbessern, Gruppenmitglieder einschätzen und sich selbst kritisch bewerten. Diese Kriterien werden besonders nach der Präsentation und der Auswertung der Gruppenarbeiten angesprochen.

Am Ende der Unterrichtseinheit können die Lernenden
- den Stellenwert des Recyclings innerhalb des Produktlebenszyklus des technischen Systems „PKW“ erkennen,
- den durchgeführten Recyclingvorgang analysieren, d. h., ihn nachvollziehen, kritisch bewerten und Vorschläge für eine Verbesserung entwickeln,
- das technische System „PKW“ nicht nur nach Maßstäben bewerten, die sich auf seine technische Funktionalität beziehen, sondern auch ökologische (z. B. Recycling) und wirtschaftliche Aspekte beachten,
- erkennen, dass präventiver Umweltschutz schon bei der Planung des technischen Produkts „PKW“ die umweltfreundliche Entsorgung mit einbeziehen muss,
- Verantwortungsbewusstsein bei der Werkstoffauswahl entwickeln sowie
- den übergeordneten gesellschaftlichen Bezugsrahmen des Recyclingvorganges erkennen.

Didaktisch-methodische Struktur

Ein methodischer Schwerpunkt der Recyclinganalyse liegt im Nachvollziehen und Durchdringen einer durchgeführten Entsorgung bzw. eines Recyclingvorgangs. Da sich die Lernenden ganzheitlich in das Thema einarbeiten können, genügt die Recyclinganalyse weiterreichenden Ansprüchen beruflichen Lernens. So wird u. a. verständlich, warum das technische Produkt aus der Nutzungsphase heraustritt. Außerdem wird auf der Ebene der Werkstoffauswahl das Aufzeigen von Alternativen ermöglicht. Methodische Relevanz erhält das Verfahren zudem dadurch, dass auch mit der Evaluation des Recyclingvorganges hinsichtlich ökologischer und funktioneller Kriterien Fragen einer günstigeren Werkstoffauswahl behandelt werden können.

Die Wartung technischer Systeme bzw. – wie im vorliegenden Fall – die Verwertung und die Entsorgung eines PKW werden in der betrieblichen Praxis durchgeführt. Dafür müssen Lernende sensibilisiert werden und in der Lage sein, die einzelnen Bestandteile von Maschinen, PKW u. a. nach ihren Recyclinganforderungen einzuschätzen und zu bewerten. In den unterschiedlichen Ausbildungsberufen werden dabei jeweils andere technische Systeme behandelt, wie zum Beispiel PKW, Bohrmaschinen, Drehmaschinen oder Traktoren.
Die Schülerinnen und Schüler entwickeln in der Unterrichtseinheit u. a. eine Tabelle, in der die einzelnen Bauteile des technischen Systems „PKW“ den

unterschiedlichen Werkstoffen zugeordnet werden. Sie finden zu beachtende Gesetzmäßigkeiten beim Recycling und wenden ihre Informationen und gewonnenen Erkenntnisse im Arbeitsblatt an.

Der im Rahmen dieses Unterrichtsbeispiels erreichbare methodische Zuwachs wird durch zwei Aspekte erwartet: einerseits durch Gruppenarbeit, bei der das technische System „PKW“ bildhaft zerlegt wird, wobei die Lernenden aus ihrem jeweiligen betrieblichen Erfahrungsbereich berichten können. Die provozierten Diskussionen fördern andererseits die Kommunikationskompetenz. Darüber hinaus unterstützt der kritische Umgang mit Vorgehensweisen beim Recycling in den Unternehmen die Personalkompetenz des Einzelnen.

In der Lerneinheit soll ein hoher Anteil an selbstständiger Arbeit der Schülerinnen und Schüler angestrebt werden, bei der sie Wissen und Erfahrungen aus dem theoretischen Unterricht in der Berufsschule und der Praxis in den Betrieben anwenden. Die Unterrichtseinheit hat viele Phasen von selbst gesteuerten und handlungsorientierten Teilen, in denen die Lernenden ihren Erfahrungsbereich und das Internet nutzen. Die Präsentation am Ende der Lerneinheit dient der fachlichen Überprüfung der Resultate und der Vervollständigung der Aufzeichnungen aller.

Es ist sinnvoll, vor einer Recyclinganalyse eine Funktionsanalyse des technischen Gegenstandes „PKW“ vorzunehmen und dieses Verfahren mit der Recyclinganalyse zu verknüpfen. Über die Erkenntnis der spezifischen Funktion hinaus sollen auch Verständnis und Überblick hinsichtlich allgemeiner Funktionsprinzipien erzielt werden. Insbesondere technisch-funktionales Denken und auch die Orientierungsfähigkeit in komplexen Themengebieten können hiermit geschult werden.

Bei Erkundungen im Rahmen einer Betriebsbesichtigung kann manche Erkenntnis praktisch unterlegt werden. In einem fächerübergreifenden Unterricht, z. B. mit dem Fach „Politik“, können sich die Lernenden den gesellschaftlichen Bezugsrahmen des Recyclings erarbeiten.

Handlungsablauf

Im Folgenden ist ein mögliches Artikulationsschema für das Unterrichtsbeispiel in tabellarischer Form dargestellt.

Unterrichtsbeispiel 20: Analyse des Recyclings von Bauelementen am Beispiel des technischen Systems „PKW“

Nr.	Lern-phase	Handlungsablauf	Aktions- und Sozial-form	Medien und didaktische Materialien	Didaktische Hinweise
1	Motivation	Im Themengebiet „Schmierung“ und „Umwelt“ im Politik-Unterricht werden die Lernenden mit der Frage „Was passiert eigentlich mit den Überresten der Maschinen und Anlagen, Schmierstoffen und Kühlmitteln, die ausgesondert werden?“ konfrontiert. Sie ist Ausgangspunkt und soll eine Diskussion zu Erfahrungen aus dem Erlebnisbereich der Lernenden einleiten. Dabei werden – ausgehend von –unterschiedlichen Werkstoffentsorgungen verschiedene technische Systeme verglichen, z. B. PKW, Traktoren, Fräs- und Bohrmaschinen, oder Drehmaschinen.	Unter-richts-gepräch	Tafel	Sammeln von Fachbegriffen und/oder Erstellen einer groben Struktur zum Recycling.
2	Einstieg	Gemeinsam mit den Schülerinnen und Schüler wird das zu betrachtende technische System festgelegt, wobei das technische System „PKW“ für die Lernenden von besonderem Interesse sein dürfte. Das ausgewählte Objekt wird dann im Schulhaus bzw. auf dem Parkplatz (PKW) real betrachtet und hinsichtlich der Recyclingmöglichkeiten eingeschätzt.	Unter-richts-gepräch	Zettelabfrage, reales Objekt	Es können mehrere technische Systeme ausgewählt und die Recyclingmöglichkeiten betrachtet werden. Somit könnte besser auf Interessengebiete eingegangen werden.
3	Infor-mation	Das Thema „Recycling“ wird zur Diskussion gestellt. In Paar- oder Gruppenarbeit informieren sich die Schülerinnen und Schüler über verbindliche Verordnungen und Verfahren zum Recycling. Die Lösungen werden vorgestellt, wenn notwendig ergänzt und anschließend mit dem Lösungsblatt verglichen.	Partner-arbeit, Gruppen-arbeit	Arbeitsblatt 1, Lösungsblatt	

4	Erarbeitung 1	Die Lernenden erarbeiten in Paar- oder Gruppenarbeit eine Liste mit den am ausgewählten Objekt verarbeiteten Baugruppen, Bauteilen und eingesetzten Hilfs- und Schmierstoffen. Anschließend werden die Ergebnisse am realen Objekt und/oder mit dem Lösungsvorschlag verglichen.	Partnerarbeit, Gruppenarbeit	technisches System PKW	Zur Erarbeitung der Bauteilliste sollte das Internet und Fachliteratur genutzt werden, z. B. Broschüren aus dem Internet „Metall-Branche" Arbeitgemeinschaft Abfallberatung.
5	Erarbeitung 2	Die Schülerinnen und Schüler erarbeiten sich Informationen zu Verordnungen, Vorschriften und Regeln zum Recycling.	Partnerarbeit, Gruppenarbeit	Arbeitsblatt 2, Lösungsblatt,	Es ist hierbei sinnvoll, Arbeitsblatt 2 einzusetzen.
6	Vertiefung	Zur Vertiefung des Themas werden recyclingbezogene Begriffe wiederholt. Es wird die Bedeutung des Recyclings für den Umweltschutz hervorgehoben. Dazu vervollständigen die Lernenden die Graphik auf Arbeitsblatt 3.	Unterrichtsgespräch, Partnerarbeit, Gruppenarbeit	Arbeitsblatt 3, Lösungsblatt	
7	Zusammenfassung, Dokumentation	Die Lernenden tragen Maßnahmen zur Begrenzung der Umweltbelastungen zusammen.	Plenum		
8	Ergebnissicherung	Die Schülerinnen und Schüler präsentieren ihre Ergebnisse in Form von Vorträgen, Folien oder einem Tafelbild.	Unterrichtsgespräch		Mit der Methode „Kugellager" werden die Verwertungskriterien gefestigt.

Didaktische Materialien

Arbeitsblatt 1:
Bauteile, Baugruppen, Werkstoffe und Hilfsstoffe an einem PKW

Name: .... Klasse: .... Datum: ....

Lern- und Arbeitsaufgabe:

Ordnen Sie bitte weitere Bauteile und Baugruppen sowie Hilfsstoffe aus dem technischen System „PKW“ den Merkmalen aus der Übersicht zu!

Metalle	Kunststoffe	Gummi	Leder/Textilien
Karosserie Federbein	Verkleidungen Dichtungen	Reifen Flachkeilrippen	Verkleidungen
Glas	**Flüssigkeiten**	**Holzwerkstoffe**	**Gase**
Bildschirme Scheiben	Öl	Verkleidungen	Reifenfüllungen

Lösungsvorschlag zu Arbeitsblatt 1:
Bauteile, Baugruppen, Werkstoffe und Hilfsstoffe an einem PKW

Name: ……………..………… Klasse: ……………..………….. Datum: …………..…………..

Lern- und Arbeitsaufgabe:

Ordnen Sie bitte weitere Bauteile und Baugruppen sowie Hilfsstoffe aus dem technischen System "PKW" den Merkmalen aus der Übersicht zu!

Metalle	**Kunststoffe**	**Gummi**	**Leder/Textilien**
Karosserie *Federbein* *Schrauben* *Achsen* *Stoßdämpfer* *Schrägrollenlager* *Muttern* *Felgen* *Bremstrommeln* *Bremsscheiben* *Bremskraftverstärker* *Lenkstangen* *Lenkspindel* *Spurstange* *Lenkgetriebe* *Pleuel* *Kolben* *Kurbelwelle* *Kolbenringe* *Zylinderkopfventile* *Einspritzpumpe* *Antriebsräder*	*Verkleidungen* *Dichtungen* *Sicherungen* *Rücklichter* *Karosserieverkleidungen* *Kotflügel* *Lenkrad* *Schaltknöpfe* *Pedale* *Tankverschlussdeckel* *Kühlergrill*	*Reifen* *Flachkeilrippen* *Muffen* *Manschetten* *Isolierungen*	*Verkleidungen* *Sitze*
Glas	**Flüssigkeiten**	**Holzwerkstoffe**	**Gase**
Bildschirme *Scheiben* *Scheinwerfer* *Spiegel* *Blinker* *Rücklichter*	*Öl* *Wischwasser* *Bremsflüssigkeiten*	*Verkleidungen*	*Reifenfüllungen* *Luftsackfüllung* *Xenonlampen*

Arbeitsblatt 2:
Verordnungen und Verfahren zum Recycling

Name: .... Klasse: .... Datum: ....

Lern- und Arbeitsaufgabe:

Recherchieren Sie bitte nach Verordnungen, die das Recycling von Werks- und Hilfsstoffen regeln!

Lösung

Vorschriften und Regeln

- Sonderabfallentsorgungsverordnung (SAbfEV)

Entsorgungsverfahren

Verpackungsverordnung (VerpackV)

- Regelung zur Reinluftrückgewinnung

Lösungsvorschlag zu Arbeitsblatt 2:
Verordnungen und Verfahren zum Recycling

Name: .... Klasse: .... Datum: ....

Lern- und Arbeitsaufgabe:

Recherchieren Sie bitte nach Verordnungen, die das Recycling von Werks- und Hilfsstoffen regeln!

Lösungsvorschlag

Vorschriften und Regeln

- Sonderabfallentsorgungsverordnung (SAbfEV)
- *Gefahrenstoffverordnung (GefStoffV)*
- *Bundes-Immissionsschutzgesetz (BlmSchG)*
- *Kreislaufwirtschafts- und Abfallgesetz (KrW-AbfG)*

Entsorgungsverfahren

Bei der Entsorgung der Kühlschmierstoffe ist das Kreislaufwirtschafts- und Abfallgesetz zu beachten. Nach Paragraph 5a des AbfG werden die zu entsorgenden Kühlschmierstoffe in drei Gruppen eingeteilt, in Altöle, die

- *wieder aufgearbeitet werden können,*
- *energetisch genutzt werden können und*
- *als Abfall entsorgt werden müssen.*

Die Verwertung der Schmierstoffe ist oft nur eingeschränkt möglich.

Verpackungsverordnung (VerpackV)

- Regelung zur Reinluftrückgewinnung
- *Betriebssicherheitsverordnung*
- *Arbeitsschutzgesetze*
- *Biostoffverordnung*

Arbeitsblatt 3:
Bedeutung des Recyclings für den Umweltschutz

Name: .... Klasse: .... Datum: ....

Lern- und Arbeitsaufgabe:

Ordnen Sie bitte die Begriffe „Recycling“, „Verwertung“, „Aufbereitung“, „Verwendung“, „Aufarbeitung“, „Verbleib der Stoffe im Stoff- und Produktionskreislauf“, „Rückführung in die Wirtschaft“ und „Entsorgung“ der Grafik zu!

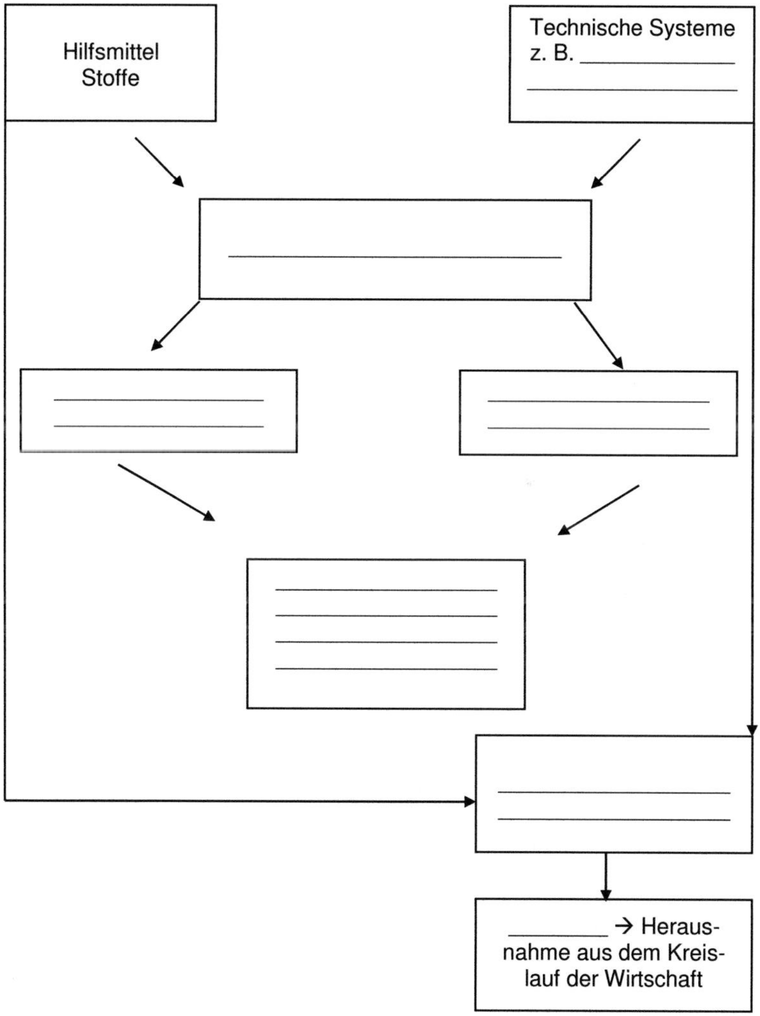

Lösungsvorschlag zur Arbeitsblatt 3:
Bedeutung des Recyclings für den Umweltschutz

Name: .... Klasse: .... Datum: ....

Lern- und Arbeitsaufgabe:

Ordnen Sie bitte die Begriffe „Recycling", „Verwertung", „Aufbereitung", „Verwendung", „Aufarbeitung", „Verbleib der Stoffe im Stoff- und Produktionskreislauf", „Rückführung in die Wirtschaft" und „Entsorgung" der Grafik zu!

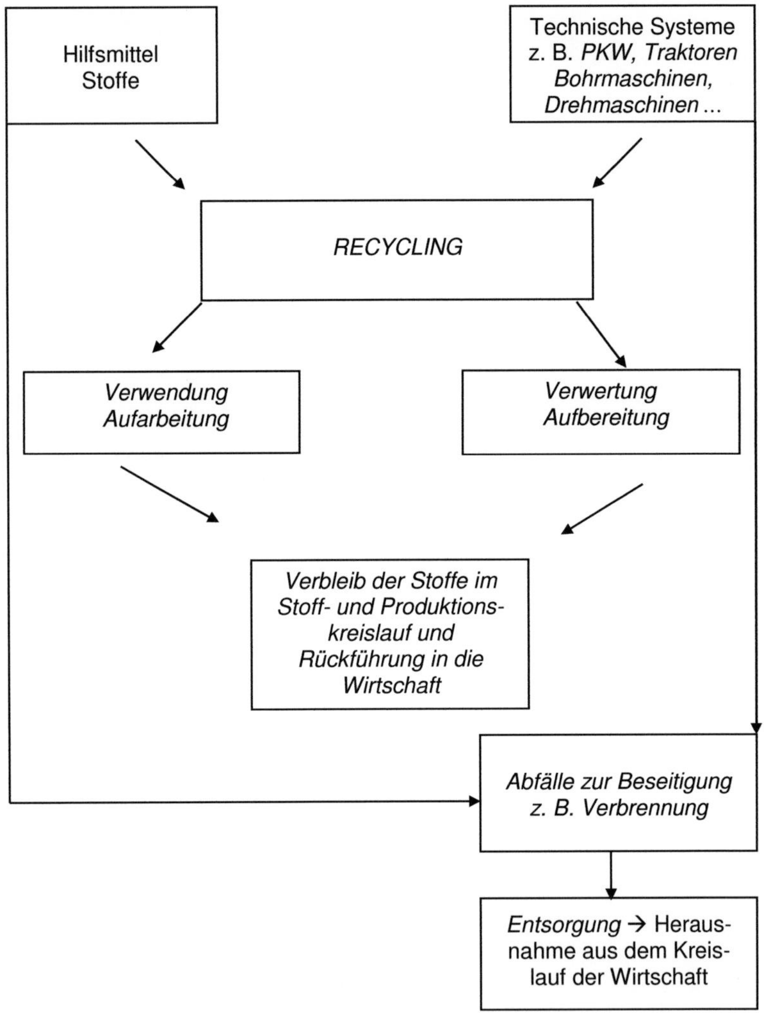

Reflexion der Unterrichtseinheit

Es lässt sich feststellen, durch abstrakt-handlungsorientierte Aufgabenstellungen wie einer Recyclinganalyse werden vor allem kognitive Fähigkeiten gefördert. Die Unterrichtspraxis zeigt, dass Lernende besonders dann motiviert sind, wenn eine Recyclinganalyse an einem technischen Produkt erfolgt, das ihrer Arbeits- oder Lebenswelt entstammt und ihre Interessen berührt. Deshalb bietet sich das technische System „PKW" für eine solche Analyse besonders an. Vielfach muss aber erst ein Verständnis für die Notwendigkeit des Recycelns vermittelt werden, um die Lernenden für aktives Unterrichts- und Lerngeschehen zu gewinnen, denn es ist Ziel der Unterrichtseinheit, dass die Lernenden einsichtig werden und im zukünftigen Arbeitsleben anfallende Recyclingmaßnahmen aus selbstständigem Antrieb auch ohne Anweisung und Kontrolle übernehmen.

In der Unterrichtspraxis hat sich ebenso gezeigt, dass eine Recyclinganalyse den Anforderungen nach ganzheitlichem Lernen in hohem Maße entspricht. Während einer solchen Analyse vollziehen die Lernenden kritisch einen Recyclingvorgang nach, in diesem Falle das Recycling von Baugruppen und Bauteilen sowie Hilfs- und Schmierstoffen eines PKW.

Das Unterrichtsbeispiel ist so angelegt, dass es den Lernenden selbstständiges und kooperatives Lernen ermöglicht. Als Schwerpunkte der Recyclinganalyse gelten analytisch schlussfolgernde Denkprozesse. Im Rahmen dieses Beispiels ist es möglich, allgemein-prozessuale bzw. soziale Ziele wie Kooperations- und Kommunikationsfähigkeit anzustreben. Es ist zu vermuten, dass noch bedeutsamere Effekte dann zu erzielen sind, wenn die Recyclinganalyse und eine entsprechende Recyclingaufgabe zu einer lernpsychologisch sinnvollen Kombination einer analytisch-synthetisierenden Unterrichtseinheit zusammengefügt werden. Eine besonders praxisnahe Lern- und Arbeitsumgebung lässt sich gestalten, wenn das vorgestellte Unterrichtsbeispiel mit einer Instandsetzungsanalyse verbunden wird.

Der Erfolg der Recyclinganalyse im Rahmen der Instandhaltung wird wesentlich durch die Aktions- und Sozialform bestimmt, die für die Durchführung gewählt wird. In diesem Falle ist Gruppenarbeit oder Partnerarbeit didaktisch sinnvoll. Es deutet sich an, dass im Rahmen der Recyclinganalyse kritische Toleranz gegenüber anderen technischen Lösungen gefördert werden kann. Insgesamt sollte die Lehrkraft größtenteils moderierende Aufgaben in einem offen gestalteten Lernprozess übernehmen, der den Lernenden genügend Spielraum für selbstinitiiertes, selbstständiges und kooperatives Lernen ermöglicht.

Unterrichtsbeispiel 21: Recycling von Baugruppen und Bauteilen einer Tischbohrmaschine[26]

Unterrichtsverfahren: Recyclingaufgabe

Thematische Aspekte

Das Leitziel beruflicher Umweltkompetenz muss auf Umweltwissen, Umweltbewusstsein und Umweltverhalten gerichtet sein. Das Umweltwissen umfasst ein aktuelles, umfassendes umwelttechnisches Grundverständnis sowie sicher beherrschte umweltbezogene Berufshandlungen. Ziel umweltbezogener Lernprozesse in der beruflichen Erstausbildung muss es deshalb sein, die Lernenden zum Problemlösen, zur Kooperation, Mitgestaltung, Identifikation und zum intuitiven sowie bewussten Erkennen von betrieblichen Umweltproblemen zu befähigen.

Im vorliegenden Unterrichtsbeispiel suchen die Lernenden im Rahmen einer Instandhaltung nach Möglichkeiten, Teile einer Tischbohrmaschine zu recyceln. Sie demontieren die Baugruppen und Bauteile der Maschine, prüfen, ob diese durch recycelbare Teile ersetzt werden können und wenden dabei vorbereitende Methoden für das eigentliche Recycling an.

Die Recyclingaufgabe ist an Tätigkeiten des Recyclings im Beschäftigungssystem orientiert und durch eine konkret-handlungsorientierte Ausrichtung gekennzeichnet. Die Aufgabe besteht darin, einen Prozess zum Recycling von Baugruppen und Bauteilen einer Tischbohrmaschine zu gestalten und durchzuführen. Dazu müssen die Teile, die recycelt werden sollen, erkannt und benannt sowie sortiert werden.

Die Thematik der Aufarbeitung und Aufbereitung von Teilen der Tischbohrmaschine kann auch in komplexere, ganzheitliche Lernvorhaben eingebunden werden, wie z. B. in De- und Remontageanalysen oder -aufgaben. Die eigentliche Aufgabe des Recycelns wird dann i. d. R. an Fachbetriebe weitergegeben. An den Schülerinnen und Schülern liegt es, die Entscheidungen darüber zu treffen, welcher Recyclingmethode (vgl. dazu VDI-Richtlinie 2243 von 1993, S. 3 f.) die Bauteile und Hilfsstoffe der Tischbohrmaschine zuzuführen sind.

[26] Dieses Unterrichtsvorhaben wurde im Wesentlichen von Frank Mylius und Ulrich Walther entwickelt und am Staatlichen Berufsbildungszentrum (SBBZ SOK) Saale-Orla-Kreis erprobt.

Lernvoraussetzungen

Ausgangspunkt für die didaktischen Überlegungen sind die Rahmenlehrpläne und die Verordnungen über die Berufsausbildung in Berufen, in denen instandhaltungsbezogene Inhalte bzw. Kenntnisse und Fertigkeiten zu vermitteln sind. So sind beispielsweise im Rahmenlehrplan des Berufes „Mechatroniker/-in“ ökologische Aspekte in den Lernfeldern 1 und 2 integriert. In der Verordnung über die Berufsausbildung für den gleichen Beruf sind unter Punkt 4 „Umweltschutz“ Kriterien zur „Vermeidung betriebsbedingter Umweltbelastungen im beruflichen Einwirkungsbereich (...)“[27] zu finden. Umweltschutzbezogene Lerninhalte sind somit schon seit langem fester Bestandteil beruflichen Lernens gerade in technischen Berufen.

Im Rahmen des Unterrichtsbeispiels „Recyclingaufgabe“ wird von Lernenden sowohl selbstständiges Handeln als auch Kooperation und Kommunikation mit Mitlernenden verlangt. Kooperations- und Kommunikationsfähigkeit werden besonders bei arbeitsteiliger Gruppenarbeit ausgesprochen und durch Fachgespräche sowie gemeinsame Planungs- und Auswertungsphasen gefördert. Selbstständigkeit wird durch Aufgaben herausgefordert, die von den Schülerinnen und Schülern in autonomer Arbeit zu lösen sind.

Der problemorientierte Ansatz der Recyclingaufgabe erfordert insbesondere planerische und synthetische Denkleistungen, strategisch-organisatorische Handlungsfähigkeiten sowie die Bereitschaft und Fähigkeit zum zielorientierten gemeinschaftlichen Arbeiten. Zudem verlangt die Durchführung der Recyclingaufgabe psychomotorische Fertigkeiten und Fähigkeiten der Lernenden. Das ausgewählte zu recycelnde technische Produkt „Tischbohrmaschine“ sollte sich aufgrund seines engen Bezuges zum Arbeits- oder Ausbildungsumkreis motivierend auf die Lernbereitschaft der Schülerinnen und Schüler auswirken.

Unterrichtsziele und angestrebter Kompetenzzuwachs

Grundlegendes Ziel des Unterrichts ist es, die Lernenden stärker zu Umweltbewusstsein und Umweltverhalten zu sensibilisieren sowie ihnen anhand des technischen Gerätes „Tischbohrmaschine“ konkretes Umweltwissen zu vermitteln.

Im Einzelnen können die Lernenden

- das Recycling der Tischbohrmaschine detailliert planen,

[27] Verordnung über die Berufsausbildung zum Mechatroniker/zur Mechatronikerin vom 4. März 1998, S. 16

- die Tischbohrmaschine fach- und umweltgerecht sowie kosten- und energiesparend unter Beachtung der erforderlichen Sicherheitsbestimmungen demontieren,
- die erforderlichen Recyclingformen nach funktionalen, wirtschaftlichen und ökologischen Kriterien auswählen,
- die Vorbereitung des Recyclings der Tischbohrmaschine entsprechend der Planung durchführen und bewerten,
- die Stellung des Recyclings innerhalb des Lebenszyklus des Produktes „Tischbohrmaschine“ bestimmen sowie
- erkennen, dass sich Recycling im Spannungsfeld verschiedener gesellschaftlicher Interessen befindet.

Didaktisch-methodische Struktur

Im didaktischen Mittelpunkt der Aufgabe stehen die umweltgerechte Demontage sowie das Sortieren der Baugruppen und Bauteile der Tischbohrmaschine, um möglichst viele Teile wieder in den Produktkreislauf zu bringen. Dazu wird anfangs die übergeordnete zentrale Fragestellung aufgeworfen, ob die Tischbohrmaschine noch zu retten ist. Nach dem Zerlegen der Maschine in ihre Einzelteile und Beantwortung der jeweiligen Frage nach der Recycelbarkeit sowie der daraus folgenden Zuordnung in vorbereitete Cluster wird zur zentralen Fragestellung zurückgekehrt. Diese ist als übergeordnetes Ergebnis der Unterrichtseinheit zu beantworten.

Die Lernenden erfahren, dass Technik nicht nur sachgerecht determiniert, sondern gestaltbar ist, z. B. durch die Darstellung von Zielkonflikten bei der Werkstoffauswahl unter Berücksichtigung von Umwelt- und Wirtschaftsverträglichkeit. Dadurch, dass das technische Produkt „Tischbohrmaschine“ recycelt wird, kann auch eine neue Bewertung des Produktes gelingen. Diese berücksichtigt dann nicht mehr nur die Funktion der Maschine, sondern auch deren Recycelbarkeit und damit ihre Umweltverträglichkeit.

Generell sind beim Recycling gesellschaftspolitische Zielkonflikte angelegt, die beispielsweise im fächerübergreifenden Unterricht, so in Kooperation mit dem Fach „Politik“, in einem Planspiel umgesetzt werden können. Auch lässt sich vor der Recyclingaufgabe eine Funktionsanalyse zu den Bauteilen der Tischbohrmaschine, die demontiert werden sollen, durchführen. Außerdem ergeben sich besondere Möglichkeiten, wenn das Unterrichtsbeispiel mit einer Recyclinganalyse kombiniert wird. Die vorliegende Recyclingaufgabe selbst kann aber auch Teil eines noch umfassender angelegten Vorhabens wie eines Projekts oder einer Instandhaltungsaufgabe sein.

Die Recyclingaufgabe kann in folgende Phasen strukturiert werden:

1) Einstieg, Motivation
2) Intuitive Phase: Diskussion von Lösungsvorschlägen
3) Planung der Recyclingaufgabe und Information
4) Vorbereitung des Recycling
5) Durchführung der Recyclingaufgabe
6) Präsentation der Ergebnisse
7) Auswertung, Transfer und Ergebnissicherung
8) Bewertung und Reflexion der Recyclingaufgabe.[28]

Hierbei kann die eigentliche Planung, Vorbereitung und Durchführung (Phasen 3 bis 5) in drei Varianten erfolgen:

a) in arbeitsteiliger Form mit Hilfe des Arbeitsblattes (Gruppen), wobei ein erhöhter (Selbst-)Organisationsaufwand und sehr gute Kooperationsfähigkeit verlangt bzw. gefördert werden
b) in arbeitsgleicher Form mit Hilfe des Arbeitsblattes (Aufgaben), wodurch die Ergebnisse ein breites Spektrum erhalten können, sowie
c) in arbeitsteiliger oder arbeitsgleicher Form gänzlich ohne Arbeitsblatt, wodurch der Lernprozess flexibler gestaltet und sowohl um fachliche Aspekte erweitert oder auch verkürzt werden kann.

Handlungsablauf

Im Folgenden wird ein möglicher Handlungsablauf des Unterrichtsbeispiels in tabellarischer Form dargestellt.

[28] AEBLI, H.: Zwölf Grundformen des Lehrens. Eine allgemeine Didaktik auf psychologischer Grundlage. Stuttgart 1987, S. 203

Unterrichtsbeispiel 21: Recycling von Baugruppen und Bauteilen einer Tischbohrmaschine

Nr.	Lernphase	Handlungsablauf	Aktions- und Sozialform	Medien und didaktische Materialien	Didaktische Hinweise
1	Einstieg, Motivation	Es wird eine alte, bereits verrottete Tischbohrmaschine vorgestellt. Die Schülerinnen und Schüler werden zu ihren Eindrücken befragt. Nach den spontanen Äußerungen der Lernenden fokussiert die Lehrkraft das Gespräch auf die Frage „Ist hier noch etwas zu retten?“ Es wird entschieden, das Recycling von Baugruppen und Bauteilen der Maschine zu versuchen.	Unterrichtsgespräch	alte Tischbohrmaschine	Sollte in der Schule ein solches Exemplar nicht verfüg- oder beschaffbar sein, so muss an dieser Stelle ein Foto genügen.
2	Intuitive Phase (Lösungsvorschläge)	Die Schülerinnen und Schüler äußern sich zunächst intuitiv zu verschiedenen Aspekten, die für ein fachgerechtes Recycling notwendig sind. Außerdem formulieren sie relevante Aufgabenstellungen. Es erfolgt die Gruppeneinteilung und die Vergabe von Aufgabenstellungen.	Unterrichtsgespräch	alte Tischbohrmaschine, Arbeitsblatt, Dokumentationen	Die Schülerinnen und Schüler werden die Aufgaben nicht selbst entwickeln. Daher hilft das Arbeitsblatt. Sollte eine weitere interessante Fragestellung hinzukommen, so wird diese zusätzlich in den Katalog aufgenommen.
3	Planung und Information	Die Lernenden befassen sich mit der Aufgabenstellung und planen in der Gruppe deren Bearbeitung.	Gruppenarbeit	Informationsmaterial	Eine sinnvolle Verteilung der Arbeit in den Gruppen ist notwendig.
4	Vorbereitung	Von den Lernenden wird das Zerlegen der Tischbohrmaschine vorbereitet. Dazu entwickeln sie entsprechende Cluster, in die sie später die Baugruppen und Bauteile zuordnen. Als Ablage sollen Schachteln dienen. Die Schülerinnen und Schüler informieren sich über Recyclingmethoden.	Gruppenarbeit	Schachteln	Generell sollen die Lernenden entscheiden, wie sie clustern. Es bieten sich z. B. die Cluster „Entsorgung“, „wiederverwertbar“, „wiederverwendbar“ und „ungewiss“ an.

5	Durchführung	Die Lernenden demontieren die Tischbohrmaschine mit geeigneten Werkzeugen und unter Beachtung des Gesund-, Arbeits- und Brandschutzes. Das Gerät wird in die einzelnen Baugruppen zerlegt. Es wird bei jedem Teil sofort entschieden, ob es möglich ist, bestimmte Bauelemente in den Betrieben aufarbeiten zu lassen oder ob nur eine fachgerechte Entsorgung in Frage kommt. Die Lernenden ordnen die Teile nach der Entscheidung den jeweiligen Clustern zu. Der Arbeitsablauf wird entsprechend der Gegebenheiten in einem Demontageplan sowie als Protokoll dokumentiert. Haben die Lernenden die Tischbohrmaschine komplett zerlegt, so entscheiden sie abschließend über noch offene Fälle. Hierzu holen sie sich gegebenenfalls weitere Informationen ein.	Gruppenarbeit	Arbeitsaufgabe Werkzeuge und Prüfmittel, Fachliteratur, Tabellenbücher	Es kann bei Verwendung des Arbeitsblattes arbeitsteilig vorgegangen werden. Ebenso ist es möglich, arbeitsgleich durch alle Gruppen alle Fragen bearbeiten zu lassen oder auch auf das Arbeitsblatt zu verzichten. Es sind die Bestimmungen des Arbeitsschutzes zu beachten. Wenn der Bearbeitungsprozess in den Gruppen stockt, sollte eine zielgerichtete Diskussion über die fachgerechte Verwertung der Bauelemente angeregt werden.
6	Dokumentation und Präsentation der Ergebnisse	Eine Gruppe stellt die Arbeitsergebnisse und die Protokolle vor. Die gesamte Klasse diskutiert Möglichkeiten der Optimierung der Lösungsstrategien. Abschließend wird die eingangs aufgeworfene Frage beantwortet, ob die Bohrmaschine noch zu retten ist.	Präsentation, Unterrichtsgespräch	Tafel, Flipchart, Laptop, Beamer	Die Lernenden sollen durch ökonomische Vergleichsbetrachtungen (fächerübergreifend) motiviert werden.
7	Auswertung und Transfer	Die Schülerinnen und Schüler beschreiben, wie in ihrer Firma mit recyclingfähigen Stoffen umgegangen wird. Sie versuchen, Kompromisslösungen bezüglich des Produktionstempos und des Umgangs mit ausgesonderten Bauelementen zu bewerten. Die Lernenden wenden dabei die gewonnenen Kenntnisse an und verweisen auf mögliche Folgen ihrer Handlungen.	Unterrichtsgespräch	Protokolle, Flipchart	Die Lehrkraft sorgt dafür, dass alle Lernenden über die dokumentierten Ergebnisse ihrer Arbeit verfügen.
8	Bewertung, Reflexion	Die Schülerinnen und Schüler geben ihre Gedanken zum Recycling, zu den Ergebnissen ihrer Arbeit und zur Arbeit in der Gruppe wieder.	Unterrichtsgespräch		

Didaktische Materialien

Arbeitsblatt:
Recycling am Beispiel der Tischbohrmaschine

Name: .... Klasse: .... Datum: ....

Lern- und Arbeitsaufgaben:

Alle Gruppen:

Diskutieren Sie bitte die Frage, ob die Tischbohrmaschine „noch zu retten" ist! Analysieren Sie dazu die Möglichkeiten der Verwendung der ausgebauten Baugruppen! Lässt sich noch durch Verkauf der Wertstoffe Geld erwirtschaften? Wie lassen sich sortenreine Werkstoffe gewinnen?

Gruppe 1/Aufgabe 1:

Inspizieren Sie bitte die Bauteile unter dem Aspekt der Weiterverwendung, Aufbereitung bzw. fachgerechten Entsorgung! Sortieren sie die Baugruppen und Stoffe entsprechend!

Gruppe 2/Aufgabe 2:

Dokumentieren Sie bitte in einer Zusammenstellung die Stoffe, die aussortiert worden sind, um sie der Verwertung zuzuführen! Arbeiten Sie mit der Gruppe 1 zusammen!

Gruppe 3/Aufgabe 3:

Bestimmen Sie bitte die Art und Weise der fachgerechten Entsorgung der von der Gruppe 2 bestimmten Stoffe! Dokumentieren Sie ihre Erkenntnisse!

Gruppe 4/Aufgabe 4:

Organisieren Sie bitte die Verwertung der Bauteile, und bereiten Sie die weiterverwendbaren Bauteile für diese Verwendung vor (Reinigung, Demontage, Sortierung, Konservierung usw.)!

Alle Gruppen:

Bereiten Sie sich darauf vor, die Ergebnisse Ihrer Arbeit zu präsentieren!

Reflexion der Unterrichtseinheit

Im Bereich der Instandhaltung ist das Recycling von besonderer Bedeutung, weil in diesem Tätigkeitsfeld oft ausgebaute Baugruppen und Bauteile wiederverwendet oder wiederverwertet werden können. In der vorliegenden Recyclingaufgabe entwickeln die Lernenden – gegenüber der hauptsächlich abstrakt-handlungsorientiert angelegten Recyclinganalyse – technische Lösungen für das Recycling von Bauteilen der Tischbohrmaschine und gegebenenfalls Alternativen. Zudem ermöglicht das Unterrichtsbeispiel den Schülerinnen und Schülern das selbstständige oder kooperative Bewerten von Lösungen zum Recycling der Bauteile.

Bei dieser Recyclingaufgabe stehen kritisch-kreative und gestalterisch-planerische Denkprozesse im Vordergrund. Auch die Förderung allgemein-prozessualer Lernziele, wie Kooperations- und Kommunikationsfähigkeit, ist mit diesem Unterrichtsbeispiel möglich und wird wesentlich durch die gewählten Sozialformen während der Durchführung bestimmt. Diese sind wiederum u. a. von der Anzahl vorhandener Medien abhängig. Sind mehrere Realobjekte für das Recycling verfügbar, kann als Sozialform beispielsweise die arbeitsgleiche Gruppenarbeit gewählt werden. In der Recyclingaufgabe werden dann während der Gruppenarbeit unterschiedliche technische Lösungen zur Entsorgung entwickelt. Die arbeitsteilige Gruppenarbeit erfordert hingegen von den Lernenden höhere Kooperationsbereitschaft und Organisationsfähigkeit.

In der Arbeitswelt gehört Recycling bereits zum festen Bestandteil fachmännischen Denkens. Dennoch scheint in der Lern- und Arbeitsumgebung der Schule diese Thematik unterrepräsentiert. Die Diskussion um recyclingtypische Unterrichtsverfahren und -beispiele im Rahmen der Instandhaltungsausbildung hat erst begonnen. Mit der vorliegenden Recyclingaufgabe steht ein recyclingspezifisches Unterrichtsbeispiel für Lernen in technischen Berufen zur Verfügung.

D Ganzheitlich angelegte instandhaltungsorientierte Unterrichtsbeispiele

Um die bereits ausgebildeten Kompetenzen der Lernenden zum Tätigkeitsfeld der Instandhaltung in umfassender Weise anzusprechen, werden abschließend ganzheitlich angelegte Unterrichtsvorhaben vorgeschlagen, bei denen nicht mehr eine einzelne Maßnahme der Instandhaltung im Vordergrund steht, sondern die komplexe Betreuung von Maschinen und Anlagen aus Sicht eines zukünftigen Facharbeiters. Zuvor erworbene Kompetenzen für Teiltätigkeitsbereiche werden damit vertieft und in den Kontext von realen Situationen aus der Berufswelt gestellt.

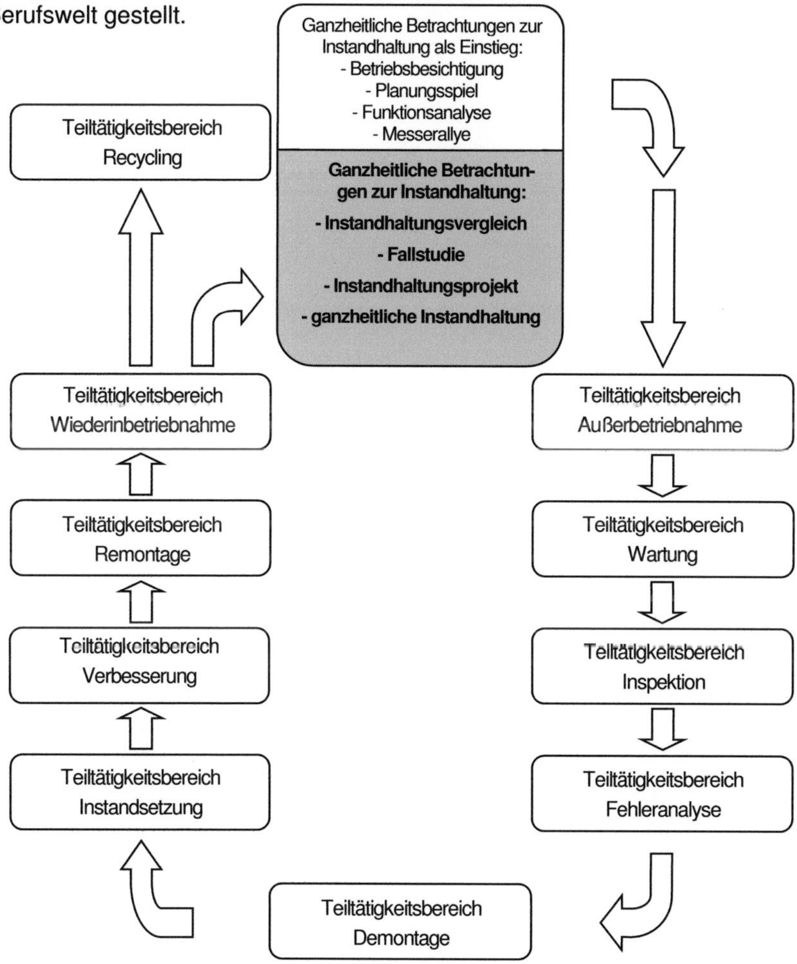

Abb.: Ganzheitlich angelegte Unterrichtsbeispiele zur Instandhaltung

Unterrichtsbeispiel 22: Instandhaltungsvergleich – Fremdinstandhaltung oder Eigeninstandhaltung

Unterrichtsverfahren: Vergleich

Thematische Aspekte

Instandhaltung kann vor allem bei spezieller Technik eine sehr aufwendige Angelegenheit sein, die von einem Unternehmen gut durchdacht werden sollte. Es sind spezielles Wissen und mitunter auch spezifische Werkzeuge, Diagnosegeräte, Demontage- und Montagevorrichtungen etc. notwendig. Dadurch stellt sich aus ökonomischen Gesichtspunkten die Frage, inwieweit die Instandhaltung durch Bedienerpersonal, durch eigenes, speziell geschultes Personal oder durch eine Fremdfirma abgedeckt werden wollte. Außerdem kommen Kombinationen von Eigeninstandhaltung und Fremdinstandhaltung in Betracht. Neben speziellem Wissen des Personals sind z. B. auch die Anschaffung spezifischer Technik zur Instandhaltung sowie Fragen des Gewährleistungs- bzw. Garantierechts bei der Entscheidung zu beachten. Tendenziell wird davon ausgegangen, dass Fertigung und Instandhaltung immer enger verflochten werden, sodass Bedienpersonal zumindest einfache Instandhaltungsaufgaben vor allem zur Wartung, aber auch zur Routinediagnose oder leicht überschaubaren Instandsetzung selbst durchführt.

Eine Antwort auf die so auftretende Frage nach Fremd- oder Eigeninstandhaltung kann nur heißen: Es ist von Fall zu Fall abzuwägen, welche Organisationsform zu favorisieren ist.

Differenziert man die möglichen Formen aus, so entsteht ein breites Spektrum. Die Instandhaltung kann erfolgen durch

- Bediener (Eigeninstandhaltung I),
- Instandhalter einer separaten Abteilung des eigenen Unternehmens (Eigeninstandhaltung II = Fremdinstandhaltung II),
- Fremdfirma (Fremdinstandhaltung I),
- Bediener und Instandhalter (einer separaten Abteilung des Unternehmens),
- Bediener und Fremdfirma,
- Instandhalter und Fremdfirma,
- Bediener, Instandhalter und Fremdfirma sowie
- niemandem (keine Instandhaltung).

Dieses wären zugleich die möglichen Vergleichsobjekte (also im Maximalfall: acht; minimal zwei: Fremd- und Eigeninstandhaltung) für eine entsprechende Unterrichtseinheit zu diesem Thema. Ausgegangen wird, dass drei oder vier Objekte eine sinnvolle und im Unterricht gut handhabbare Größe darstellen: Fremdinstandhaltung, Bediener- bzw. Eigeninstandhaltung, Instandhaltung durch separate Abteilung des eigenen Unternehmens sowie gegebenenfalls keine Instandhaltung.

Die Anzahl der ausgewählten Vergleichsobjekte beeinflusst zugleich die Anzahl der Gruppen für die arbeitsteilige Gruppenarbeit in der Phase der Vergleichsdurchführung. So könnte jede Gruppe entsprechend des vorher gemeinsam entwickelten (und als Konsens „verabschiedeten") Kriterienkataloges (und möglichst der daraufhin entstandenen Tabelle) genau ein Vergleichsobjekt, d. h. eine Organisationsform der Instandhaltung, bearbeiten. Im aufgeführten Beispiel wird davon ausgegangen, dass eine Form von jeweils zwei Gruppen besprochen wird.

Wichtiger Nebeneffekt eines solchen Unterrichts ist das Erfahren des Vergleichens als Methode zur Erkenntnisgewinnung. Die Verinnerlichung des Vorgehens ermöglicht den Lernenden, nachfolgend themenunabhängig auch andere Vergleiche durchzuführen.

Lernvoraussetzungen

Vorausgesetzt wird, dass eine solche Unterrichtseinheit, speziell in den Berufen „Industriemechaniker/-in", „Zerspanungsmechaniker/-in" sowie „Produktionstechnologe/-technologin" und „Mechatroniker/-in" vorteilhaft ist. Es sind damit Berufe angesprochen, bei denen komplexe Fertigungsanlagen im Mittelpunkt stehen. Die Lernenden sollten hier bereits Erfahrungen aus ihrem betrieblichen Umfeld mitbringen. Im Idealfall können sie selbst Beispiele z. B. von produktionstechnischen Anlagen nennen, bei denen die Instandhaltung nicht mehr nur durch das Bedienpersonal abgedeckt werden kann. Da die Instandhaltung aber viele Facetten beinhaltet und nicht nur auf die Instandsetzung komplexer Systeme reduziert werden kann, sollten die Schülerinnen und Schüler auch Kenntnisse z. B. zur DIN 31051 „Grundlagen der Instandhaltung" besitzen. Dadurch kann deutlich werden, dass auch einfache Wartungsaufgaben – die tägliche Pflege von Maschinen und Anlagen – zur Instandhaltung und dennoch zum Aufgabenbereich der Bedienfachkraft zählen. Insgesamt scheint es sinnvoll, eine solche Unterrichtseinheit mehr zum Ende der Ausbildung, etwa ab zweitem bzw. drittem Ausbildungsjahr, anzusiedeln, weil erst da die Komplexität produktionstechnologischer Vorgänge besser überschaubar wird.

Unterrichtsziele und angestrebter Kompetenzzuwachs

Für die Unterrichtseinheit lassen sich zwei wesentliche Zielrichtungen fokussieren. Zum einen geht es fachlich um das Kennenlernen und Erfassen komplexer betrieblicher Entscheidungsfelder, wobei die Vielfalt der Instandhaltung mittransportiert wird. Diese Intention ist unabhängig davon zu sehen, dass viele Facharbeiter nicht die Befugnis besitzen, über solche betriebsorganisatorischen und strategischen Fragen zu entscheiden. Das Erkennen der Optionen und Zusammenhänge trägt aber wesentlich zum Verstehen der spezialisierten Arbeits- und Berufswelt bei, kann die (Mit-)Gestaltungskompetenz und dabei besonders das selbstverantwortliche Denken fördern und bewirken, dass ökonomische, rechtliche, ökologische, soziale und weitere Aspekte erkannt werden, die mit solchen Entscheidungen im Zusammenhang stehen. Nebenbei wird auch die Bandbreite von Instandhaltungsaufgaben deutlich.

Zum anderen geht es darum, das Vergleichen als Methode der Erkenntnisgewinnung zu begreifen. Daher ist es wichtig, die Vorgänge beim Vergleichen verstehbar zu machen.

Im Einzelnen sollen die Lernenden in der Unterrichtseinheit

- die Komplexität betrieblicher Entscheidungen als Zusammenspiel fertigungs- und instandhaltungstechnischer, ökonomischer, ökologischer, rechtlicher, sozialer und weiterer Aspekte begreifen,
- sich die Bandbreite von Instandhaltungstätigkeiten von einfachen Wartungsaufgaben, über Diagnose bis hin zur Instandsetzung und Verbesserung komplexer Anlagen vergegenwärtigen,
- ihr Wirken im Unternehmen als Mitgestalten von Arbeit und Technik verstehen,
- fachlich begründete Entscheidungen treffen sowie
- das Vergleichen als wichtige Methode und ein Verfahren der Erkenntnisgewinnung zu begreifen.

Didaktisch-methodische Struktur

Grundlegend folgt der Handlungsablauf in den Lernphasen den Schritten des Vergleichens. Vor allem die Auswahl der Vergleichsobjekte sowie das Festlegen der Vergleichskriterien sollten durch die Lernenden erfolgen, wobei die Lehrkraft gegebenenfalls steuernd eingreifen sollte. So ist es sinnvoll, zumindest die beiden Extrempositionen „Fremdinstandhaltung" und „Eigeninstandhaltung" in dem Vergleich zu behandeln, selbst wenn sie von den Lernenden nicht ausgewählt werden sollten. Die dennoch damit verbundene Offenheit erfordert von der Lehrkraft die generelle Bereitschaft, Objekte und Kriterien zuzulassen, die sie vielleicht nicht für wichtig erachtet.

Das vergleichende Vorgehen unter der besonderen Fragestellung, ob Fremd- oder Eigeninstandhaltung zu favorisieren sei, impliziert bereits eine arbeitsteilige Gruppenarbeit als zentrale Sozialform des Unterrichts. Damit ist auch die Schwierigkeit im weiteren Verlauf verbunden, die Ergebnisse der beteiligten Gruppen sinnvoll zusammenzutragen und anschließend allen Schülerinnen und Schülern dauerhaft verfügbar zu machen. Wie dieses im Einzelnen erfolgt, kann auf verschiedenen Wegen umgesetzt werden und gehört dem Grunde nach zum themenunabhängigen Handwerkszeug einer Lehrkraft. Hierbei spielen auch Erfahrungswerte eine wichtige Rolle.

Eine besondere didaktische Funktion kann das Vorgehen haben, mit dem die Vergleichskriterien ermittelt werden. Im vorgestellten Handlungsablauf geschieht dieses dreischrittig nach dem Prinzip des Individualisierens und Konzentrierens. Hierbei werden vor allem auch soziale Fähigkeiten angesprochen, geht es doch darum, kompromissbereit zu sein, andere Meinungen zu akzeptieren und zu gemeinsamen Lösungen zu finden.

Auf die Lernphasen am Ende der Unterrichtseinheit soll gesondert hingewiesen werden. Zum einen ist es didaktisch sinnvoll, dass die anfangs aufgeworfene Frage „Fremdinstandhaltung oder Eigeninstandhaltung" nun auch zumindest vorläufig beantwortet wird. Zum zweiten ist Wert auf eine Bewertungsphase zu legen, bei der einerseits über das vergleichende Vorgehen und andererseits die Gruppenarbeit an sich reflektiert wird. Über diese Besinnung wird es möglich, dass sich die Lernenden vergegenwärtigen, was eigentlich prozessual geschehen ist und was sie geleistet haben. Zum dritten ist es sinnvoll, einen fachlichen Transfer zumindest anzubahnen, indem über ähnliche Fragen des Auslagerns von Leistungen nachgedacht wird.

Der Erfolg des Unterrichts wird wesentlich dadurch bestimmt, inwieweit die Lernenden nicht nur aus ihrem bisherigen Erfahrungswissen, sondern auch mit Hilfe bereitgestellter zusätzlicher Informationen (z. B. Beiträge in Fachzeitschriften[29]) sowie eigener Recherche den Vergleich sachgerecht durchführen.

Handlungsablauf

Im Folgenden ist ein möglicher Ablauf der Unterrichtseinheit in tabellarischer Form dargestellt.

[29] Als kleine Auswahl sei z. B. verwiesen auf:
GOTTER, R./MUCK, U.: Instandhaltung durch Produktionspersonal. Erfahrungsbericht zur Einführung und Integration der TPM-Arbeit. In: Zeitschrift für wirtschaftlichen Fabrikbetrieb (ZWF), 97. Jg. (2002), Heft 11, S. 568-571
WINKLER, H.: Fremdvergabe von Service-Dienstleistungen in der Industrie will wohl durchdacht sein. In: MM, Das IndustrieMagazin, o. Jg. (2007), Heft 5, S. 32 f.

Unterrichtsbeispiel 22: Instandhaltungsvergleich – Fremdinstandhaltung oder Eigeninstandhaltung					
Nr.	**Lernphase**	**Handlungsablauf**	**Aktions- und Sozialform**	**Medien und didaktische Materialien**	**Didaktische Hinweise**
1	Vergleichsanstoß (Einstieg)	Die Schülerinnen und Schüler hören eine Fallschilderung. Anschließend wird darüber gesprochen. Im Mittelpunkt steht die Frage, welche Organisationsform am sinnvollsten ist: Fremdinstandhaltung oder Eigeninstandhaltung? Gemeinsam wird eine Liste möglicher auf Akteure bezogener Instandhaltungsformen erstellt. Es zeigt sich, dass die Frage nicht nur auf die beiden Organisationsformen „Fremd-“ und „Eigeninstandhaltung“ reduziert werden kann.	Klasse Unterrichtsgespräch	Tonband; alternativ: Folie mit Text (Hörtext „Situation Störfall“) Tafel	Sind ausreichend Erfahrungen vorhanden, können Lernende auch selbst über Fälle berichten. Die möglichen Formen werden von den Lernenden an die Tafel geschrieben und dort gesammelt.
2	Auswahl der Vergleichsobjekte	Aus der Liste werden jene Instandhaltungsformen ermittelt, die nachfolgend als Vergleichsobjekte dienen sollen. Entschieden wird sich für Instandhaltung durch Fremdfirma (= Fremdinstandhaltung), Instandhaltung durch spezielle Abteilung des eigenen Unternehmens (Fremd-Eigen-Instandhaltung) sowie Bedienerinstandhaltung (Eigeninstandhaltung).	Klasse (Abstimmung)	Tafel	Je nach Klassen- und nachfolgender Gruppengröße kann die Anzahl der Vergleichsobjekte zwischen zwei und bis zu acht variieren. Eine größere Anzahl bringt zwar eine stärkere Ausdifferenzierung, aber die Unterschiede werden weniger kontrastreich.

3	Intuitives Vorgehen, Gruppenbildung	Es werden spontane Meinungen zu den jeweiligen Organisationsformen eingeholt. Aus dem Meinungsbild ergeben sich zugleich Gruppenzusammensetzungen.	Klasse, Unterrichtsgespräch		Häufig muss die Gruppenzusammensetzung nachkorrigiert werden, weil sie nicht mit den Meinungsbildern identisch ist. Es können sechs Gruppen entstehen, sodass später jeweils zwei Gruppen an einer Instandhaltungsorganisationsform arbeiten.
4	Festlegen der Vergleichskriterien	Nach dem Prinzip des Individualisierens und Konzentrierens werden die Vergleichskriterien ermittelt. Zunächst notiert jeder Lernende auf kleinen Zetteln fünf Kriterien, die ihm wichtig sind. Anschließend wird sich in jeder Gruppe auf mindestens sechs Kriterien verständigt. Zum Abschluss des Festlegungsprozesses wird sich in der gesamten Klasse auf die Kriterien geeinigt. Dabei trägt zunächst die Gruppe ihre Kriterien vor, die die geringste Anzahl hat. Sie pinnt ihre Vorschläge an. Gruppen mit mehr Vorschlägen vervollständigen in der Reihenfolge. Die acht bis maximal zehn Vergleichskriterien, auf die sich mehrheitlich verständigt wird, werden in eine Tabelle eingetragen, sodass alle Schülerinnen und Schüler den gleichen Vergleichsrahmen haben.	Einzelarbeit Gruppenarbeit Plenum Klasse	Notizzettel Pinnwand vorbereitetes Arbeitsblatt (auch ausschnittweise als Folie)	Der Prozess des Festlegens der Vergleichskriterien in drei Stufen (Einzel-, Gruppen-, Plenumsarbeit) nimmt sehr viel Zeit in Anspruch, ist aber didaktisch besonders wertvoll. Sollte die Zeit nicht zur Verfügung stehen, kann das Festlegen der Vergleichskriterien zeitlich deutlich minimiert werden, indem die Schülerinnen und Schüler sofort im Klassenverband agieren und vorgeschlagene Kriterien an der Tafel oder Pinnwand gesammelt werden. Nachfolgend wird über die Liste gesammelter Kriterien abgestimmt.

5	Vergleichsdurchführung	Die Lernenden bearbeiten in Gruppen die ihnen zugedachte Instandhaltungsorganisationsform nach den festgelegten Kriterien. Dazu erhalten sie Informationsmedien sowie die Möglichkeit, im Internet zu recherchieren. Sie bereiten sich zudem darauf vor, die Ergebnisse präsentieren zu müssen.	Gruppenarbeit	Arbeitsblatt Informationsmaterial PC, Internet Folien für jede Arbeitsgruppe	Entsprechend der Überlegungen zur Präsentationsform stellt die Lehrkraft notwendige Hilfsmittel zur Verfügung. Als sinnvoll hat sich erwiesen, den Gruppen eine Folie mit vorbereiteter Tabelle bereit zu halten. Alternativ kann auch eine große Tabelle an der Tafel vorbereitet werden, in die später die Ergebnisse eingetragen werden. Das so entstehende Tafelbild sollte später fotografiert werden.
6	Vergleichsauswertung	Drei Gruppen stellen ihre Ergebnisse vor. Dabei ergänzt oder korrigiert die jeweils zweite Gruppe einer jeden Organisationsform die vortragende. Anschließend werden die Gruppenergebnisse verglichen, um zu einem Urteil zu gelangen. Dabei wird wieder zur Ausgangsfrage zurückgekehrt: Fremdinstandhaltung oder Eigeninstandhaltung? Die Frage wird beantwortet.	Präsentationen im Plenum Plenum, Lehrer-Schüler-Gespräch	Folien siehe Ergebnisraster sowie Lösungserwartung	Es kann sinnvoll sein, auch die jeweils zweite Gruppe die Ergebnisse komplett vorstellen zu lassen. Die Lehrkraft organisiert, dass die Folien vervielfältigt und so allen Lernenden zur Verfügung gestellt werden.
7	Bewertung des Verfahrens	Gemeinsam wird über das vergleichende Vorgehen als Solches und die Arbeit in den Gruppen reflektiert. Möglichkeiten der Verbesserung werden besprochen.	Plenum, Lehrer-Schüler-Gespräch	ggf. Fragen auf Folien	Wichtig ist, dass die Lernenden den Prozess des Vergleichens als Methode der Erkenntnisgewinnung verinnerlichen.
8	Transfer	Es wird nach ähnlichen Fragestellungen in Unternehmen gesucht, bei denen die Frage steht, ob eine Dienstleistung selbst erbracht oder durch einen fremden Anbieter „eingekauft“ werden sollte.	Plenum, Lehrer-Schüler-Gespräch		Es bieten sich als Beispiele an: Verpflegungsdienste, Entsorgungsdienste.

Didaktische Materialien

Hörtext „Situation Störfall" (Tonband)

Sprecher: Um mit der Fertigung eines Werkstückes beginnen zu können, war es notwendig, die Werkzeugmaschine umzurüsten und den Nullpunkt neu zu setzen. Der Umbau dauerte ca. eine Stunde. Das Programm war eingelesen und die Maschine, die alle nur „Frieda" nannten, sollte gestartet werden.

Werkstattgeräusche im Hintergrund.

Arbeiter 1: So, ... es kann endlich losgehen. Alles okay? Hast Du die Tür zu?
Arbeiter 2: Ja, ich schalt ein.
Arbeiter 1: Und warum passiert nichts? Hast Du schon eingeschalten?
Arbeiter 2: Klar, ich drück doch schon die ganze Zeit. Aber es rührt sich nichts.
Arbeiter 1: Was ist denn nun wieder los? Warum will unsere ‚Frieda' nicht?

Ein Signalton ertönt.

Arbeiter 1: Was will denn die ‚Frieda'? Jaule mal nicht so auf, sag uns lieber, was mit Dir los ist!
Arbeiter 2: Sieh mal! Der Monitor zeigt ‚Fehlercode I 161' an. Kennst Du den?
Arbeiter 1: Nö. Du?
Arbeiter 2: Nö. ... Mal in das Maschinenhandbuch gucken.

Sprecher: In der Fehlerliste des Maschinenhandbuches war der Fehler zwar erwähnt, aber nicht weiter erklärt. Das Problem bestand also noch immer: Die Maschine war einfach nicht zu starten! So blieb nichts weiter übrig, als die Service-Hotline der Instandhaltungsfirma „Pannenhilfe" zu nutzen. Nach vielen Versuchen und mehrmaligem Weiterverbinden durch die Zentrale war der „Servicemann" endlich zu erreichen. Doch auch er wusste im ersten Moment mit der Fehlermeldung nichts anzufangen. Dann aber:

Werkstattgeräusche im Hintergrund, nach kurzer Zeit klingelt ein Telefon.

Arbeiter 1: Fräswerkstatt, Lehmann.
Servicemann (Telefonstimme): Ich bin's nochmal, Heinrich vom Servicedienst der Firma „Pannenhilfe". Ich habe den Fehler in einem Servicehandbuch endlich gefunden.
Arbeiter 1: Na da bin ich ja gespannt. Und was ist es?
Servicemann (Telefonstimme): Hier steht: „Ölstand Zentralschmierung unter Minimum!" Das wird es sein.
Arbeiter 1: Was denn, so einfach? Es ist zu wenig Öl in der Zentralschmierung? ... Wir sind aber auch bescheuert.

Nach einer Weile: Die Maschine läuft bereits wieder.

Arbeiter 2: Wir sollten uns einfach mal überlegen, wie wir solche Fehler selbst finden können. Wozu müssen wir immer erst eine fremde Firma anrufen?

Sprecher: Kleine Ursache – große Wirkung! Es waren fast zwei Stunden vergangen; Zeit, in der die Maschine nicht produzierte. So stellt sich die Frage: Kann die Instandhaltung nicht auch anders organisiert werden?

Arbeitsblatt:
Fremdinstandhaltung oder Eigeninstandhaltung

Name: .... Klasse: .... Datum: ....

Ausgangssituation:

Zu der Frage, wie die Instandhaltung in einem Unternehmen organisiert werden sollte, gibt es verschiedene Lösungsansätze, die nachfolgend vergleichend bearbeitet werden sollen. Sie werden in Ihrer Gruppe die Organisationsform

____

bearbeiten. Um in den Gruppen mit einheitlichen Vergleichskriterien zu hantieren, hat sich die Klasse auf eine Reihe von solchen Kriterien verständigt.

Lern- und Arbeitsaufgabe:

Bearbeiten Sie bitte in der Gruppe den von Ihnen gewählten bzw. zugewiesenen Vergleichsgegenstand anhand der festgelegten Kriterien! Nutzen Sie dazu eine Tabelle, wie Sie diese vom Ansatz her nachfolgend vorfinden!

Vergleichskriterien	Vergleichsobjekt: ....

Arbeitsblatt (Ausschnitt zur Lösungsdarstellung):
Fremdinstandhaltung oder Eigeninstandhaltung

Name: .... Klasse: .... Datum: ....

Vergleichskriterien	**Vergleichsobjekt: ....**

Arbeitsblatt: Organisationsformen der Instandhaltung			
Vergleichskriterien	**Fremdinstandhaltung**	**Fremd- Eigen- Instandhaltung**	**Eigeninstandhaltung**

Lösungsblatt: Organisationsformen der Instandhaltung

Vergleichskriterien	Fremdinstandhaltung	Fremd- Eigen- Instandhaltung	Eigeninstandhaltung
personelle Konsequenzen	eigene Mitarbeiter müssen nicht extra qualifiziert werden	Betrieb muss Mitarbeiter in separater Abteileilung gliedern	Mitarbeiter müssen auch für Instandhaltung qualifiziert sein
Dauer der Produktionsunterbrechung	bei plötzlichem Ausfall sehr lange (bis Firma vor Ort ist)	bei plötzlichem Ausfall überschaubar	kann in vielen Fällen gering sein
wirtschaftliche Folgen	fachgerechte Instandhaltung bewirkt bessere Qualität	fachgerechte Instandhaltung; im Einzelfall aber nicht lösbar	Risiko vorhanden, dass der Fall nicht gelöst werden kann
Fachlichkeit der Instandhaltung	spezifische Probleme können gelöst werden	die allermeisten Probleme werden betriebsintern gelöst	mitunter nicht immer fachgerechte Instandhaltung
Folgen für Lebensdauer	hohe Lebensdauer der Anlagen	hohe Lebensdauer der Anlagen	ggf. geringere Lebensdauer der Anlagen
rechtliche Folgen	Garantierecht; Risiko liegt bei der Fremdfirma	Risiko liegt im eigenen Betrieb; keine externe Verlagerung	Bediener ist allein verantwortlich
soziale Folgen	Betriebsfremde Arbeiter zeitweise in der Firma	Instandhaltungsabteilung muss immer in Bereitschaft sein	Bediener müssen ggf. kooperieren und sich helfen
Vorteile gesamt	hohe Spezialisierung möglich	Lösung im Allgemeinen im eigenen Unternehmen	unmittelbare Bearbeitung vor Ort (Maschinenwissen)
Nachteile gesamt	mitunter längere Ausfallzeiten	ständige Bereitschaft der Instandhaltungsabteilung	spezielle Probleme nicht lösbar
geeignet bei …	… sehr speziellen Anlagen	… Anlagen mittlerer Spezifik	… bei einfachen Anlagen

Reflexion der Unterrichtseinheit

Es zeigt sich, dass die unterrichtliche Behandlung von Themen, die auf Entscheidungsfragen hinauslaufen – wie in diesem Falle die Gegenüberstellung von Fremd- und Eigeninstandhaltung –, mit einem vergleichsorientierten Ansatz besonders spannend erfolgen kann. So entstehen häufig längere Diskussionen über die von den Lernenden aufgelisteten Argumente, da die Aspekte in vielen Fällen auch verschieden ausgelegt und aus vermeintlichen Vorteilen rasch Nachteile werden können. Daher ist auch die hier skizzierte Lösungserwartung nicht zweifelsfrei und mit Problemen behaftet. Zugleich kann mit diesem Vorgehen einem Anliegen gerecht werden, das in vielen anderen Fällen fachlichen Unterrichts einfach zu kurz kommt: Kontroverses sollte im Unterricht auch kontrovers debattiert werden. Für die hier behandelte Frage der Gegenüberstellung von Fremd- und Eigeninstandhaltung ist den Lernenden klar geworden: Es gibt keine generell anwendbare richtige Lösung.

Solch ein entscheidungsorientierte Verfahren bietet sich zudem an, um Wettbewerbssituationen zu erzeugen (Motivation: „Wir wollen besser sein.“; „Wir wollen zeigen, dass wir Recht haben.“ ...), die wiederum besonders gut in arbeits- oder objektteiliger (was das Vergleichsobjekt betrifft) Gruppenarbeit unterrichtlich umgesetzt werden können.

Unterrichtsbeispiel 23: Fallstudie über Strategien zur Vermeidung eines Achsbruchs

Unterrichtsverfahren: Fallstudie

Thematische Aspekte

Immer wieder wird thematisiert, wie ein sicheres Instandhaltungsmanagementkonzept aussehen kann. Ein unzulängliches Instandhaltungskonzept kann Ursachen für zum Teil tragische Unfälle, Havarieren oder sogar Katastrophen sein. Solche Beispiele können die Folgenhaftigkeit z. B. mangelhafter Wartungs- und Diagnosearbeiten oder auch fehlerhafter Demontagetätigkeiten aufzeigen. Zugleich stellen sie oft eine geeignete Möglichkeit dar, um aus ihnen einen Anlass für eine Falluntersuchung zu konstruieren. Reale und zudem noch bekannte Fälle aus der Berufs- und Lebenswelt erhöhen in der Regel die Motivation der Lernenden. Es kommt aus Sicht der Lehrkraft darauf an, sie in sinnvoller Weise didaktisch-methodisch nutzbar zu machen. Eine Fallstudie kann dieses bewerkstelligen.

Häufig lassen sich medienwirksame reale Fälle nicht unmittelbar im beruflichen Unterricht in entsprechender fachlicher Tiefe umsetzen, weil Detailinformationen fehlen oder Expertenwissen notwendig ist, das für Schülerinnen und Schüler nicht ohne weiteres zur Verfügung steht oder aber didaktisch reduziert werden muss. Eine weitere Schwierigkeit liegt darin, dass der Fall einerseits ausreichend konkret und komplex, andererseits aber nicht zu fachwissenschaftlich zu speziell sein darf. Die Lernenden müssen eine reale Chance haben, Lösungsvarianten mit entsprechendem Detaillierungsgrad zu entwickeln, ohne dass die Pauschallösung durch die Medien bereits präsentiert ist und diese nicht weiter konkretisiert werden muss. Aufgrund dieser Ausgangslage sind oft Abweichungen von einer – im Sinne des wissenschaftlichen Erkenntniserwerbs – „vollständigen“ Fallstudie am realen Fall notwendig. Davor sollte sich die Lehrkraft auch nicht scheuen.

Insgesamt hat aber die Fallstudie mit ihrem Bezug zur Realität eine hohe Motivierungsfunktion, zumal hier häufig Schülerinnen und Schüler mitreden können, die sonst fachliche Defizite aufweisen und kaum qualifizierte Beiträge leisten. Als weiterer Vorteil kommt hinzu, dass der Fall aus einer realen Begebenheit resultiert und das Eingebundensein in vielfältige Kontexte zeigt. So kann der hier genutzte Beispiel des zu befürchtenden Achsenbruchs bei der Bahn nicht nur aus instandhaltungstechnischer Sicht (gleichermaßen: Wartung, Inspektion, Instandsetzung, Verbesserung) untersucht werden. Zugleich rücken beispielsweise auch fachliche Fragen aus den Bereichen der Festigkeitslehre/Technischen Mechanik (zulässige Achslast, Beanspruchungsarten,

...), aus der Konstruktions- und Fertigungstechnik (Gestaltung und Fertigung von Achszapfen und deren Übergänge, Wärmebehandlung ...), aus der Werkstoff- (hohe Oberflächenhärte bei geringer Stoßempfindlichkeit, Rissausbreitung, ...) und der Prüftechnik (Prüfen von Mikrorissen ...) in den Mittelpunkt, sodass der Querschnittscharakter der Instandhaltung deutlich sichtbar wird. Aber auch nichtfachliche Fragen stellen sich durch die Realität des Falls: Welche logistischen und wirtschaftlichen Folgen hat der vorübergehende Verzicht auf diese Züge für die Bahn? Wie kann der Imageschaden klein gehalten werden? Könnten Kunden auf den Individualverkehr zurückgreifen? Was hätte das für ökologische Folgen? Wie ist der Fall ethisch-moralisch zu bewerten? usw.

Lernvoraussetzungen

Die Unterrichtseinheit ist besonders für Lernende höherer Ausbildungsjahre der Berufe „Konstruktionsmechaniker/-in“, „Industriemechaniker/-in“ sowie gegebenenfalls auch „Mechatroniker/-in“ geeignet. Es sollten fachliche Kenntnisse z. B. allgemein zum Bereich der Instandhaltung bereits vorhanden sein. Das betrifft besonders solche Aspekte wie Wartung, Wartungsplan und -intervall, Inspektion, Inspektionsplan, Ausfallwahrscheinlichkeit, Instandhaltungsstrategien etc. Darüber hinaus sollten werkstoff- und prüftechnische Kenntnisse vorliegen, sodass Beanspruchungsarten, Lastberechnungen, Rissbildung, Zugversuch etc. bekannt sind.

Den Lernenden sollten Methoden der Internetrecherche nicht fremd sein, da die Informationsbeschaffung einen wesentlichen Teil ihrer Arbeit darstellt. Außerdem müssen die Schülerinnen und Schüler in Gruppen zusammenarbeiten und selbstständig Lösungsansätze finden können.

Unterrichtsziele und angestrebter Kompetenzzuwachs

Die wesentlichen Intentionen der Unterrichtseinheit zielen in zwei Richtungen. Zum einen sollen die Lernenden ihre Fachlichkeit auf dem Gebiet der Instandhaltung in größerer Breite unter Beweis stellen. Dazu müssen sie Wissen, das sie in vorangegangenen Unterrichtseinheiten bereits erworben haben, aus quer liegenden Technikbereichen nutzen, die um Teil keinen direkten Bezug zur Instandhaltung aufweisen. Dieser übergreifende Ansatz erfordert Transferleistungen der Schülerinnen und Schüler, zum Teil auch aus vorhergehenden Lernfeldern bzw. Ausbildungsjahren. Zum anderen erfahren die Lernenden an diesem Beispiel das Vorgehen bei einer Fallstudie. Hierzu gehört im Kern insbesondere die zielgerichtete Informationsbeschaffung und -auswertung, um

Lösungsansätze entwickeln und ausformulieren sowie Entscheidungen treffen und diese gegen Skeptiker bzw. Kritiker verteidigen zu können.

Im Einzelnen sollen die Lernenden in der Unterrichtseinheit

- zielgerichtet nach Informationen suchen und auswerten,
- selbstständig einen Fall mit Bezug zur Instandhaltung in seiner Komplexität erfassen und analysieren,
- Lösungsvarianten entwickeln und dabei fachliches Wissen aus verschiedenen Technikbereichen bzw. Lernfeldern zielgerichtet anwenden sowie vertiefen,
- fachgerecht präsentieren, argumentieren und diskutieren sowie
- das eigene und das soziale Vorgehen in der Gruppe reflektieren.

Didaktisch-methodische Struktur

Die Fallstudie ist nach der Art der Case-Problem-Method aufgebaut. Es geht im Kern um die zielgerichtete Informationsbeschaffung zu einem aufgeworfenen Fall unter dem Gesichtspunkt, dass Lösungsvarianten entwickelt, aufgeworfen, vorgestellt und diskutiert werden. Dadurch ist das Vorgehen relativ offen und entscheidungsorientiert angelegt.

Der zeitliche Umfang kann zum Teil erheblich erweitert werden, wenn das Vorgehen im Rahmen der Informationsbeschaffung durch Hinzuziehen von Experten oder durch eine Betriebsbesichtigung noch ausgebaut wird. Zeitliche Flexibilität kann dadurch entstehen, dass Teile der Informationsbeschaffung auch in den häuslichen Bereich verlagert werden. Dieses macht zudem deutlich, dass mit dem Unterrichtsansatz in weiten Ansätzen selbstorganisiertes oder zumindest selbstgesteuertes Lernen möglich ist.

Handlungsablauf

Im Folgenden ist ein möglicher Ablauf der Unterrichtseinheit in tabellarischer Form dargestellt.

Unterrichtsbeispiel 23: Fallstudie über Strategien zur Vermeidung eines Achsbruchs

Nr.	Lernphase	Handlungsablauf	Aktions- und Sozialform	Medien und didaktische Materialien	Didaktische Hinweise
1	Erfassen bzw. Ausgestalten der Fallsituation	Es wird mittels eines Videos (oder eines Zeitungsberichts) die Situation geschildert, dass die gesamte ICE-Flotte der Deutschen Bahn vorübergehend aus dem Verkehr gezogen werden musste, weil an einem Zug eine gefährliche Rissbildung in einer Achse festgestellt wurde. Danach wird kurz über den Fall gesprochen: Was ist eigentlich passiert? Welche Informationen sind in dem Bericht enthalten? Ist die Reaktion der Deutschen Bahn angemessen?	Plenum Unterrichtsgespräch	Video und/oder gedruckter Bericht	Videos können zu dem Thema aus dem Internet heruntergeladen werden. Alternativ: Ein Lernender liest einen Bericht (s. Anhang) vor.
2	Informationsphase			Arbeitsblatt	
2a	Beschaffen von Informationen zum konkreten Fall	Die Schülerinnen und Schüler erhalten den Auftrag, sich weitere Informationen zu dem konkreten Fall zu beschaffen.	Einzelarbeit	PC, Internet	Die Phase kann auch in den häuslichen Bereich ausgedehnt bzw. verlagert werden.

2b	Zwischen-reflexion	Die Lehrkraft verweist darauf, dass spezifische Informationen notwendig sind, um den Vorgang aus Sicht der Instandhaltung zu bewerten. Daraufhin formulieren die Lernenden zunächst in Partnerarbeit entsprechende Fragen, die sie auf Zettel notieren. Anschließend bilden sich Arbeitsgruppen, bei denen die Fragen gegenseitig vorgestellt und diskutiert werden. Ziel ist es, dass sich jede Gruppe auf mindestens fünf instandhaltungsrelevante Fragen verständigt. Die Fragen, auf die sich in der Arbeitsgruppe geeinigt wurden, werden im Arbeitsblatt notiert.	Partner-arbeit Gruppen-arbeit	Arbeitsblatt	Relevante Fragen sind z. B.: 1) Welche Strategie der Instandhaltung wurde gewählt (ausfallbedingte, zustandsabhängige, zeitabhängige …) bzw. in welchen Intervallen wurde gewartet bzw. inspiziert? 2) Welche Tätigkeiten wurden bei der Wartung bzw. Inspektion durchgeführt bzw. welche Tätigkeiten hätten durchgeführt werden sollen? 3) Aus welchem Werkstoff bestehen die Achsen, und welche Eigenschaften weist der Werkstoff auf? 4) Wie können Mikrorisse festgestellt werden? 5) Wie kann die Gefahr der Rissbildung minimiert werden, und wie kann die unerkannte Rissbildung verhindert werden? 6) Mit welchem Sicherheitsfaktor wird bei der Bahn gearbeitet? 7) Für welche Geschwindigkeiten und Achslasten sind die Achsen ausgelegt?

2c	Beschaffen von Informationen unter konkreten Vorgaben	Die Schülerinnen und Schüler suchen in Arbeitsgruppen zielgerichtet nach den Informationen, die ihnen helfen, die selbst gestellten Fragen zu beantworten. Sie stoßen dabei aber auch schnell auf Grenzen. Derart detailliertes Wissen lässt sich oft auch im Internet nicht finden. Die Lehrkraft ermuntert die Lernenden, auch andere Wege der Informationsgewinnung zu bedenken.	Gruppenarbeit	PC, Internet	Diese Lernphase kann deutlich machen, dass spezifisches Wissen auch im Internet nur schwer oder gar nicht zu finden ist. Die Lehrkraft muss sensibel reagieren und auf das Erreichen der „Frustrationsschwelle“ der Lernenden achten. Je nach Möglichkeit kann z. B. eine Recherche bei Herstellern von Achsen, bei der Bundesanstalt für Materialforschung und -prüfung (BAM) oder bei anderen Experten erfolgen. Diese Varianten sollten zumindest angesprochen werden. Möglich ist auch, die Expertise an dieser Stelle abzubrechen und nachfolgend nur noch von Annahmen auszugehen.
3	Ermitteln der Lösungsvarianten	Die Arbeitsgruppen erstellen mit Hilfe der gewonnenen Informationen Lösungsvarianten unter dem Gesichtspunkt der Instandhaltung, sodass ein derartiger Fall zukünftig mit hoher Wahrscheinlichkeit nicht mehr auftreten kann. Die Varianten sollten möglichst konkrete Angaben enthalten.	Gruppenarbeit	Arbeitsblatt	Die Schülerinnen und Schüler werden in vielen Fällen nach weiteren Informationen suchen (müssen), um ihre Lösungsvarianten konkretisieren zu können. Die Lösungsvarianten sollten sich beziehen - auf konstruktive Änderungen (z. B. Werkstoffzusammensetzung),

3					- Wartungstätigkeiten und Wartungsmanagement (z. B. Wartungszyklus), - Diagnose (z. B. Prüfverfahren) und Diagnosemanagement (Prüfintervall) - Einsatzbedingungen und Garantierecht (z. B. Höchstgeschwindigkeit).
4	Treffen der Entscheidung	Die Lernenden entscheiden sich in den Arbeitsgruppen für eine Lösungsvariante, die aus einem Set an (möglichst aufeinander abgestimmten) Maßnahmen bestehen sollte. Sie bereiten eine entsprechende Präsentation vor einer Gutachtergruppe vor.	Gruppenarbeit	Arbeitsblatt Präsentationsmaterial	Die Lehrkraft sollte gegebenenfalls darauf hinweisen, dass Sicherheitsdenken auch zu drastischen, aber völlig unwirtschaftlichen Maßnahmen (z. B. tägliche Inspektion) führen kann.
5	Verteidigen der Entscheidung	Vor den Mitlernenden werden die Lösungsvarianten der Gruppen vorgestellt und anschließend verteidigt.	Plenum	Präsentationstechnik	Kritische Fragen der Mitlernenden sind ausdrücklich erwünscht. Die Lehrkraft sollte gegebenenfalls dazu besonders ermuntern.

6	Überprüfen der Entscheidung mit Lösungen in der Realität	Die Lernenden informieren sich, welche Konsequenzen die Deutsche Bahn aus dem Vorfall gezogen hat.	Plenum, ggf. Einzelarbeit	ggf. durch die Lehrkraft bereitgestelltes Informationsmaterial oder PC/Internet	Im Allgemeinen sind den Schülerinnen und Schülern die Konsequenzen der Deutschen Bahn bereits durch die vorangegangene Informationsrecherche bekannt. Dann kommt es an dieser Stelle nur noch darauf an, an diese Informationen zu erinnern und so den Kreis zu schließen, um „in die Realität des Falles zurückzukehren“.
7	Reflexion des Vorgehens	In einer abschließenden Phase reflektieren die Lernenden das Vorgehen in den einzelnen Etappen und ihre Arbeit in den Gruppen.	Plenum		Den Lernenden sollen die Phasen der Fallstudie bewusst werden.

Didaktische Materialien

Bericht: Bahn nimmt ICE-T-Züge aus dem Verkehr

Der Nachrichtensender N24 meldet am 24.10.2008 um 17.14 Uhr:

Massive Behinderungen

Bahn nimmt ICE-T-Züge aus dem Verkehr
Wegen mangelnder Sicherheitsgarantien von Seiten der Hersteller sollen am Samstag fast alle ICE-T-Züge aus dem Verkehr genommen werden. Die Bahn rechnet mit massiven Einschränkungen des Zugverkehrs.
Die Deutsche Bahn zieht ab dem Samstag fast alle ihrer rund 70 ICE-T-Züge aus dem Verkehr. Ab Samstagmorgen stünden deshalb „erheblich weniger" Züge zur Verfügung. Die Bahn hat nach eigenen Angaben 71 Züge dieser Bauart. So komme es zu Einschränkungen auf den Strecken Berlin-München, Wiesbaden-Dresden, Stuttgart-Zürich und Dortmund-Wien.
„Wir sehen uns von der Industrie im Stich gelassen, die uns mit nicht belastbaren und unklaren Angaben konfrontiert", erklärte der derzeitige Bahnchef. „Deshalb sehen wir uns zu dieser drastischen Maßnahme mit den sich daraus ergebenden Fahrplanänderungen gezwungen."
Der ICE-Hersteller Siemens wehrt sich gegen die Vorwürfe der Deutschen Bahn, das Unternehmen hätte sein Leistungsversprechen nicht eingehalten. Eine Siemens-Sprecherin sagte am Freitag dem Radiosender hr-Info, „wir haben die Züge nach Stand der Technik und nach geltenden Normen gebaut. Von den Aufsichtsbehörden wurden die Züge so genehmigt".

Bahnchef kritisiert Hersteller
Die Siemens-Sprecherin fügte laut hr-Info hinzu, die verkürzten Wartungsintervalle für den ICE 3 und den ICE mit Neigetechnik habe die Aufsichtsbehörde Eisenbahnbundesamt angeordnet.
Das bestätigt auch der zweite ICE-Hersteller Bombardier. „Die Festsetzung des Intervalls ist Aufgabe des Eisenbahnbundesamtes", sagte ein Sprecher von Bombardier Transportation. Bei der Herstellung habe sich das Unternehmen im geltenden Rahmen bewegt.
Der Bahn-Vorstandschef hatte zuvor angesichts der technischen Probleme mit ICE-Zügen deren Hersteller kritisiert. Er forderte die Unternehmen auf, ihr Leistungsversprechen einzuhalten. Auch wies er Kritik am eigenen Konzern als ungerechtfertigt zurück.
„Um einen zuverlässigen Fahrplan im Fernverkehr in nächster Zeit noch sicherstellen zu können, brauchen wir von den ICE-Herstellern endlich klare und verbindliche Aussagen über Haltbarkeit und Prüfintervalle der ICE-Achsen", sagte der Bahnchef am Freitag in Berlin. Es könne nicht so weitergehen, dass die Bahn ständig mit veränderten Fakten und Einschätzungen konfrontiert werde. Die Bahn bemühe sich daher im Interesse ihrer Kunden intensiv darum, so schnell wie möglich belastbare Aussagen der Industrie zu bekommen.

Quelle: http://www.n24.de/news/newsitem_4030528.html (06.04.2009)

Arbeitsblatt:
Achsbruch bei der Bahn

Name: .... Klasse: .... Datum: ....

Ausgangssituation:
Wegen mangelnder Sicherheitsgarantien von Seiten der Hersteller hat die Bahn fast alle ICE-T-Züge aus dem Verkehr genommen.

Lern- und Arbeitsaufgabe 1 (Einzelarbeit):
Bitte beschaffen Sie sich weitere Informationen zu diesem Fall! (Einzelarbeit)

Lern- und Arbeitsaufgabe 2 (erst Partner- dann Gruppenarbeit):
Sie erhalten den Auftrag, als Gutachtergruppe der Bahn tätig zu werden, den Fall zu untersuchen und Veränderungen vorzuschlagen, sodass derartige Probleme künftig nicht mehr auftreten.

a) Fokussieren Sie bitte Ihre Informationsrecherche, indem Sie zunächst Fragen formulieren, die für den Fall aus Sicht der Instandhaltung relevant sind! Einigen Sie sich in der Gruppe auf mindestens fünf solcher Fragen und notieren Sie diese!

....

....

....

....

....

....

....

....

....

....

....

b) Suchen Sie nun speziell nach Informationen, mit denen Sie Ihre Fragen beantworten können!
c) Entwickeln Sie eine Lösungsvariante, die aus möglichst aufeinander bezogenen Einzelmaßnahmen bestehen!
d) Bereiten Sie sich auf eine Präsentation ihrer Lösungsvariante als Gutachtergruppe vor dem Bahnvorstand vor!

Lösungsvorschlag zum Arbeitsblatt:
Achsbruch bei der Bahn

Name: .... Klasse: .... Datum: ....

Ausgangssituation:
Wegen mangelnder Sicherheitsgarantien von Seiten der Hersteller hat die Bahn fast alle ICE-T-Züge aus dem Verkehr genommen.

Lern- und Arbeitsaufgabe 1 (Einzelarbeit):
Bitte beschaffen Sie sich weitere Informationen zu diesem Fall! (Einzelarbeit)

Lern- und Arbeitsaufgabe 2 (erst Partner- dann Gruppenarbeit):
Sie erhalten den Auftrag, als Gutachtergruppe der Bahn tätig zu werden, den Fall zu untersuchen und Veränderungen vorzuschlagen, sodass derartige Probleme künftig nicht mehr auftreten.

a) Fokussieren Sie bitte Ihre Informationsrecherche, indem Sie zunächst Fragen formulieren, die für den Fall aus Sicht der Instandhaltung relevant sind! Einigen Sie sich in der Gruppe auf mindestens fünf solcher Fragen und notieren Sie diese!

   1) Welche Strategie der Instandhaltung wurde gewählt (ausfallbedingte, zustandsabhängige, zeitabhängige ...) bzw. in welchen Intervallen wurde gewartet bzw. inspiziert?

   2) Welche Tätigkeiten wurden bei der Wartung bzw. Inspektion durchgeführt bzw. welche Tätigkeiten hätten durchgeführt werden sollen?

   3) Aus welchem Werkstoff bestehen die Achsen, und welche Eigenschaften weist der Werkstoff auf?

   4) Wie können Mikrorisse festgestellt werden?

   5) Wie kann die Gefahr der Rissbildung minimiert werden, und wie kann die unerkannte Rissbildung verhindert werden?

   6) Mit welchem Sicherheitsfaktor wird bei der Bahn gearbeitet?

   7) Für welche Geschwindigkeiten und Achslasten sind die Achsen ausgelegt?

b) Suchen Sie nun speziell nach Informationen, mit denen Sie Ihre Fragen beantworten können!
c) Entwickeln Sie eine Lösungsvariante, die aus möglichst aufeinander bezogenen Einzelmaßnahmen bestehen!
d) Bereiten Sie sich auf eine Präsentation ihrer Lösungsvariante als Gutachtergruppe vor dem Bahnvorstand vor!

Reflexion der Unterrichtseinheit

Die Realität des Falles ermöglicht auch sonst weniger motivierten Lernenden einen guten Zugriff zum Thema sowie die vielschichtige Betrachtung auch außerhalb der engen Fachlichkeit. Zudem liegt eine große Offenheit vor, die dazu führt, dass die Unterrichtseinheit zeitlich und inhaltlich auch erheblich ausgeweitet werden kann, wenn die Lernenden ausreichende Fähigkeiten besitzen, ihr Lernen selbst zu organisieren. Bezeichnend ist dafür, dass von der Lehrkraft im Vorfeld nur wenige didaktische Materialen bereitgestellt werden müssen. Im Verlauf der Fallbearbeitung können durch die Lernenden Ideen entstehen, die zwar zu integrierten, zugleich aber zu mehr oder weniger eigenen weiterreichenden Unterrichtsvorhaben führen, wie eine Betriebsbesichtigung bei einem anerkannten Prüf- oder Forschungsinstitut (z. B. Bundesanstalt für Materialforschung und -prüfung (BAM) in Berlin) oder eine Expertenkonferenz etc.

Der offene und entscheidungsorientierte Ansatz kann zu einer entsprechend hohen Motivation und Eigeninitiative führen. Damit besteht jedoch auch die Gefahr, das eigentliche Anliegen, den Fall aus Sicht der Instandhaltung zu untersuchen, zu bewerten und nach Verbesserungsvorschlägen zu suchen, aus den Augen zu verlieren. Hier ist die Lehrkraft in besonderer Weise gefordert.

Unterrichtsbeispiel 24: Projekt zur Instandhaltung komplexer Werkzeugmaschinen[30]

Unterrichtsverfahren: Technisches Projekt

Thematische Aspekte

Regelmäßige präventive Instandhaltungsarbeiten an Werkzeugmaschinen, zumeist relativ einfacher und beinahe routinemäßiger Art, tragen dazu bei, dass maschinenbedingte und zudem unvorhergesehene Ausfallzeiten minimiert werden können. Dadurch wird die Verfügbarkeit der kostenintensiven Maschinen, einschließlich deren Lebensdauer, in vielen Fällen verbessert, weil das Risiko schadensbedingter Maschinenausfälle reduziert wird. Darüber hinaus wird auch ein Beitrag geleistet, um die Gefahren eines Arbeitsunfalls zu verringern und den Schutz der Maschinenbediener vor Verletzungen zu verbessern. Zugleich können Produkt- und Prozessqualität leichter auf dem geforderten Niveau gehalten werden. Neben den damit verbundenen unmittelbaren betriebswirtschaftlichen Aspekten hat die Instandhaltung auch soziale, volkswirtschaftliche und vor allem ökologische Bedeutung.

Mit „einfachen" Instandhaltungsarbeiten sind insbesondere solche aus den Bereichen der Wartung und Inspektion gemeint, die zur regelmäßigen Pflege der Maschinen zu zählen sind. Dafür wird zuweilen der Begriff der Routineinstandhaltung verwendet. Nach einer Definition handelt es sich um „regelmäßige oder wiederholte einfache Instandhaltungsarbeiten, die üblicherweise keine besonderen Kenntnisse, Befugnisse oder Werkzeuge erfordern" (DIN EN 13306, S. 25). Neben Wartungs- und Inspektionsaufgaben können somit eventuell auch einfache Instandsetzungsaufgaben in diesen Bereich fallen.

Lernvoraussetzungen

Da die Bediener durch das eigenständige und fachgerechte Ausführen solcher relativ einfacher Instandhaltungsarbeiten maßgeblich die Maschinenverfügbarkeit beeinflussen können, sollte die Instandhaltung nicht nur in den anderen Lerneinheiten en passant mit thematisiert, sondern darüber hinaus in einem eigenen Inhaltsschwerpunkt behandelt werden. In den Blick sollen dabei nicht solche Instandsetzungstätigkeiten geraten, die das komplette Zerlegen der Maschine bis in die einzelnen Bauelemente zur Folge haben und die speziell ausgebildeten und mit besonderer Technik ausgestatteten Instandsetzungsab-

[30] Das ursprüngliche Konzept dieser Lerneinheit wurde in Zusammenarbeit mit dem CNC-Zentrum Dresden des Sächsischen Fort- und Umschulungswerkes (SFUW) erarbeitet.

teilungen vorbehalten sind. Wichtig ist vielmehr, dass jene Tätigkeiten der Instandhaltung aufgegriffen werden, die im Verantwortungsbereich des Bedieners der Maschine liegen. Es kommt darauf an, die Lernenden für diesen Bereich zu sensibilisieren, sie mit einfachen, aber wichtigen Arbeiten vertraut zu machen und sie dazu zu befähigen, dass sie eigenständig Routineinstandhaltungen an der Maschine planen und fachgerecht ausführen können. Sie sollen in die Lage versetzt werden, viele Instandhaltungsarbeiten eigenständig erledigen zu können. Gleichzeitig werden sie dazu angeregt, im Rahmen der „Bediener-Instandhaltung“ noch weitere Instandhaltungsarbeiten zu übernehmen (z. B. Ferndiagnose, Nutzen der Service-Hotline) bzw. sich in Kooperation mit dem Servicetechniker an der Instandsetzung oder Grundüberholung einer CNC- oder HSC-Maschine zu beteiligen. Wichtig ist zudem, dass die Teilnehmer ein Verantwortungsbewusstsein für „ihre“ Maschine entwickeln, sodass die tägliche Pflege und Wartung zu einer Selbstverständlichkeit wird. Hierbei ist auf zwei Seiten des Arbeitsschutzes zu achten: Zum einen sollen die Lernenden erkennen, dass präventive Instandhaltung auch den Arbeitsschutz stärkt, zum anderen müssen sämtliche Instandhaltungsarbeiten unter Einhaltung von Sicherheitsbestimmungen durchgeführt werden.

Unterrichtsziele und angestrebte Kompetenzen

Die Schülerinnen und Schüler sollen in die Lage versetzt werden, eigenständig notwendige einfache Instandhaltungsarbeiten an Werkzeug- und vor allem CNC-Maschinen zu planen und fachgerecht auszuführen. Die Lösung dieser berufsrelevanten Aufgabenstellung soll dazu führen, dass auch soziale Kompetenzen wie Team-, Kooperations-, Kommunikations- und Präsentationsfähigkeit entwickelt werden. Im Einzelnen sollen die Lernenden

- Arbeiten an Werkzeugmaschinen der Routineinstandhaltung sowie den einzelnen Grundmaßnahmen der Instandhaltung zuordnen,
  einen Instandhaltungsauftrag analysieren, Teilaufgaben ermitteln, die Teilaufgabe ordnen und eine allgemeine Bearbeitungsschrittfolge erstellen,
- Maschinenunterlagen analysieren, den Instandhaltungsbedarf ermitteln und Entscheidungen zu erforderlichen Arbeiten treffen,
- Arbeitspläne für Instandhaltungsarbeiten unter Beachtung arbeitssicherheits- und umweltschutztechnischer Aspekte aufstellen sowie
- die Außerbetriebnahme der Werkzeugmaschine für Instandhaltungsarbeiten und die Wiederinbetriebnahme mit anschließender Funktionskontrolle exakt ausführen.

Didaktisch methodische Struktur

Als ein geeignetes makromethodisches Instrument bietet sich für diese Thematik das Unterrichtsverfahren „Technisches Projekt" an. Mit dem Routineinstandhaltungsauftrag werden insbesondere planerische und synthetisierende Denkleistungen in Verbindung mit strategisch-organisatorischer und instrumenteller Handlungsfähigkeit bei den Teilnehmenden entwickelt.

Didaktisch sinnvoll ist es, folgenden Ablauf vorzunehmen:
- Instandhaltungsauftrag und Auftragsanalyse,
- Planen der Vorgehensweise,
- Analyse der Maschinenunterlagen und Entscheidung über notwendige Instandhaltungsarbeiten,
- Erstellen eines Instandhaltungsplans und Vorbereiten einzelner Instandhaltungsarbeiten,
- Überprüfen der Vorbereitung einschließlich erforderlicher Vorwegmaßnahmen und Freigabe der Maschine zur Durchführung der Routineinstandhaltung,
- Durchführung der erforderlichen Routineinstandhaltungsarbeiten und Veranlassen weiterer Instandhaltungsmaßnahmen bei Nichterfüllung bestimmter Merkmalswerte,
- Funktionsprüfung nach abgeschlossener Routineinstandhaltung und Freigabe der Maschine zur Produktion sowie
- Auswertung einschließlich Dokumentation und Rückmeldung.

Diese Schrittfolge muss noch didaktisiert werden. Sie führt dann zum geplanten Handlungsablauf.

Die grundlegende Frage, vor deren Hintergrund sich das Lerngeschehen vollzieht, ist jene nach der berufsdidaktischen Relevanz der Thematik: Welche Bedeutung hat die Instandhaltung für Maschinenbedienfachkräfte, wenn die eingesetzte Technik derart komplex ist, dass eine Instandsetzung nach einer Störung in der Werkzeugmaschine nur von Spezialisten durchgeführt werden kann? Vorschnell könnte man zu der Annahme kommen, dass die Instandhaltung solcher Maschinen nur speziell dafür ausgebildeten Fachkräften vorbehalten bleibt. Doch die Instandhaltung beginnt bereits bei der täglichen Wartung; hierfür tragen gerade die Bedienfachkräfte eine hohe Verantwortung. So kann daraus die Leitfrage gewonnen werden: „Wodurch können Maschinenbediener die Verfügbarkeit und Effektivität der Maschinen verbessern?"

Handlungsablauf

Der nachfolgend skizzierte Planungsentwurf mit dem enthaltenen Handlungsablauf kann der Lehrkraft bei der Konzeption und Gestaltung der Lerneinheit als Vorschlag oder Anregung dienen.

Unterrichtsbeispiel 24: Projekt zur Instandhaltung komplexer Werkzeugmaschinen (HSC-Maschine)

Nr.	Lernphase	Handlungsablauf	Aktions- und Sozialform	Medien und didaktische Materialien	Didaktische Hinweise
1	Einstieg mit intuitiver Phase	Die Lehrkraft eröffnet die Lerneinheit und spielt danach ein Tonband mit der Situation „Störfall“ ab. Eine Fräsmaschine, die lief, lässt sich nach dem Rüstvorgang nicht mehr starten und gibt einen Signalton. Selbst die Servicehotline kann den Ton zunächst nicht deuten und meldet erst nach einer Weile: „Der Ölstand der Zentralschmierung ist unter Minimum!“ Was war passiert?	Hörspiel	Tonband	Ist keine Möglichkeit vorhanden, das Tonband abzuspielen, so kann die Situation auch auf einer Folie nahe gebracht werden. Die geschilderte Situation verdeutlicht den Lernenden, dass sie als Bediener mitverantwortlich sind für die Verfügbarkeit und Effizienz der Maschinen.
		In der Diskussion versuchen die Lernenden die Ursache zu ermitteln. Dazu melden sie sich spontan zu Wort.	Spontandiskussion		
		Zusammengefasst wird, dass eine nicht ausgeführte Wartungsmaßnahme des Maschinenbedieners die Ursache für diesen unnötigen Maschinenausfall war. Die Lernenden erkennen die Problematik und stellen die Frage: „Wodurch können wir als Maschinenbediener die Verfügbarkeit und Effektivität unserer Maschinen verbessern?“ Die Frage wird auf einem Flipchart festgehalten.	Lehrkraft-Schüler-Gespräch	Flipchart 1	Die Lehrkraft schreibt die wichtige Frage der Lernenden an das Flipchart.

2	Reflexionsphase	Die Lernenden nennen verschiedene Aspekte, die näher betrachtet und diskutiert sowie auf einem Flipchart gesammelt werden. Für sehr wichtig erkennen sie das Instandhalten der Maschine. Die Lehrkraft stellt die Aufgabe: „Nennen Sie Beispiele für einfache Instandhaltungsarbeiten!“ Die Lernenden bestimmen und diskutieren unter Einbeziehung betrieblicher Erfahrungen mögliche einfache Instandhaltungsarbeiten, die sie an ihren Maschinen selbst ausführen. Dazu wird ein weiteres Flipchart genutzt. Die Arbeiten werden unter dem Begriff „Routineinstandhaltung“ zusammengefasst.	Brainstorming Diskussion	Flipchart 1 (Lösung) gegebenenfalls DIN EN 13306 Flipchart 2	Wird die Wichtigkeit der Instandhaltung nicht selbst erkannt, lenkt die Lehrkraft das Augenmerk darauf und stellt anschließend die Aufgabe. Die DIN EN 13306 kann helfen, den Begriff der Routineinstandhaltung näher zu bringen.
3	Sachgerechte Erarbeitung mit Zwischenzusammenfassung	Die Teilnehmer erhalten in Partnerarbeit Gelegenheit, sich mit den Grundmaßnahmen der Instandhaltung nach DIN 31051 vertraut zu machen. Danach werden sie dazu aufgefordert, die von ihnen genannten Tätigkeiten den Grundmaßnahmen zuzuordnen. Sie schreiben je eine einfache Instandhaltungsarbeit auf ein Kärtchen und ordnen diese an der Pinnwand einer der vier „Grundmaßnahmen der Instandhaltung“ (DIN 31051) zu. Die Zuordnung wird kontrolliert. Danach wird zusammengefasst, dass ein strategisches Ziel der Instandhaltung darin besteht, möglichst alle Routineinstandhaltungsarbeiten vom Maschinenbediener selbst als „Bediener-Instandhaltung“ ausführen zu lassen.	Partnerarbeit	DIN 31051, Kärtchen, Pinnwand, gegebenenfalls auch DIN EN 13306	Die DIN 31051 sollte mehrfach bereitliegen. Es kann auch die DIN EN 13306 hinzugezogen werden.

4	Instandhaltungsauftrag	Die Lehrkraft geht mit den Lernenden an die Werkzeugmaschine und fordert sie auf: „Planen Sie notwendige Routineinstandhaltungsarbeiten an der Maschine, und führen Sie diese fachgerecht aus!“ Zur Lösung der Aufgabe werden Partnergruppen gebildet. Den Lernenden wird Gelegenheit gegeben, Fragen zu stellen, auf bereitliegende Unterlagen zuzugreifen und weitere Informationsmittel einzufordern.	Übergang zur Partnerarbeit	Werkzeugmaschine, gegebenenfalls Tafel oder Folie	Die Lernenden erhalten einen umfangreichen Auftrag, der keine Eingrenzungen enthält, sondern die gesamte Werkzeugmaschine erfasst. Steht weniger Zeit zur Verfügung, können Gruppen gebildet werden, denen konkrete Systembereiche zugeordnet werden. Zur optischen Unterstützung kann der Arbeitsauftrag auch schriftlich fixiert werden.
5	Grobplanen der Vorgehensweise	Die Teilnehmer verdeutlichen sich die Zielstellung und entwickeln in Partnerarbeit einen Ablaufplan für die durchzuführenden Instandhaltungsarbeiten. Dieser muss noch nicht detailliert sein, sollte aber wichtige Maßnahmen enthalten, die durchzuführen sind.	Partnerarbeit		Die Detailplanung wird sich erst nach dem folgenden Befassen mit den Unterlagen ergeben.
6	Analyse der Maschinenunterlagen/ Entscheidung über notwendige Instandhaltungsarbeiten	Die Lernenden studieren alle zur Verfügung gestellten Materialien mit dem Ziel, die auszuführenden Instandhaltungsarbeiten an der Werkzeugmaschine vollständig zu identifizieren. Sie entscheiden, dass sie mögliche Teilaufgaben sammeln, dann sortieren und so ihre erste, noch grobe Bearbeitungsschrittfolge weiterentwickeln. Spontan nennen die Lernenden mögliche Teilaufgaben, schreiben sie auf Kärtchen und legen diese vor sich auf den Tisch. Danach werden diese geordnet.	Partnerarbeit	Maschinendokumentation und Nachweisbuch „Instandhaltung“ (Informationsblatt 1), Kärtchen	Gehen die Lernenden sehr spontan sowie unsystematisch vor und erkennen sie die Vielfalt des Auftrages nicht, dann sollte die Lehrkraft dazu anregen, ihre Vorgehensweise kritisch zu reflektieren. Welche Informationsquellen wie zu nutzen sind, müssen die Lernenden selbst erkennen.

7	Erstellen eines Instandhaltungsplanes, Vorbereiten einzelner Instandhaltungsarbeiten	In Partnerarbeit wird versucht, die grobe Schrittfolge durch weitere Teilaufgaben zu untersetzen. Die Lernenden detaillieren und vervollständigen dadurch ihre Bearbeitungsschrittfolge. Sie entwerfen das Raster für einen Instandhaltungsplan, der auch Angaben über Wartungsintervall und Zeitpunkt etc. enthält. Außerdem werden u. a. Werkzeuge, Betriebsstoffe, auszuführende Handlungen sowie Arbeitsschutzaspekte erfasst. Danach versuchen sie, das Raster so genau wie möglich auszufüllen. Zu einzelnen Instandhaltungsarbeiten werden noch spezielle Vorbereitungen getroffen, indem Notizen angefertigt werden.	Partnerarbeit	Nachweisbuch „Instandhaltung“ (Informationsblatt 1)	Gegebenenfalls sollten zwischendurch die Partnerarbeiten unterbrochen werden, um sich auf ein einheitliches Raster zum Instandhaltungsplan zu verständigen. Um die Lernenden zum exakten Formulieren der einzelnen Schritte zu aktivieren, kann die Lehrkraft ankündigen, dass die fertigen Arbeitspläne ausgetauscht und somit von einer anderen Gruppe umgesetzt werden.
8	Zwischenpräsentation mit Freigabe durch die Lehrkraft	Eine Partnergruppe präsentiert ihren Instandhaltungsplan an der Pinnwand. Die Lernenden analysieren und diskutieren diesen, nehmen mögliche Ergänzungen vor und stellen Rückfragen. Der auf jene Weise optimierte Instandhaltungsplan wird von der Lehrkraft „abgenommen“. Nach diesem Plan kann gearbeitet werden. Zuvor einigen sich die Lernenden darauf, in welcher zeitlichen Reihenfolge die Gruppen ihre Routineinstandhaltungsarbeiten an der Werkzeugmaschine ausführen. Vor Beginn der Instandhaltungsarbeiten gibt die Lehrkraft allgemeine Sicherheitshinweise.	Präsentation und Diskussion	Pinnwand 2	Schon während der Präsentation kann der Instandhaltungsplan in den PC eingegeben und durch die Diskussion bereits im PC optimiert werden. Jeder Lernende kann dann einen Ausdruck erhalten. Ist ausreichend Zeit vorhanden, muss nicht zwingend nach einem einheitlichen Plan weiter verfahren werden.

9	Durchführung der Instandhaltung/ Veranlassen weiterer Maßnahmen bei Nichterfüllung bestimmter Merkmalswerte	Die Lernenden besorgen sich für die durchzuführenden Instandhaltungsarbeiten alle erforderlichen Werkzeuge, Betriebsstoffe, Messmittel sowie Ersatzteile und überprüfen anhand der Arbeitspläne den Vorbereitungsstand. Danach nehmen die Lernenden die Maschine außer Betrieb und sichern sie gegen versehentliches Wiedereinschalten durch Dritte. Sie orten die Inspektions- und Eingriffsstellen für Wartungs- bzw. einfache Instandsetzungsarbeiten, sichern deren Zugänglichkeit (z. B. Öffnen der Maschinentür) und führen die einzelnen Arbeitsschritte aus. Erkennen sie bei der Inspektion die Nichterfüllung eines Merkmalwertes, so sind erforderliche Instandhaltungsarbeiten selbst auszuführen oder zu veranlassen. Dabei sind arbeitssicherheits- und umweltschutztechnische Vorschriften einzuhalten. Anfallende Betriebsstoffe bzw. Hilfsmittel werden umweltschonend entsorgt.	Partnerarbeit	Werkzeugmaschine, Instandhaltungsplan, Werkzeuge, Betriebsstoffe, Hilfsmittel, Messmittel, Ersatzteile	Die Partnergruppen erhalten den Hinweis, dass stets ein externer Lernender als Beobachter fungiert, der die Vorgehensweise erfasst, mit dem Plan vergleicht und die Durchführung bewertet. Der Beobachter sollte nicht in das Geschehen eingreifen. Die Realitätsnähe kann von der Lehrkraft durch „Einbau" einer Funktionsbeeinträchtigung (z. B. zugesetzter Filter) erhöht werden. Die Lehrkraft sollte sich weitestgehend zurückhalten und genau beobachten, dass die einzelnen Arbeiten fachgerecht ausgeführt werden. Notizen unterstützen eine detaillierte Auswertung.
10	Funktionsprüfung nach Routineinstandhaltung und Freigabe der Maschine zur Produktion	Sind die Routineinstandhaltungsarbeiten abgeschlossen, wird die Maschine wieder in Betrieb genommen und die Funktionsfähigkeit überprüft. Gibt es keine Beanstandungen, kann die Maschine an die Lehrkraft übergeben werden. Sie vollzieht die Abnahme. Ist alles in Ordnung, erfolgt die Maschinenfreigabe. Bei Beanstandungen ist die Ursache zu ermitteln und eventuell die Instandhaltungsarbeit zu wiederholen.	Partnerarbeit	Werkzeugmaschine	Die Lehrkraft lässt sich die Funktionserfüllung und Inspektionsstellen zeigen, um das Erfüllen der Merkmalswerte zu kontrollieren. Bei Ungenauigkeiten sind die Lernenden zur Rede zu stellen.

11	Arbeitsanalyse und Ergebnisdokumentation mit Präsentation	Die Lehrkraft gibt etwas Zeit zum Eintragen der ausgeführten Arbeiten ins Nachweisbuch Instandhaltung und regt die Lernenden zum Analysieren ihrer Arbeitspläne und Notizen an, um Erfahrungen zu verallgemeinern. Die Teilnehmenden entwickeln die Ergebnispräsentation. Einige Instandhaltungsarbeiten werden näher vorgestellt, die gesammelten Erfahrungen präsentiert und verallgemeinert. In einer Diskussion werden die Ergebnisse gemeinsam mit den Eintragungen im Nachweisbuch betrachtet, bewertet und mögliche Veränderungen vorgenommen.	Partnerarbeit, Präsentation und Diskussion	Instandhaltungspläne, Pinnwand, gegebenenfalls Folien, gegebenenfalls Arbeitsblatt „Arbeitsplan Ölabscheider“	Die Lehrkraft sollte darauf orientieren, dass möglichst jede Gruppe, besser jeder Lernende, einer Routineinstandhaltungsarbeit vorstellt und reflektiert. Wenn noch ausreichend Zeit vorhanden ist, kann als Lernerfolgskontrolle das Arbeitsblatt „Arbeitsplan Ölabscheider“ eingesetzt werden.
12	Zusammenfassung und Verallgemeinerung	Die Lehrkraft fordert die Teilnehmer auf, ihre Erfahrungen zu verallgemeinern, z. B. durch Vereinen mehrerer Arbeiten zu einer allgemeinen Schrittfolge, zum Ergebnistransfer auf andere Maschinen, zur Suche nach Übereinstimmungen bei den Arbeitsschrittfolgen. Sie entwickeln Vorstellungen und präsentieren diese an der Pinnwand. Nachfolgend wird darüber diskutiert. Danach regt die Lehrkraft zu einer Retrospektive an, in der die Bedeutung der relativ einfachen Instandhaltungsarbeiten für eine hohe Maschinenverfügbarkeit und damit der Stellenwert der „Bediener-Instandhaltung“ sichtbar werden. Die Lernenden schreiben ihre Überlegungen auf ein Kärtchen und präsentieren es. Im Anschluss initiiert die Lehrkraft, dass sich die Lernenden überlegen, welche weiteren Instandhaltungsaufgaben sie wahrnehmen bzw. wo sie unterstützend mitwirken können.	Plenum, Präsentation und Diskussion	Flipchart	Mit den dokumentierten Routineinstandhaltungsarbeiten werden Möglichkeiten eröffnet, die gewonnenen Einsichten und Praxiserfahrungen zusammenzufassen sowie auf andere Maschinen zu übertragen.

13	Ergebnis-einordnung und Ausblick	Die Vorschläge werden an der Pinnwand befestigt und diskutiert. Abschließend werden mögliche Vor- und Nachteile von Instandhaltungsstrategien sowie Möglichkeiten der „Bediener-Instandhaltung“ diskutiert und abgewogen. Aufgaben des Maschinenbedieners in der Betriebspraxis runden das Ganze ab.	Brainstorming		In die Diskussion werden Aspekte des Instandhaltungsmanagements sowie der Arbeitsorganisation mit einbezogen. Dadurch können die Lernergebnisse erweitert werden.

Didaktische Materialien

Hörtext „Situation Störfall“ (Tonband)

Sprecher: Um mit der Fertigung eines Werkstückes beginnen zu können, war es notwendig, die Werkzeugmaschine umzurüsten und den Nullpunkt neu zu setzen. Der Umbau dauerte ca. eine Stunde. Das Programm war eingelesen und die Maschine, die alle nur „Frieda“ nannten, sollte gestartet werden.

Werkstattgeräusche im Hintergrund.

Arbeiter 1: So, ... es kann endlich losgehen. Alles okay? Hast Du die Tür zu?
Arbeiter 2: Ja, ich schalt ein.
Arbeiter 1: Und warum passiert nichts? Hast Du schon eingeschaltet?
Arbeiter 2: Klar, ich drück doch schon die ganze Zeit. Aber es rührt sich nichts.
Arbeiter 1: Was ist denn nun wieder los? Warum will unsere ‚Frieda‘ nicht?

Ein Signalton ertönt.

Arbeiter 1: Was will denn die „Frieda“? Jaule mal nicht so auf, sag uns lieber, was mit Dir los ist!
Arbeiter 2: Sieh mal! Der Monitor zeigt „Fehlercode I 161“ an. Kennst Du den?
Arbeiter 1: Nö. Du?
Arbeiter 2: Nö. ... Mal in das Maschinenhandbuch gucken.

Sprecher: In der Fehlerliste des Maschinenhandbuches war der Fehler zwar erwähnt, aber nicht weiter erklärt. Das Problem bestand also noch immer: Die Maschine war einfach nicht zu starten! So blieb nichts weiter übrig, als die Service-Hotline zu nutzen. Nach vielen Versuchen und mehrmaligem Weiterverbinden durch die Zentrale war unser „Servicemann“ endlich zu erreichen. Doch auch er wusste im ersten Moment mit der Fehlermeldung nichts anzufangen. Dann aber:

Werkstattgeräusche im Hintergrund, nach kurzer Zeit klingelt ein Telefon.

Arbeiter 1: Fräserei, Lehmann.
Servicemann (Telefonstimme): Ich bin’s nochmal, Heinrich vom Servicedienst. Ich habe den Fehler in einem Servicehandbuch endlich gefunden.
Arbeiter 1: Na da bin ich ja gespannt. Und was ist es?
Servicemann (Telefonstimme): Hier steht: „Ölstand Zentralschmierung unter Mimimum!“ Das wird es sein.
Arbeiter 1: Was denn, so einfach? Es ist zu wenig Öl in der Zentralschmierung? ... Wir sind aber auch bescheuert.

Sprecher: Kleine Ursache – große Wirkung! Es waren fast zwei Stunden vergangen; Zeit, in der die Maschine nicht produzierte. So stellt sich die Frage: Was war genau passiert?

Flipchart 1:
Einflussnahme der Maschinenbediener (Lösungsvariante)

Wodurch können wir als Maschinenbediener die Verfügbarkeit und Effektivität unserer Maschinen erhöhen?

Wir müssen ...

- *fertigungsgünstige Bearbeitungswerte und Einspannlängen der Werkzeuge auswählen,*
- *Überlastungen und damit mögliche Schädigungen vermeiden,*
- *Werkstücke fertigungsgünstig spannen,*
- *die Maschinen regelmäßig warten,*
- *die Rüst- und Einrichtzeiten gering halten,*
- *Funktionsbeeinträchtigungen durch Inspektionstätigkeiten rechtzeitig erkennen und den Servicetechniker informieren,*
- *das Einhalten der Betriebswerte kontrollieren,*
- *die Instandhaltungsarbeiten mit dem Servicetechniker abstimmen und optimieren,*
- *einfache Instandsetzungsaufgaben (z. B. Wechsel von Ersatzteilen) eigenverantwortlich ausführen,*
- *Störungssituationen, deren ermittelte Ursachen und die Arbeitsschrittfolge zu deren Behebung dokumentieren.*

Flipchart 2: **Bedienerr-Instandhaltung (Lösungsvariante)**
Welche einfachen Instandhaltungsarbeiten können durch die Bediener an Maschinen selbst ausgeführt werden? • *Ölstand kontrollieren* • *Schmierstoffbehälter entleeren, reinigen und neu füllen* • *Filter wechseln* • *Filter reinigen* • *Maschine reinigen (z. B. Führungsbahnen, Sichtscheiben, Spannsysteme)* • *Betriebswerte ein- bzw. nachstellen (z. B. Druck, Temperatur)* • *Schlauchanschlüsse und Schläuche auf Dichtheit prüfen (Leckage erkennen)* • *Dichtungen wechseln* • *Funktion des NOT-AUS-Tasters überprüfen* • *Bildschirm säubern* • *verschlissene oder zerstörte Werkzeuge auswechseln* • *Öl nachfüllen* • *Sicherheitsscheiben nach Alterung oder Crash auswechseln* • *Verbindungen nachziehen*

Pinnwand:
Grundmaßnahmen (Lösungsvariante)

Ordnen Sie bitte den Grundmaßnahmen der Instandhaltung einfache Instandhaltungsarbeiten zu!

Instandhaltung

Wartung	Inspektion	Instandsetzung	Verbesserung
Öl nachfüllen	*Ölstand kontrollieren*	*Filter wechseln*	
Schmierstoffbehälter entleeren, reinigen und neu füllen	*Einhaltung der Betriebswerte (z. B. Drehzahl) kontrollieren*	*Verschlissene oder zerstörte Werkzeuge auswechseln*	
Filter reinigen	*Schläuche und Anschlüsse auf Dichtheit prüfen*	*Sicherheitsscheiben bei Alterung oder Crash wechseln*	
Maschine reinigen (z. B. Führungsbahnen, Sichtscheiben, Spannsysteme)	*Funktion des NOT-AUS-Tasters prüfen*		
Dichtungen wechseln	*Kontrolle der Sicherheitsscheiben nach Crash*		
Betriebswerte ein- bzw. nachstellen (z. B. Druck, Temperatur)	*Prüfen der Spannsysteme nach einem Crash*		
Verbindungen nachziehen			

Informationsblatt:
Nachweisbuch „Instandhaltung“

lfd. Nr.	Maßnahmen	Maschinenbereich/ Komponente	Masch.-Dokumentation	Werkzeuge, Betriebsstoffe	Zeitintervall	Ausgeführt am: Name / Unterschrift / Bemerkungen		
1	mit Fett abschmieren	Fräskopf mit Pinole (2) (Standard)	5-4 bis 5-7 / 5-33	KP/ GP00F20	200 h	03.12.09 / Schmidt erledigt Schmidt	07.01.10 / Müller erledigt Müller	
2	Ölstand kontrollieren und nachfüllen	Fräskopf (3) (Standard)	5-4 bis 5-7 / 5-33	CL/ HLPD46	200 h	03.12.09 / Schmidt erledigt Schmidt	07.01.10 / Müller erledigt Müller	
3	Ölstand kontrollieren und nachfüllen	Hauptgetriebe (4) (Standard)	5-4 bis 5-7 / 9-32	CL/ HLPD46	200 h	03.12.09 / Schmidt erledigt Schmidt	07.01.10 / Müller erledigt Müller	
4	Ölstand kontrollieren und nachfüllen	Hydraulik-Aggregat (5) (Standard)	5-4 bis 5-7 / 5-27	CL/ HLPD46	200 h	03.12.09 / Schmidt erledigt Schmidt	07.01.10 / Müller erledigt Müller	
5	Ölstand kontrollieren und nachfüllen	Spindelstockölbad (7) (Standard)	5-4 bis 5-7 / 5-31	CL/ HLPD46	200 h	03.12.09 / Schmidt erledigt Schmidt	07.01.10 / Müller erledigt Müller	

Arbeitsblatt:
Arbeitsplan Ölabscheider

Name: .... Kurs: .... Datum: ....

Lern- und Arbeitsaufgabe:

Ergänzen Sie bitte die Arbeitsschrittfolge zum Ausführen der in der Maschinendokumentation ausgewiesenen Maßnahme zur Routine-instandhaltung „Ölabscheider (13) für GMN-(HSC-) Spindel entleeren, reinigen und Filter wechseln“!

lfd. Nr.	Vorgangs-beschreibung	Betriebs-stoffe/Werkzeuge/ Messmittel/ Hilfsmittel	Bemerkungen
1	Raster für Arbeitsplan bestimmen und Vorgehensweise planen	Arbeitsplan, Maschinendokumentation	
2	alle Mittel zur Durchführung der Instandhaltungsmaßnahme besorgen	Schild „Instandsetzung“, Vorhängeschloss, Waschbenzin, Filterpatrone, Lappen, Schale	
3	Abstimmen des Zeitpunktes der Außerbetriebnahme der Werkzeugmaschine mit dem Meister		
4	Außerbetriebnahme der Werkzeugmaschine mit Hauptschalter „Q1“	Maschinendokumentation	
5			
6			
7			
8			

Reflexion der Unterrichtseinheit

Mit der Routineinstandhaltung wird ein oft unterbelichteter Handlungsbereich thematisiert, der auf den ersten Blick kaum problematisiert werden sollte oder kann. Vielen Lehrkräften erscheint die Thematik didaktisch zu trivial. Im Unterrichtsverlauf zeigt sich jedoch, dass in dem Thema weit mehr Lernpotential steckt, als ursprünglich angenommen. Lernende tun sich schwer damit, offenbare Selbstverständlichkeiten aufzuführen bzw. sie zudem der Instandhaltung zuzuordnen.

Insgesamt scheint es für manche Lernende sinnvoll, dass sie „Regeln“ beim Umgang an Werkzeugmaschinen mitsamt der Bestimmungen für Gesundheits-, Arbeits- und Brandschutz (noch einmal) explizit besprechen. Es wird rasch die Exemplarik deutlich, sodass die Lernenden erneut auf Grundprinzipien hingewiesen werden, die auch in anderen Arbeits- und Lebensbereichen – z.B. bei privater PKW-Nutzung – anzutreffen sind. Solche Verweise machen den Unterricht auch für manche „schulmüde“ Jugendliche interessanter. Hierbei sind sehr unterschiedliche Erfahrungen nicht nur aus der außerberuflichen Lebenswelt, sondern auch aus der betrieblichen Praxis der Schülerinnen und Schüler zu berücksichtigen. Während einigen Lernenden die „Pflege“ „ihrer“ Werkzeugmaschine bereits selbstverständlich ist, gibt es auch Schülerinnen und Schüler, die weder in Schule noch in Betrieb für solche Arbeiten sensibilisiert wurden.

Aufgrund des einführenden oder auch zusammenfassenden Charakters des Themas kann das Unterrichtsbeispiel sowohl am Beginn als auch am Ende eines größeren Lernblocks zur Instandhaltung verortet werden. Ebenso ist eine enge Verbindung zur Frage und zu einem entsprechenden Unterricht herstellbar, ob einer Fremd- oder einer Eigeninstandhaltung der Vorzug zu geben ist (vgl. Unterrichtsbeispiel 22).

Unterrichtsbeispiel 25: Instandsetzung eines Schneckengetriebes unter besonderer Berücksichtigung von Demontage und Remontage[31]

Unterrichtsverfahren: Demontage-, Inspektions- und Remontageaufgabe

Vorbemerkungen

Im Folgenden wird eine komplexe Instandsetzungsaufgabe am Beispiel eines Schneckenradgetriebes[32] dargestellt. Es lässt sich mit seiner kompakten Baugröße und seinen hervorragenden, leicht verständlichen technischen Unterlagen gut auf die Leistungsfähigkeit von Lernenden abstimmen. Die technischen Unterlagen beinhalten neben entsprechenden Stücklisten sowohl Einzelteilzeichnungen und Zusammenbauzeichnungen als auch eine Explosionszeichnung. Getriebe, Montageplätze und Werkzeuge stehen in ausreichender Anzahl für die Schülerinnen und Schüler zur Verfügung, sodass eine handlungsorientierte Gruppenarbeit möglich ist.

In der Unterrichtspraxis ist feststellbar, dass einerseits die Demontage bzw. Montage mit sehr viel Zeit geplant, durchgeführt und kontrolliert wird, andererseits die Wiederherstellung des Urzustandes aufgrund von Zeitmangel oftmals schnell und wenig fachgerecht in den letzten Minuten des Unterrichts stattfindet. Die Folge ist, dass das Übungsgerät schnell verschleißt oder nicht mehr einsetzbar ist und dass die Ausgangslage für den Unterricht des nachfolgenden Kollegen unklar ist. Dieses kann bei den Lehrkräften und den Schülerinnen und Schülern zu Frustrationen führen und ist auch aus ökonomischer Sicht (vor allem bei einem kleinen Schulhaushalt) nicht wünschenswert. Da mit einer Demontageaufgabe fast die gleichen Unterrichtsziele erreichbar sind wie mit einer Montageaufgabe (wenn dasselbe Übungsgerät eingesetzt wird), ergeben sich für die praktische Umsetzung drei Unterrichtsvarianten.

In der Variante eins werden sowohl die Demontage und Inspektion als auch die Remontage als ganzheitlicher Ansatz durchgeführt. Hierbei ist zu beachten, dass bei dieser Variante die Unterschiede bei der Remontage zur Demontage herausgestellt werden (beispielsweise wie Lager auf Wellen geschrumpft werden). Der Arbeitsplan, den die Schülerinnen und Schüler bei der Demontage erarbeitet haben, gibt auch für die Remontage die Arbeitsschritte vor. Wenn aus zeitökonomischen Gründen auf die Demontage oder Remontage verzich-

[31] Dieses Unterrichtsvorhaben wurde im Wesentlichen von Jörn Buck und Stefan Jungblut entwickelt und erprobt.
[32] vorzugsweise der Firma G.U.N.T.

tet werden soll, bildet die Inspektion den Ein- bzw. Ausstieg in die komplexe Instandsetzungsaufgabe. Damit ergeben sich die Variante zwei und drei.

Im folgenden Kapitel werden die einzelnen Unterrichtsabschnitte ausführlich dargestellt, um die Besonderheiten hervorzuheben. Damit lassen sich leider Redundanzen bei der Demontage- bzw. Remontageaufgabe nicht ausschließen. Für einen speziellen Unterrichteinsatz müssten die Unterrichtsmaterialien der Situation entsprechend angepasst werden, da die Arbeitsblätter fast identisch und nur sprachlich der jeweiligen Arbeitsrichtung angepasst sind.

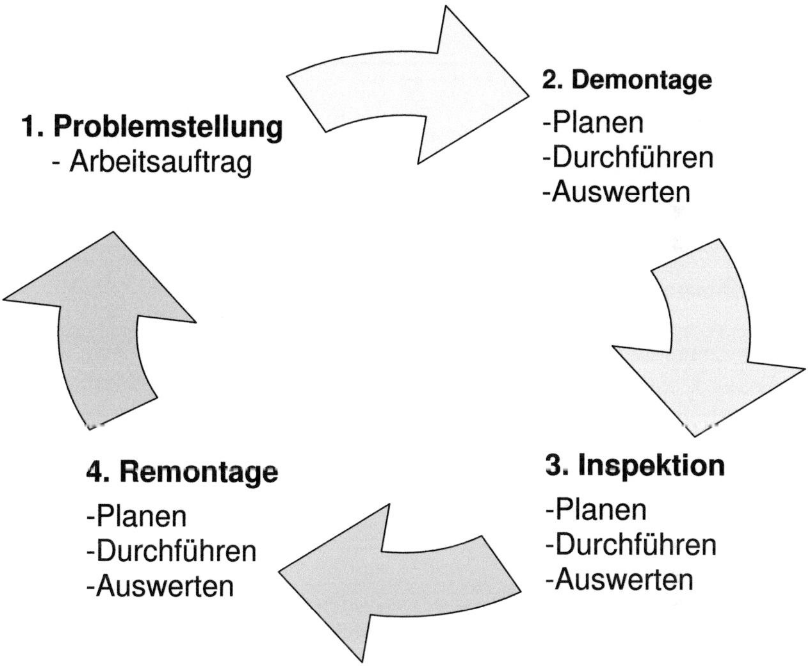

Abb.: Abfolge der miteinander verknüpften Unterrichtseinheiten zur Demontage, Inspektion und Remontage

Teil A: Demontage des Schneckengetriebes

Thematische Aspekte

Anhand einer Demontageaufgabe als unterrichtliches Verfahren wird das Zerlegen technischer Geräte mit Blick auf hierbei anzuwendende Vorgehensweisen, mögliche Arbeitsschritte, Varianten und Problemstellungen thematisiert.

Deutlich stehen dabei kritisch-kreative und gestalterisch-planende Aspekte im Vordergrund.

Lernvoraussetzungen

Inhaltliche Vorgaben, die den Einsatz einer Demontage- bzw. (Re-)Montageaufgabe in der berufsschulischen Ausbildung der Metallberufe nahelegen, finden sich je nach Berufsbild an unterschiedlichen Stellen in den jeweiligen Rahmenlehrplänen wieder. Sie bauen auf entsprechende, bereits zuvor erworbene Kompetenzstände der Lernenden auf. Zu bemerken ist, dass der Umfang und die Tiefe der zu behandelnden Inhalte zwischen den Berufsbildern sehr differiert. Komplexere Anforderungen finden sich dabei in den Lernfeldern eher höherer Ausbildungsjahre (Zerspanungsmechaniker/-in LF 3; Anlagenmechaniker/-in und Konstruktionsmechaniker/-in LF 6; Industriemechaniker/-in LF 9; Werkzeugmechaniker/-in LF 12).

Unterrichtsziele und angestrebter Kompetenzzuwachs

Ziel des Demontagevorganges ist es, dass die Schülerinnen und Schüler anhand einer technischen Zeichnung die Reihenfolge der Demontageschritte antizipieren und dazu benötigte Werkzeuge disponieren lernen. In diesem Zusammenhang können die Lernenden

- einen Demontageplan aufstellen,
- die Funktion des Systems und der Teilsysteme erkennen,
- ein Bauteil sachgerecht in seine Einzelteile zerlegen,
- benötigte Werkzeuge fachgerecht auswählen und handhaben,
- Verbesserungsvorschläge zum Demontageprozess formulieren,
- die Bereitschaft und Fähigkeit zur Kooperation und Kommunikation in der Gruppenarbeitsphase (weiter-)entwickeln sowie
- Arbeiten von anderen Lernenden kritisch, aber sachbezogen beurteilen.

Didaktisch-methodische Struktur

Der Lern- und Arbeitsprozess ist so aufgebaut, das, wenn das Schneckenradgetriebe zerlegt wird, die Bauteile nicht beschädigt, sondern anschließend wieder zu einem funktionsfähigen Ganzen zusammengefasst werden können. Fehler, die bei der Demontage gemacht werden, stellen sich dabei manchmal erst beim Zusammenbau des Getriebes heraus.
Bei der Planung der Demontage setzen sich die Lernenden auch mit der Funktionsweise des Getriebes auseinander. Das ist für das Erkennen von einzel-

nen Baugruppen als erster Analyseschritt sehr wichtig und erleichtert das weitere Vorgehen.

Handlungsablauf

Nachfolgend ist ein möglicher Unterrichtsverlauf in tabellarischer Form dargestellt.

Unterrichtsbeispiel 25: Instandsetzung eines Schneckengetriebes unter besonderer Berücksichtigung der Demontage

Nr.	Lernphase	Handlungsablauf	Aktions- und Sozialform	Medien und didaktische Materialien	Didaktische Hinweise
1	Problemstellung/ Verstehen der Aufgabe	Die Lehrkraft präsentiert das Schneckenradgetriebe und beschreibt als Problemstellung, dass Lager des Getriebes defekt sind und das Getriebe zerlegt werden muss. Die Schülerinnen und Schüler sollen die Demontage planen, durchführen und dokumentieren, um eine spätere Montage zu erleichtern. Die Lehrkraft legt die Schnittdarstellung des Getriebes als Folie auf den Arbeitsprojektor. Die Lernenden äußern sich spontan über das Getriebe und stellen Verständnisfragen. Es wird schnell deutlich, dass das Verständnis über den Getriebeaufbau die Voraussetzung für die Erstellung eines Demontageplans ist. Die Schülerinnen und Schüler nennen weitere Informationsmedien, die sie für die Bearbeitung ihrer Aufgabe benötigen. Das Ergebnis dieser Diskussion wird im Arbeitsblatt 1 festgehalten.	Lehrervortrag Lehrer-Schüler-Gespräch Einzelarbeit	Getriebeteile Arbeitsblatt 1, Getriebe-Schnittdarstellung als Folie, Arbeitsprojektor	Demontieren, hat einen hohen Aufforderungscharakter, da Neugierde geweckt wird. Durch die Schnittdarstellung des Schneckengetriebes wird den Lernenden deutlich, dass das Getriebe nicht spontan, sondern mit einem Demontageplan und den entsprechenden Werkzeugen auseinandergebaut werden kann. Für schwächere Lerngruppen kann es sinnvoll sein, statt der Schnittdarstellung die Explosionszeichnung zu verwenden. Bei leistungsstarken Lerngruppen soll das Arbeitsblatt 1 im Lehrer-Schüler-Gespräch bearbeitet werden, da es den Unterrichtsprozess bremsen könnte.
2	Organisation der Gruppenarbeit	Um die Lernenden an Gruppenarbeit heranzuführen, werden verschiedene Rollen innerhalb einer Arbeitsgruppe beschrieben (Arbeitsblatt 2).	Lehrervortrag, Gruppenarbeit	Arbeitsblatt 2	Für eine effektive Gruppenarbeit ist es sinnvoll, dass jeder in der Gruppe eine aktive Rolle erhält. So kann verhindert werden, dass sich einzelne Lernende in der Gruppenarbeit „ausruhen“.

3	Verstehen der Zeichnung	Nach der Gruppenbildung wird dazu aufgefordert, in jeder Gruppe eine Rolle zu besetzen. Nachdem sich die Schülerinnen und Schüler Gruppen zugeordnet haben, erhalten sie das Arbeitsblatt 2. Auf diesem Arbeitsblatt werden die unterschiedlichen Rollen namentlich festgehalten. Dann werden die restlichen Medien verteilt. Am Ende dieser Unterrichtsphase werden die Ergebnisse der Gruppenarbeit im Plenum vorgestellt.	Gruppenarbeit Schülerpräsentationen	Arbeitsblatt 3a und 3b, Zeichnung je Gruppe in DIN A1, laminiert, Zeichnung in DIN A3 für Schüler, Stückliste, Folienschreiber, Textmarker in den Farben Rot, Gelb, Grün, Tabellenbuch	Da der Aufbau des Schneckengetriebes relativ komplex ist, müssen die Lernenden an ihn herangeführt werden. Der dargestellte Weg zeigt eine Möglichkeit, sich in das Getriebe und deren Funktion einzuarbeiten. Es könnte auch der Weg der Kraftübertragung eingezeichnet oder die Anzahl der Lager gezählt werden. Verständnisfragen zur Lagertechnik können hier gut erörtert werden. Die Fachsystematik soll auch durch einen Lernfeldunterricht nicht untergehen. Da die Stückliste auf Englisch verfasst ist, bietet es sich hier an, eine Übersetzung vorzunehmen.
4	Demontageplanung	Die Schülerinnen und Schüler diskutieren in ihren Gruppen, wie das Schneckenradgetriebe sinnvoll demontiert werden kann. Sie erkennen, dass einzelne Bauteile zu Baugruppen zusammengefasst werden können. Sie beginnen mit der Planung, welche Baugruppen und Bauteile demontiert werden müssen, um das Getriebe in seine Einzelteile zu zerlegen. In den Gruppen wird erörtert, welche Werkzeuge benötigt und wie diese gehandhabt werden müssen. Abschließend erstellen die Lernenden einen Demontageplan (Arbeitsblätter 3a und 3b).	Gruppenarbeit	Tabellenbuch, Arbeitsblätter 3a und 3b	Falls die Arbeit ins Stocken gerät, sollte die Lehrkraft darauf hinweisen, dass einige Bauteile in Gruppen demontierbar sind.

					Je nach Leistungsfähigkeit der Lerngruppe kann es sinnvoll sein, einen mehr oder weniger vorstrukturierten Demontageplan vorzugeben.
5	Demontage im engeren Sinne	Die Gruppen demontieren die Getriebe anhand ihres Demontageplans und notieren Abweichungen auf dem Arbeitsblatt 4. Abschließend bereiten die Gruppen eine kurze Präsentation ihrer Demontagepläne und ihrer Erfahrungen vor.	Gruppenarbeit	Getriebeteile, Werkzeuge, Montageplätze, Arbeitsblätter 3a und 3b, Arbeitsblatt 4, Heater (für die Lagermontage, zum Erwärmen der Lager)	Während dieser Phase sollte die Lehrkraft nur jenen Lerngruppen Impulse und Anregungen geben, die mit der praktischen Umsetzung bzw. Handhabung der anzuwendenden Betriebsmittel deutliche Probleme haben. Um die Qualität der Planung zu verbessern, können in dieser Phase auch die Demontagepläne unter den Gruppen ausgetauscht werden.
6	Präsentation und Auswertung der Gruppenarbeitsergebnisse	Jede Gruppe stellt nacheinander im Plenum ihren erstellten Demontageplan vor, beschreibt die Probleme, die während der Demontage auftraten und wie sie den Demontageplan korrigiert hat. Nach jeder Präsentation haben die anderen Schülerinnen und Schüler die Möglichkeit, Verständnisfragen zu stellen. Falls wesentliche Fragen offen geblieben sind, stellt die Lehrkraft danach Fragen.	Schüler-Schüler-Gespräch, Lehrer-Schüler-Gespräch	Arbeitsblätter 3a und 3b, Arbeitsblatt 4	Kurze Präsentationen erhöhen fachliche Sprachkompetenz der Schülerinnen und Schüler. Nach jeder Präsentation erhalten die Zuhörer die Möglichkeit, Nachfragen zu stellen. Die Lernenden entwickeln im Gespräch ihre fachbezogene Sprachkompetenz weiter. Deren Fragen haben immer Vorrang vor Fragen der Lehrkraft.

7	Optimierung	Auf der Grundlage der entworfenen Demontagepläne diskutieren die Lernenden darüber, wie die Bauteile des Getriebes effektiv und fachgerecht demontiert werden können. Abschließend wird ein gemeinsamer Demontageplan an einer Metaplanwand erarbeitet. Unüberbrückbare Standpunkte in der Diskussion werden durch eine Teildemontage des Getriebes geklärt.	Schüler-Schüler-Gespräch, Lehrer-Schüler-Gespräch	Arbeitsblätter 3a und 3b, Arbeitsblatt 4, Metaplanwand, Karten, Filzstifte	Die Präsentation und die anschließende Entwicklung eines gemeinsamen Demontageplans ermöglichen eine abschließende Vertiefung des Themas und eine Ergebnissicherung. Es sollte hier klargestellt werden, dass es nicht nur <u>eine</u> richtige Lösung gibt. In kontroversen Diskussionen bringt eine erneute Montage und Demontage eventuell eine Lösung.
8	Reflexion	Die Lernenden bewerten die Effizienz der Gruppenarbeit, ihren Beitrag dazu, die Aufgabenstellung und deren Schwierigkeitsgrad sowie die Bedeutung für die berufliche Praxis und das Lehrerverhalten (Arbeitsblatt 6 im Teil C).	Einzelarbeit	Arbeitsblatt 6 im Teil C	Förderlich können persönliche Fragen zur beruflichen Praxis, zum Schwierigkeitsgrad der Aufgabe, zur Unterstützung durch die Lehrkraft und zur Gruppenarbeit sein. Die Evaluation kann entsprechend didaktischer Schwerpunktsetzung unterschiedliche Fokussierung in der Fragestellung aufweisen.

Didaktische Materialien

Informationsblatt 1:
Schneckengetriebe – Schadensbericht

Name: .... Klasse: .... Datum: ....

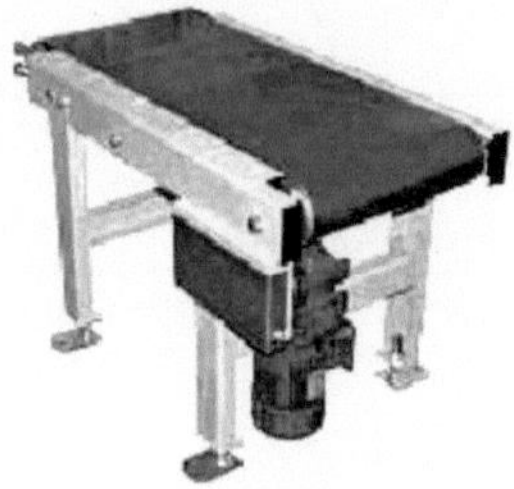

Ausgangssituation:
Das Getriebe gehört zur Antriebseinheit eines Förderbandes, das erst vor kurzem an einen Kunden in die Schweiz ausgeliefert worden ist. Der Kunde setzt dieses Förderband in einer Verpackungsanlage für Lebensmittel ein.
Kurz nach der Inbetriebnahme des Förderbandes, waren laute Laufgeräusche am Getriebe zu hören. Der Betriebstechniker hat das Förderband stillgelegt, das Getriebe ausgetauscht und einen Schadensbericht geschrieben.

Schadensbericht

Ort der Störung:
Halle 34 / Zulaufförderband des Palettierers

Art der Störung:
Starke Geräuschentwicklung des Getriebes (TYPXZT)

Dokumentation des Vorgehens:
- Ölstand kontrolliert.
- Getriebe abgebaut und Ersatzgetriebe montiert.
- Öl abgelassen und Getriebe versandfertig gemacht.
  Bemerkung: Öl war nicht mit Spänen versetzt.

M. Harder
Unterschrift

Der Kunde hat das defekte Getriebe eingeschickt und möchte es möglichst schnell und kostengünstig repariert haben. Als Mitarbeiter der Herstellerfirma ist es Ihre Aufgabe, die Instandsetzung des Getriebes durchzuführen.

Lern- und Arbeitsaufgaben:
Welche Ursachen könnte die starke Geräuschentwicklung des Getriebes haben?

Vermutung:

____

Wie gehen Sie weiter vor?

Vorschlag:

____

Informationsblatt 2:
Schneckengetriebe – Die Situation

Name: .... Klasse: .... Datum: ....

Ausgangssituation:
Das Getriebe gehört zur Antriebseinheit eines Förderbandes, das erst vor kurzem an einen Kunden in die Schweiz ausgeliefert worden ist. Der Kunde setzt dieses Förderband in einer Verpackungsanlage für Lebensmittel ein.
Kurz nach der Inbetriebnahme des Förderbandes, waren laute Laufgeräusche am Getriebe zu hören. Das Förderband wurde stillgelegt, das Getriebe ausgetauscht und ein Schadensbericht geschrieben.
Der Kunde hat das defekte Getriebe zur Instandsetzung eingeschickt.
Ein Kollege Ihrer Firma hat das Getriebe schon zerlegt und den Fehler gefunden.
Der Kollege hat schon Feierabend. Damit Sie den Auftrag weiter bearbeiten können, hat er für Sie aber ein Übergabeprotokoll geschrieben.

Übergabeprotokoll

Auftragsnummer: 00687

Bauteil: Getriebe (TYPXZT), Garantieleistung
Bearbeitet von: Hüttermann (Obermonteur)

Hallo Kollege!
Habe das Getriebe zerlegt und den Fehler gefunden. Schuld war ein defektes Wälzlager.
Bitte weitermachen.
Gruß
Volker

Lern- und Arbeitsaufgabe:

Enthält das Übergabeprotokoll für Sie alle notwendigen Informationen, um den Auftrag weiter bearbeiten zu können?

Falls Sie der Meinung sind, dass Ihnen noch Informationen fehlen, nennen Sie diese bitte und begründen Sie, warum diese Informationen für Ihr weiteres Vorgehen wichtig sind.

Arbeitsblatt 1:
Schneckengetriebe – Informationsrecherche 1

Name: .... Klasse: .... Datum: ....

Gruppe: ____

Um das Schneckengetriebe fachgerecht demontieren zu können, ist es erforderlich, dass Sie sich zunächst mit dem Aufbau und dem Funktionsprinzip des Schneckengetriebes befassen, um so einen Überblick zu gewinnen.

Sie erhalten hierzu die folgenden Hilfsmittel:

- Zeichnung Nummer MT 110.00.00.000 (einmal in DIN A1, laminiert)
- Zeichnung Nummer MT 110.00.00.000 (in DIN A3 für jeden von Ihnen)
- Stückliste
- Folienschreiber
- Textmarker in den Farben Rot, Gelb, Grün

Die Zeichnung in der Größe DIN A1 soll es ihnen ermöglichen, mit der ganzen Gruppe an der Zeichnung zu arbeiten.
In Ihre persönliche DIN-A3-Zeichnung können Sie Notizen eintragen.

Bevor Sie mit der Arbeit in Ihrer Gruppe beginnen, bestimmen Sie, wer von Ihnen die folgenden Aufgaben übernimmt!

Gruppensprecher: ____________________ Gesprächsleiter: ________________

Protokollant: ________________________ Zeitwächter: ____________________

Lern- und Arbeitsaufgabe 1:
Lesen Sie die Zeichnung Nummer MT 110.00.00.000, und ordnen Sie bitte die Positionsnummern der Stückliste den Bauteilen in der Zeichnung zu! Anschließend tragen Sie die Positionsnummern mit dem Folienschreiber in die DIN-A1-Zeichnung ein! Sollten Sie Schwierigkeiten bei der Bestimmung der Wälzlagerarten haben, nehmen Sie Ihr Tabellenbuch zur Hilfe!

Lern- und Arbeitsaufgabe 2:
Kennzeichen Sie zur besseren Übersicht die folgenden Bauelemente in Ihrer persönlichen DIN-A3-Zeichnung farbig:
Wälzlager (Rot); Achsen (Blau); Zahnräder und Schneckenrad (Grün)!

Lern- und Arbeitsaufgabe 3:
Bereiten Sie bitte eine kurze Präsentation vor, in der Sie Ihre Bauteilzuordnungen in der Zeichnung DIN A1 den anderen Gruppen vorstellen!
Besprechen Sie eventuell Abweichungen in den Ergebnissen der einzelnen Gruppen!

Arbeitsblatt 2:
Schneckengetriebe – Informationsrecherche 2

Name: .... Klasse: .... Datum: ....

Gruppe: ____

Bevor Sie mit der Arbeit in Ihrer Gruppe beginnen, bestimmen Sie, wer von Ihnen die folgenden Aufgaben übernimmt!

Gruppensprecher: ____________________ Gesprächsleiter: ________________

Protokollant: ________________________ Zeitwächter: ____________________

Für die Demontage des Schneckengetriebes müssen Wälzlager ausgebaut werden. Bei der Demontage von Wälzlagern gibt es einige Dinge zu beachten, damit das Lager oder der Lagersitz nicht beschädigt wird.

Lern- und Arbeitsaufgaben:

Informieren Sie sich bitte in Ihrem Fachkundebuch und in der FAG-Publikation „Montage von Wälzlagern“!

Arbeiten Sie anschließend einen illustrierten Vortrag aus, in dem die Ihrer Meinung nach wichtigsten Grundsätze der Wälzlagerdemontage genannt und erklärt werden!

....

....

....

....

....

....

....

....

....

....

....

Arbeitsblatt 3a:
Schneckengetriebe – Demontageplan (1)

Name: .... Klasse: .... Datum: ....

Gruppe: ____

Sie haben sich in den vorangegangenen Stunden mit dem Schneckengetriebe vertraut gemacht. Nun sollen Sie in Ihrer Arbeitsgruppe mit Hilfe der Zeichnungen MT 110.00.00.000 und MT 110.12.00.000 (Explosionszeichnung) einen Demontageplan erstellen, in dem Sie die Reihenfolge der Demontageschritte und die für die Demontage notwendigen Werkzeuge festlegen.

Schritt	Bauteil	Handlung	Werkzeug
1			
2			
3			
4			
5			
6			
7			
8			
9			
10			
11			
12			
13			
14			
15			

Arbeitsblatt 3b:
Schneckengetriebe – Demontageplan (2)

Name: .... Klasse: .... Datum: ....

Gruppe: ____

Schritt	Bauteil	Handlung	Werkzeug
16			
17			
18			
19			
20			
21			
22			
23			
24			
25			
26			
27			
28			
29			
30			
31			

Arbeitsblatt 4:
Schneckengetriebe – Ausführung/Demontage

Name: .... Klasse: .... Datum: ....

Gruppe: ____

Lern- und Arbeitsaufgaben:
Zerlegen Sie das Schneckengetriebe nun genau nach Ihrem Demontageplan! Notieren Sie auf diesem Arbeitsblatt alle Abweichungen von Ihrer ursprünglichen Planung, und begründen Sie diese Abweichungen!

Welches Bauteil ist bzw. welche Bauteile sind für den im Schadensbericht beschriebenen Defekt verantwortlich?

Notieren Sie sich die Positionsnummer, die Benennung und die Norm- oder Kurzbezeichnung des Bauteils bzw. der Bauteile!

Abweichungen vom Montageplan	Begründung

Gefundener Defekt, gefundene Defekte: ....

....

Teil B: Inspektion und vorbeugende Instandhaltung des Schneckengetriebes

Thematische Aspekte

Bei der Inspektion und vorbeugenden Instandhaltung geht es im Wesentlichen darum, dass die Lernenden die einzelnen Bauteile in Augenschein nehmen bzw. vermessen und prüfen, Bauteile bzw. Stellen, an denen erhöhter Verschleiß vorkommt, erkennen, Ursachen beschreiben und mögliche Risiken mit Folgekosten vorbeugenden Maßnahmen gegenüberstellen.

Lernvoraussetzungen

Durch die Neugierde, warum bestimmte Bauteile „kaputtgehen können“, sind die Lernenden außerordentlich motiviert, Fehler zu erkennen. Zunächst sind Beobachtungsgabe und Genauigkeit, später Entscheidungskompetenz und Verantwortlichkeit mit Qualitätsbewusstsein die wesentlichen Voraussetzungen der Lernenden.

Unterrichtsvoraussetzungen und angestrebter Kompetenzzuwachs

Ziel der Inspektion bzw. vorbeugenden Instandhaltung ist es, den (Verschleiß-) Zustand zu erkennen und mögliche – auch vorbeugende – Maßnahmen zu treffen, um die Betriebssicherheit für einen langen Zeitraum herzustellen. In diesem Zusammenhang können die Lernenden

- Bauteile benennen, die einem erhöhten Verschleiß ausgesetzt sind,
- Ursachen für Verschleiß benennen,
- Bauteile hinsichtlich ihrer Maß-, Form- und Lagegenauigkeit prüfen,
- benötigte Werkzeuge fachgerecht auswählen und handhaben,
- Verbesserungsvorschläge formulieren,
- Instandhaltungskosten gegen Betriebssicherheit abwägen,
- Ideen von anderen Lernenden kritisch, aber sachbezogen beurteilen.

Didaktisch-methodische Struktur

Zu Beginn des Lern- und Arbeitsprozesses entfalten die Lernenden zunächst die Tätigkeitsbereiche, die zu einer Inspektion gehören, und benennen die Stellen des Getriebes, an denen erhöhter Verschleiß vorliegt. Nach der eigentlichen Inspektion tragen die Lernenden ihre Ergebnisse im Plenum vor. Darauf aufbauend entwickeln sie Ideen, inwieweit eine vorbeugende Instandsetzung die Nutzungsdauer des Getriebes erhöhen könnte. Nach einer Kosten-Nutzen-Analyse entscheiden sich die Lernenden für vorbeugende Instandhaltungsmaßnahmen. Diese Lerneinheit schließt mit einer Auswertung und einer Reflektion der gelernten Inhalte sowie des Lösungsweges ab.

Im Wesentlichen gliedert sich diese Unterrichtseinheit in die Phasen
1. Aufgaben- und Problemstellung,
2. Intuitive Problemlösungsphase und emotional/kognitive Einbindung,
3. Planung der Inspektionsaufgabe,
4. Durchführung der Inspektionsaufgabe,
5. Zwischenauswertung,
6. Entwerfen von vorbeugenden Instandhaltungsmaßnahmen,
7. Entscheiden für vorbeugenden Maßnahmen sowie
8. Auswertung, Bewertung und Reflexion.

Handlungsablauf

Ein möglicher Unterrichtsverlauf wird nachfolgend in tabellarischer Form dargestellt.

Unterrichtsbeispiel 25: Instandsetzung eines Schneckengetriebes unter besonderer Berücksichtigung der Inspektion					
Nr.	**Lern-phase**	**Handlungsablauf**	**Aktions- und Sozial-form**	**Medien und didaktische Materialien**	**Didaktische Hinweise**
1	Problem-stellung/ Verstehen der Aufgabe	Die Lehrkraft präsentiert die einzelnen Bauteile des demontierten Getriebes und fordert die Schülerinnen und Schüler auf, eine Inspektion des Getriebes vorzunehmen.	Lehrer-Schüler-Gespräch	Getriebeteile	Das demontierte Getriebe hat einen hohen Aufforderungscharakter, die Einzelteile zu untersuchen.
2	Intuitive Problem-lösungs-phase und emotional/ kognitive Einbindung	Die Lernenden formulieren spontan erste Ideen, wie eine Inspektion am Getriebe durchzuführen ist. Diese Phase geht fließend in die Planung über.	Lehrer-Schüler-Gespräch		Diese Phase ist wichtig, um die Schülerinnen und Schüler zunächst für die neue Aufgabenstellung zu interessieren, ihr Wissen und ihre Erfahrungen mit der Aufgabenstellung zu verknüpfen.
3	Planung der Inspek-tionsauf-gabe	In einem Mindmap entfalten die Lernenden die Aspekte, nach denen die Inspektion durchgeführt werden soll. Das Ergebnis des Mindmappings dient den Schülerinnen und Schülern in der Durchführungsphase als Strukturierungshilfe.	Lehrer-Schüler-Gespräch	Metaplanwand Karten, Stifte alternativ: Beamer, Programm Mindmap oder FreeMind	„FreeMind“ ist ein Open-Source-Programm und als Freeware eine kostengünstige Alternative zu dem Programm „Mindmap“.
4	Durchfü-rung der Inspekton-saufgabe	Die Schülerinnen und Schüler führen eine Sichtprüfung der Bauteile mit erhöhten Verschleiß durch.	Gruppen-arbeit	Getriebeteile, Bauteile-zeichnungen,	Die Lernenden arbeiten in arbeitsgleicher oder arbeitsteiliger Gruppenarbeit.

		Ferner vermessen sie Wellen sowie Gehäuse und prüfen die Maß-, Form- und Lagehaltigkeit der Bauteile. Ihre Ergebnisse dokumentieren sie auf einem Arbeitsblatt.		Stückliste, Messwerkzeuge: Messschieber, Messschraube, Messuhr, Messplatte, Arbeitsblatt 1	Bei arbeitsteiliger Gruppenarbeit benötigt die Auswertung mehr Zeit, da die Teilergebnisse in einen Gesamtzusammenhang gestellt werden müssen.
5	Zwischenauswertung	Die Schülerinnen und Schüler stellen in dieser Phase ihre Ergebnisse vor.	Schüler-Vortrag, Schüler-Schüler-Gespräche, Lehrer-Schüler-Gespräche	Einzelteilzeichnungen, Arbeitsprojektor, Folien	Die Ergebnisse dieser Phase bilden die Voraussetzungen zur Planung von vorbeugenden Instandhaltungsmaßnahmen. Auch wenn einzelne Messwerte außerhalb der Toleranz liegen, muss die Funktion des Getriebes nicht zwangsläufig beeinträchtigt sein.
6	Entwurf von vorbeugenden Instandhaltungsmaßnahmen	In einem Brainstorming werden die Maßnahmen gesammelt, die die Nutzungsdauer des Getriebes verlängern können.	Lehrer-Schüler-Gespräch	Metaplanwand, Karten, Stifte	In geht es in erster Linie um das Sammeln von möglichen Maßnahmen. Die Lehrkraft muss darauf achten, dass an dieser Stelle noch keine Diskussion über eine Realisierbarkeit stattfindet, um die Lernenden in dieser kreativen Phase nicht „auszubremsen“.

7	Entscheidung für vorbeugende Maßnahmen	Die Lernenden erörtern, inwieweit die einzelnen Maßnahmen die Nutzungsdauer verlängern können und ob der finanzielle Aufwand die Maßnahmen rechtfertigt.	Lehrer-Schüler-Gespräch alternativ: Gruppenarbeit		Gibt es wenige Ideen zur vorbeugenden Instandhaltung, können diese in einem Lehrer-Schüler-Gespräch hinsichtlich einer Kosten-Nutzen-Analyse erörtert werden. Bei mehreren Ideen könnten einzelne in arbeitsteiliger Gruppenarbeit erörtert werden. Um einen Methodenwechsel zu realisieren, wäre hier der Gruppenarbeit der Vorzug zu geben.
8	Auswertung, Bewertung und Reflexion	Falls in der vorherigen Phase in Gruppenarbeit gearbeitet wurde, tragen die Lernenden jetzt ihre Ergebnisse vor. Die Schülerinnen und Schüler stellen kritische Rückfragen, und die Lehrkraft gibt gegebenenfalls Impulse zur Realisierbarkeit der vorbeugenden Instandhaltungsmaßnahmen. Anschließend reflektieren die Lernenden ihre Ergebnisse und den Prozess, durch den sie zu den Ergebnissen gekommen sind.	Lehrer-Schüler-Gespräch	Phasen der Unterrichtseinheit auf Folie gedruckt	Um die Problemlösungskompetenz zu fördern, ist es immer sinnvoll, den Lösungsweg in der Reflexionsphase zum Thema des Unterrichts zu erheben.

Didaktische Materialien

Arbeitsblatt:
Schneckengetriebe – Protokoll der Inspektion

Name: .... Klasse: .... Datum: ....

Gruppe: ____

Lern- und Arbeitsaufgabe:

Um den Verschleiß-Zustand des Schneckengetriebes beurteilen zu können, müssen die Bauteile inspiziert werden.
Beurteilen Sie bitte den Verschleißzustand der Bauteile mit einer Sichtprüfung oder mit Mess- bzw. Prüfwerkzeugen!

Dokumentieren Sie das Ergebnis Ihrer Inspektion in der Tabelle!

Bauteil	Entscheiden Sie, wie Sie das Bauteil inspizieren	
	Prüfverfahren, ggf. Prüfwerkzeuge	**Ergebnis der Prüfung**

Teil C: Remontage eines Schneckengetriebes

Thematische Aspekte

Der Schwerpunkt der Remontageaufgabe „Schneckengetriebe“ liegt im Fügen bzw. Wiederverbinden der einzelnen Bauteile des Getriebes zu einem funktionsfähigen Ganzen. Einzelne Baugruppen lassen sich so identifizieren und vormontieren. Dabei müssen die Schülerinnen und Schüler auf der fachlich-handwerklichen Ebene die eingesetzten Betriebsmittel richtig auswählen und handhaben sowie im methodischen Bereich die Remontage technisch und sicherheitstechnisch korrekt und zeitökonomisch durchführen.

Vor dem Unterricht sollte von der Lehrkraft (oder von den Lernenden durch Vergleich der Teile mit den Stücklisten) auf jeden Fall geprüft werden, ob alle Bauteile der Getriebebausätze vorhanden sind. Die Einzelteile des Getriebes müssen in ausreichender Anzahl (entsprechend der Anzahl der Lern- und Arbeitsgruppen) vorhanden sein. Außerdem müssen leicht verständliche technische Unterlagen bereitgestellt werden, woraus die Lernenden sowohl Systemfunktionen als auch Arbeitsschritte ableiten können, die zur Remontage des Schneckenradgetriebes erforderlich sind.

Lernvoraussetzungen

Die Remontage des Schneckengetriebes erfordert von den Schülerinnen und Schülern vor allem instrumentelles Geschick, aber auch antizipatives Denken. Um die Einzelteile des Getriebes technisch und sicherheitstechnisch korrekt sowie möglichst zeitökonomisch zusammenzubauen, ist ein selbstständiges und systematisches Vorausdenken notwendig. Eigenverantwortung und Kooperation sind besonders wichtig, da Fehler beim Zusammenbau in der Folge schwerwiegende Folgen haben können.

Der Einsatz des Unterrichtsbeispiels bietet sich vor allem im Rahmen des Lernfeldes 9 „Instandsetzen technischer Systeme“ an. Entscheidend für den Lernprozess ist, dass das Leistungsniveau der Lernenden der Komplexität dieser Aufgabe entspricht, denn die Remontage des Schneckenradgetriebes umfasst ein relativ umfangreiches Handlungsfeld. Fachgerechte Montagetechniken beim Fügen von Wellen und Lagern müssen bekannt sein oder gegebenenfalls als kurze Lernschleife in das Unterrichtsverfahren integriert werden. Die Schülerinnen und Schüler sollten die vorliegenden technischen Anleitungen verstehen und umsetzen sowie alle erforderlichen Arbeits- und Hilfsmittel fachgerecht einsetzen können.

Unterrichtsziele und angestrebter Kompetenzzuwachs

Die Lernenden können

- sich das technische Produkt „Schneckengetriebe" anhand der vorliegenden Einzelteile gedanklich vorstellen,
- einen „Remontageplan Schneckengetriebe" aufstellen,
- die zum Remontieren des Getriebes erforderlichen Betriebsmittel auswählen und fachgerecht einsetzen,
- die vorhandenen Einzelteile des Getriebes in Gruppenarbeit zu einem voll funktionsfähigen Produkt zusammenbauen,
- den Remontagevorgang beschreiben,
- Verbesserungsvorschläge zum Remontieren nennen,
- Arbeiten von anderen Lernenden kritisch, aber sachbezogen beurteilen sowie
- über das rein Fachliche hinaus soziale und kommunikative Prozesse entwickeln und reflektieren, die sich aus der Gruppenarbeit ergeben.

Didaktisch-methodische Struktur

Die Remontage des Schneckengetriebes ist im Wesentlichen konkret-handlungsorientiert angelegt und kann dazu beitragen, das (Re-)Montagewissen der Lernenden sowie entsprechende Fähigkeiten und Fertigkeiten zu fördern. Durch die Reflexion dessen, wie der Remontagevorgang zu optimieren ist, kann das Unterrichtsbeispiel um abstrakt-handlungsorientierte Phasen erweitert werden, die dazu beitragen können, auch die Methodenkompetenz und Kreativität der Lernenden zu fördern. Didaktisch sinnvoll ist die Verbindung der Remontageaufgabe mit anderen Methoden, wie z. B. einer Instandsetzungsaufgabe, einer Funktionskontrolle, einer Remontageanalyse oder einer Qualitätskontrollaufgabe.

Die Umsetzung des Unterrichtsbeispiels erfolgt im Wesentlichen in den Phasen:

1. Problemstellung/Verstehen der Aufgabe,
2. Organisation der Gruppenarbeit/Verstehen der Zeichnung,
3. Remontageplanung,
4. Remontage im engeren Sinne,
5. Präsentation und Auswertung,
6. Optimierung des Prozesses sowie
7. Reflexion.

Handlungsablauf

In der folgenden Tabelle wird ein möglicher Handlungsablauf zur Remontage des Schneckengetriebes dargestellt.

Unterrichtsbeispiel 25: Instandsetzung eines Schneckengetriebes unter besonderer Berücksichtigung der Remontage

Nr.	Lernphase	Handlungsablauf	Aktions- und Sozialform	Medien und didaktische Materialien	Didaktische Hinweise
1	Problemstellung/ verstehen der Aufgabe	Die Lehrkraft präsentiert die Bauteile des Schneckengetriebes und beschreibt als Problemstellung, dass derjenige, der das Getriebe demontiert hat, im Urlaub ist und die Schülerinnen und Schüler jetzt die Remontage planen, durchführen und dokumentieren sollen. Die Dokumentation der Demontage steht zur Verfügung. Die Lehrkraft legt die Schnittdarstellung des Schneckengetriebes als Folie auf den Arbeitsprojektor. Die Lernenden äußern sich spontan und stellen Verständnisfragen. Es wird deutlich, dass das Verständnis über den Getriebeaufbau die Voraussetzung für das Erstellen eines Montageplanes ist. Die Schülerinnen und Schüler nennen weitere Informationsmedien, die sie für die Bearbeitung ihrer Aufgabe benötigen. Das Ergebnis dieser Diskussion wird in Arbeitsblatt 1 festgehalten.	Lehrervortrag, Lehrer-Schüler-gespräch, Einzelarbeit	Getriebeteile, Arbeitsblatt 1, Getriebe-schnitt-darstellung (Informations-blatt), Arbeits-projektor	Aus Einzelteilen ein funktionsfähiges Ganzes zu erstellen, wirkt motivierend auf die Lernenden, wenn die Beruflichkeit gegeben und die Montageaufgabe weder zu einfach noch zu schwierig ist. Die Lehrkraft sollte diesen auffordernden Charakter nutzen, indem sie die Lernenden mit den Fertigkeiten direkt konfrontiert. Aufgrund der Komplexität des Schneckengetriebes wird den Lernenden deutlich, dass das Getriebe nicht spontan, sondern mit Hilfe eines Montageplanes zusammengebaut werden muss. Für schwächere Lerngruppen kann es sinnvoll sein, statt der Schnittdarstellung die Explosionszeichnung zu verwenden. Bei leistungsstarken Lerngruppen soll das Arbeitsblatt 1 im Lehrer-Schüler-Gespräch bearbeitet werden, da es den Unterrichtsprozess stören könnte.

2	Organisation der Gruppenarbeit/ Verstehen der Zeichnung	Um an Gruppenarbeit heranzuführen, werden verschiedene Rollen innerhalb einer Arbeitsgruppe beschrieben und die Lernenden nach der Gruppenbildung aufgefordert, in jeder Gruppe eine Rolle zu besetzen. Auf Arbeitsblatt 2 werden die unterschiedlichen Rollen namentlich festgehalten. Nachdem sich die Gruppen gefunden haben, erhalten sie das Arbeitsblatt 3.	Lehrervortrag, Gruppenarbeit	Arbeitsblatt 2, Zeichnungen, Stückliste, Folienschreiber, Textmarker, Tabellenbuch Arbeitsblatt 3, Zusatzblatt	Für eine effektive Gruppenarbeit ist es sinnvoll, dass jeder in der Gruppe eine aktive Rolle erhält. So kann verhindert werden, dass sich einzelne Lernende in der Gruppenarbeit „ausruhen“. Da der Aufbau des Getriebes relativ komplex ist, müssen die Lernenden an ihn herangeführt werden. Wie bereits in der Demontageaufgabe erwähnt, ist hier ein geeigneter Platz, um fachsystematische Inhalte zu vermitteln und zu vertiefen (Zusatzblatt).
3	Planung der Remontage	Die Schülerinnen und Schüler diskutieren in ihren Gruppen, wie die Bauteile zum Getriebe montiert werden können. Sie erkennen, dass einzelne Bauteile zu Baugruppen zusammengefasst werden können. Die Lernenden beginnen mit der Planung, in welcher Reihenfolge das Getriebe montiert werden muss, um die Funktionsfähigkeit wiederherzustellen. Sie erörtern, welche Werkzeuge sie benötigen und wie sie diese handhaben. Anschließend erstellen sie einen Remontageplan.	Gruppenarbeit	Arbeitsblatt 3	Der Schwerpunkt der Remontageaufgabe liegt im Erstellen eines geeigneten Remontageplanes. Der Planungsprozess erfordert räumlich-analytisches Denken, weil die Remontage häufig nur in einer sinnvoll aufeinander abgestimmten Folge möglich ist. Falls die Gruppenarbeit ins Stocken gerät, sollte die Lehrkraft darauf hinweisen, dass einige Bauteile in Gruppen remontierbar sind. Je nach Leistungsfähigkeit der Gruppen kann es sinnvoll sein, einen mehr oder weniger vorstrukturierten Remontageplan auszuteilen.

4	Remontage im engeren Sinne	Die Gruppen montieren die Getriebe anhand ihres Montageplanes und notieren Abweichungen auf dem Arbeitsblatt 4. Nach dem Zusammenbau wird die Funktionsfähigkeit des Getriebes geprüft. (Arbeitsblatt 5) Abschließend bereiten die Gruppen eine kurze Präsentation ihrer Montagepläne, Erfahrungen und Abweichungen von anderen Gruppenlösungen vor.	Gruppenarbeit	Arbeitsblatt 4, Arbeitsblatt 5, Getriebeteile, Werkzeuge, Heater	Während dieser Phase sollte die Lehrkraft nur jenen Lerngruppen Impulse und Anregungen geben, die mit der praktischen Umsetzung bzw. Handhabung der anzuwendenden Betriebsmittel deutliche Probleme haben. Selbständige Arbeit der Gruppen sollte nicht gestört werden. Um die Qualität der Lösungen zu erhöhen, können in dieser Phase auch die Montagepläne unter den Gruppen ausgetauscht werden.
5	Präsentation und Auswertung der Gruppenarbeitsergebnisse	Jede Gruppe stellt nacheinander im Plenum ihren erstellten Montageplan vor, beschreibt die Probleme, die während der Montage auftraten und gibt an wie sie den Montageplan korrigiert haben hat. Nach jeder Präsentation haben die Zuhörer die Möglichkeit, Verständnisfragen zu stellen. Falls wesentliche Fragen offen geblieben sind, fragt die Lehrkraft z. B. nach der Einbaurichtung der Wellendichtringe.	Schüler-Schüler-Gespräch, Lehrer-Schüler-Gespräch	Arbeitsblatt 4, Arbeitsblatt 5	Kurze Präsentationen erhöhen fachliche Sprachkompetenz der Schülerinnen und Schüler. Nach jeder Präsentation sollten die anderen Schülerinnen und Schüler die Möglichkeit erhalten, Nachfragen zu stellen. Die Lernenden können in einem Schüler-Schüler-Gespräch ihre Fachkompetenz weiterentwickeln. Fragen der Schülerinnen und Schüler sollten immer Vorrang vor Fragen der Lehrkraft haben.

6	Optimierung	Auf der Grundlage der entworfenen Montagepläne diskutieren die Lernenden darüber, wie die Bauteile des Getriebes effektiv und fachgerecht montiert werden können. Abschließend wird ein gemeinsamer Montageplan an einer Metaplanwand erarbeitet. Unterschiedliche Standpunkte in der Diskussion könnten anhand einer Teilmontage des Getriebes geklärt werden.	Schüler-Schüler-Gespräch Lehrer-Schüler-Gespräch	Arbeitsblatt 4, Arbeitsblatt 5, Metaplanwand, Karten, Filzstifte	Die Präsentation und die anschließende Entwicklung eines gemeinsamen Montageplans ermöglichen eine abschließende Vertiefung des Themas. Hier muss deutlich werden, dass es nicht nur eine richtige Lösung gibt. Nach dem Motto „Erkenntnisse aus der Praxis für die Praxis“ kann auch in dieser Phase in schwierigen Diskussionen eine erneute Demontage und Montage Klärung schaffen.
7	Reflexion	Die Lernenden bewerten die Effizienz der Gruppenarbeit, ihren eigenen Beitrag dazu, die Aufgabenstellung und deren Schwierigkeitsgrad, die Bedeutung für die berufliche Praxis sowie das Lehrerverhalten (Arbeitsblatt 6).	Einzelarbeit	Arbeitsblatt 6	Die Evaluation bezieht sich vorrangig auf die fachlichen Vorgänge. Sie dient aber auch dazu, den Schülerinnen und Schülern als lernende Subjekte wertzuschätzen und zu stärken. Deshalb gehören zur Evaluation persönliche Fragen zur beruflichen Praxis, zum Schwierigkeitsgrad der Aufgabe, zur Unterstützung durch die Lehrkraft und zur Gruppenarbeit. Die Evaluation kann entsprechend didaktischer Schwerpunktsetzung unterschiedliche Fokussierung in der Fragestellung aufweisen.

Didaktische Materialien

Informationsblatt 1:
Schneckengetriebe – Schnittzeichnung

Name: .... Klasse: .... Datum: ....

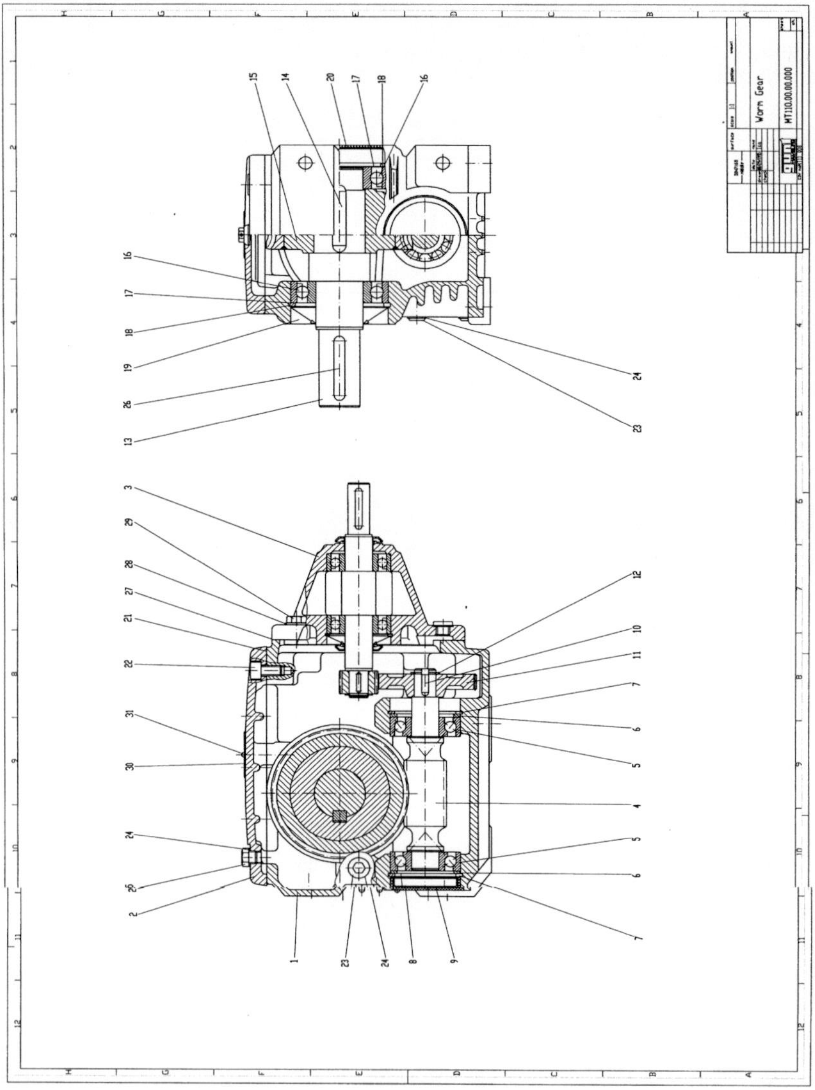

Arbeitsblatt 1:
Schneckengetriebe – Lern- und Arbeitsaufgabe

Name: .... Klasse: .... Datum: ....

Lern- und Arbeitsaufgabe

Das Getriebe gehört zur Antriebseinheit eines Förderbandes in einer Verpackungsanlage für Lebensmittel.
Kurz nach der Inbetriebnahme des Förderbandes, waren laute Laufgeräusche der Lager zu hören. Der Betriebstechniker hat das Förderband stillgelegt, das Getriebe ausgetauscht und einen Schadensbericht geschrieben.
Das Schneckengetriebe ist vollständig demontiert und instandgesetzt worden. Jetzt soll ein Remontageplan erstellt und anschließend die Remontage des Getriebes durchgeführt werden.

1. Was sind die wesentlichen Punkte Ihres Arbeitsauftrages?

____

____

____

____

____

____

2. Welche Informationen benötigen Sie, um den Auftrag auszuführen?

____

____

____

____

____

____

____

Arbeitsblatt 2:
Schneckengetriebe – Rollenverteilung bei Gruppenarbeiten

Name: .... Klasse: .... Datum: ....

Im Folgenden werden Rollen vorgestellt, die jeweils ein Gruppenmitglied übernehmen soll. Dies dient dazu, die Arbeit in der Gruppe zu strukturieren.
Es hilft z. B., dafür zu sorgen, dass jeder zu Wort kommt, endlose Diskussionen vermieden werden und ein effektives Arbeiten möglich ist. Folgende Rollen sollen für die aktuelle Gruppenarbeit verteilt werden:

Gesprächsleiter, Protokollant, Zeitwächter, Gruppensprecher.

Und dies sind ihre Aufgaben:

Gesprächsleiter: Er moderiert die Diskussion, sorgt also z. B. dafür, dass keine Randgespräche stattfinden, jeder zu Wort kommt, die Gruppe beim Thema bleibt und Abschweifungen vermieden werden bzw. wenn Bedarf zum Klönen besteht, dies gemeinsam in der Gruppe abgestimmt wird.

Protokollant: Er macht Notizen, hält die Arbeitsergebnisse schriftlich fest und notiert, was noch zu erledigen ist.

Zeitwächter: Er achtet auf die Einhaltung des Zeitplanes bzw. die Einhaltung der Reihenfolge.

Gruppensprecher: Er stellt im Plenum die Ergebnisse der Lerneinheit vor und stellt auftretende Fragen.

Entscheiden Sie sich bitte, wer welche Rolle übernimmt, und tragen Sie dies in die Tabelle ein! Achten Sie darauf, dass die Rollen in jeder Sitzung wechseln, sodass jeder jede Rolle einmal übernimmt!

Datum	Gesprächs-leiter	Protokollant	Zeitwächter	Gruppen-sprecher

Arbeitsblatt 3:
Schneckengetriebe – Remontageplan (1)

Name: .... Klasse: .... Datum: ....

Gruppe: ____

Lern- und Arbeitsaufgabe:

Nachdem Sie Ersatz für das defekte Bauteil bzw. die defekten Bauteile beschafft haben, kann das Schneckengetriebe wieder montiert werden. Erstellen Sie nun bitte mit Hilfe der Ihnen bekannten Zeichnungen einen Remontageplan, in dem Sie die Reihenfolge der notwendigen Montageschritte und die für die Montage notwendigen Werkzeuge festlegen!

Schritt	Bauteil	Handlung	Werkzeug
1			
2			
3			
4			
5			
6			
7			
8			
9			
10			
11			
12			
13			

Arbeitsblatt 3:
Schneckengetriebe – Remontageplan (2)

Name: .... Klasse: .... Datum: ....

Gruppe: ____

Schritt	Bauteil	Handlung	Werkzeug
14			
15			
16			
17			
18			
19			
20			
21			
22			
23			
24			
25			
26			
27			
28			
29			

Arbeitsblatt 4:
Schneckengetriebe – Ausführen/Remontage

Name: .... Klasse: .... Datum: ....

Gruppe: ____

Lern- und Arbeitsaufgabe:

Remontieren Sie bitte das Schneckengetriebe genau in der Reihenfolge Ihres Montageplans! Notieren Sie auf diesem Arbeitsblatt alle Abweichungen und begründen Sie diese!

Abweichungen vom Montageplan	Begründung

Arbeitsblatt 5:
Schneckengetriebe – Kontrollieren/Funktionsprüfung

Name: .... Klasse: .... Datum: ....

Gruppe: ____

Lern- und Arbeitsaufgabe:

Überprüfen Sie bitte, ob die Störung aus dem Schadensbericht beseitigt ist! Füllen Sie abschließend den Instandsetzungsbericht aus!

Instandsetzungsbericht

Monteur:

____

Bauteil:

____

gefundener Schaden:

____

Schaden behoben: ja O nein O

Wenn nein, Begründung:

____

verwendetes Ersatzteil: ________________ Norm/Kurzbezeichnung: ________

Funktionsüberprüfung durchgeführt: ja O nein O

Wenn nein, Begründung:

____

Ergebnis Funktionsüberprüfung:

____

Datum: ____________ Unterschrift: ____________________________

Arbeitsblatt 6:
Schneckengetriebe – Evaluieren

Name: .... Klasse: .... Datum: ....

Lern- und Arbeitaufgabe:
Bitte beantworten Sie die folgenden Fragen, indem Sie zu jeder Aussage einen Punkt in das entsprechende Kreissegment zeichnen!

Je näher Sie den Punkt an die Mitte setzen, um so größer ist Ihre Zustimmung zu der Aussage.
Je näher Sie den Punkt an den äußeren Rand setzen, um so geringer ist Ihre Zustimmung zu der Aussage.

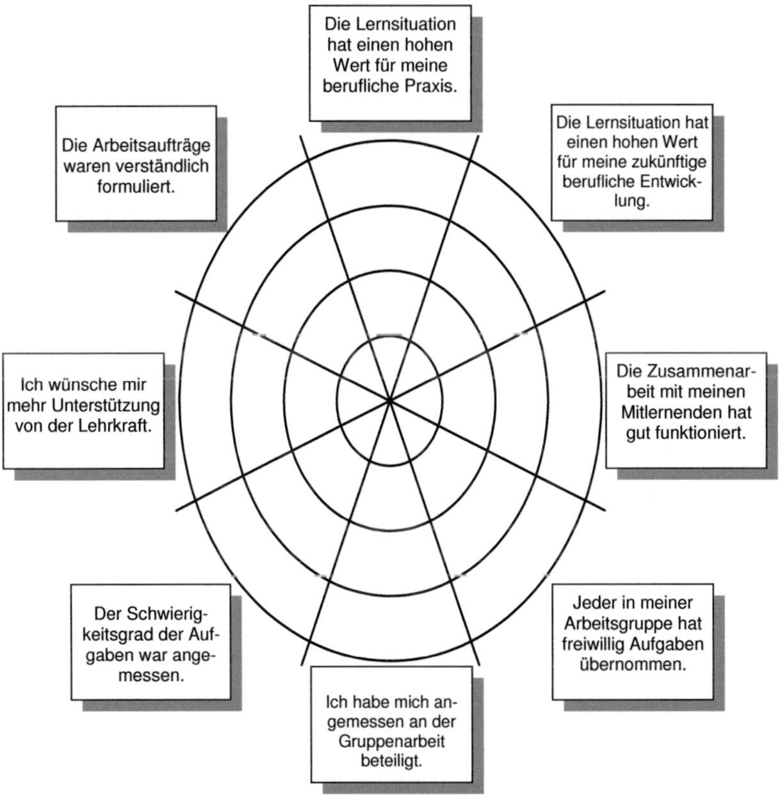

Was ich unbedingt noch loswerden möchte:

Informationsblatt 2:
Schneckengetriebe

Name: .... Klasse: .... Datum: ....

Gruppe: ____

Um das Schneckengetriebe fachgerecht remontieren zu können, ist es erforderlich, dass Sie sich zunächst mit dem Aufbau und dem Funktionsprinzip des Schneckengetriebes befassen, um so einen Überblick zu gewinnen.

Sie erhalten hierzu die folgenden Hilfsmittel:

Zeichnung Nummer MT 110.00.00.000 (einmal in DIN A1, laminiert)

Zeichnung Nummer MT 110.00.00.000 (in DIN A3 für jeden von Ihnen)

Stückliste

Folienschreiber

Textmarker in den Farben Rot, Gelb, Grün

Die Zeichnung in der Größe DIN A1 soll es ihnen ermöglichen, mit der ganzen Gruppe an der Zeichnung zu arbeiten.
In Ihre persönliche Zeichnung DIN A3 können Sie Notizen eintragen.

Bevor Sie mit der Arbeit in Ihrer Gruppe beginnen, bestimmen Sie, wer von Ihnen die folgenden Aufgaben übernimmt:

Gruppensprecher: ____________________ Gesprächsleiter: __________________

Protokollant: _________________________ Zeitwächter: ______________________

Lern- und Arbeitsaufgabe 1:
Lesen Sie bitte die Zeichnung Nummer MT 110.00.00.000, und ordnen Sie die Positionsnummern der Stückliste den Bauteilen in der Zeichnung zu! Anschließend tragen Sie die Positionsnummern mit dem Folienschreiber in die Zeichnung DIN A1 ein! Sollten Sie Schwierigkeiten bei der Bestimmung der Wälzlagerarten haben, nehmen Sie Ihr Tabellenbuch zur Hilfe!

Lern- und Arbeitsaufgabe 2:
Kennzeichen Sie zur besseren Übersicht die folgenden Bauelemente in Ihrer persönlichen DIN-A3-Zeichnung farbig:
Wälzlager (Rot); Achsen (Blau); Zahnräder und Schneckenrad (Grün)!

Lern- und Arbeitsaufgabe 3:
Bereiten Sie eine kurze Präsentation vor, in der Sie Ihre Bauteilzuordnungen in der Zeichnung DIN A1 den anderen Gruppen vorstellen!
Besprechen Sie eventuelle Abweichungen in den Ergebnissen der einzelnen Gruppen!

Reflexion der Unterrichtseinheit

Die Praxis zeigt, dass der Unterricht mit dem Schneckengetriebe als Demontage-, Inspektions- und Remontageaufgabe für die Schülerinnen und Schüler im Regelfall motivations- und lernfördernd ist. Vielfältige Möglichkeiten für interessante fachliche und methodische Diskussionen werden eröffnet. Gerade hierin liegt eine Stärke der Unterrichtseinheit und des Lernmediums „Getriebe“, die einen recht großen Aktions- und Gestaltungsspielraum für die selbstständige und kooperative Betätigung der Lernenden bietet. Es handelt sich bei dieser Lerneinheit um einen anspruchsvolleren Arbeitsauftrag. Er erfordert entsprechende Wissensgrundlagen sowohl bei den Lernenden als auch bei der Lehrkraft selbst. Die Auswertungen ließen erkennen, dass der Ergebniskorridor relativ groß sein und die Schwierigkeit darin bestehen kann, eine Vielzahl und breite Streuung von Resultaten in einem für alle Lernenden verbindlichen Gesamtergebnis zu fokussieren. Für schwächere Lerngruppen ist es deshalb hilfreich, ihnen erst die Funktionsweise des Getriebes mithilfe des Unterrichtsverfahrens „Funktionsanalyse“ zugänglich zu machen.

In der betrieblichen Praxis werden Demontage-, Inspektions- und Remontagearbeiten für die Qualitätssicherung dokumentiert, um eine Verantwortlichkeit herzustellen. Dieses kann auch für die schulische Arbeit vorteilhaft sein, damit nachvollziehbar ist, wer mit dem Getriebe wann gearbeitet hat.

Bei einem Vergleich von Demontage- und Remontageaufgabe dieser Lerneinheit wird deutlich, dass sie sich in der Umsetzung nur marginal unterscheiden, sodass der alternative Einsatz unter zeitökonomischen Gesichtspunkten in der Unterrichtspraxis gerechtfertigt ist. Demontage und Montage alternativ zu unterrichten bietet die Möglichkeit, der Montageklasse die Ergebnisse des Demontageprozesses zur Verfügung zu stellen. Die Montageklasse kann dann der Demontageklasse berichten, welche Probleme sie mit deren Unterlagen hatte, was diese wiederum in ihre Dokumentationsergebnisse einfließen lassen könnte. Damit wird neben dem Wissenserwerb auch eine Verbesserung der Kommunikationsfähigkeit und der Kritikfähigkeit der Lernenden sowie eine vertiefte Reflexion der Ergebnisse erreicht.

Beim Unterrichtseinsatz des kompakten und gut handhabbaren Getriebes zeigen sich immer wieder Anknüpfungspunkte für Inhalte bzw. Themengebiete, die über die eigentliche Aufgabenstellung hinausgehen. So ist es durchaus vorstellbar – und auch die große finanzielle Investition in diese Getriebe spricht dafür –, weitere Themen an diesem Lerngegenstand (z. B. Werkstoffauswahl, Lagerbauformen, Lageranordnungen, Wärmedehnung, Passungen, Punkt- und Umfangslast, Übersetzungsverhältnis, Drehmoment, Fertigungsplanung einer Welle) zu bearbeiten.

Unterrichtsbeispiel 26: Komplexe Lern- und Arbeitsaufgabe: Umweltschutz durch Instandhaltung

Unterrichtsverfahren: Komplexe Lern- und Arbeitsaufgabe

Thematische Aspekte

Die technische und arbeitsorientierte Entwicklung beschert den Menschen in den industriellen Gesellschaften einerseits Massenkonsum, Massentourismus und eine unaufhaltsame Mobilität. Andererseits häufen sich die Umweltprobleme, das soziale Gefüge vieler Gesellschaften driftet auseinander, das Arbeitstempo, die Arbeitsintensität und Arbeitsethos – soweit es das überhaupt gibt – werden von technischen Gegebenheiten und nicht von humanen Erfordernissen bestimmt. Langfristig werden dadurch die Lebensbedingungen aller Gesellschaftsmitglieder beeinträchtigt.

Für den Technikbereich im Allgemeinen und für die Instandhaltung im Besonderen kommt es deshalb darauf an, Maßstäbe zu entwickeln, die nicht allein aus der Logik des Funktionierens und der Machbarkeit abgeleitet werden, sondern die auch humanorientierte Faktoren, wie z. B. soziale, kulturelle, biologische, ökologische und anthropologische Aspekte berücksichtigen. Aufgrund der gestiegenen Anforderungen an die Umweltbildung ist es erforderlich, die gesellschaftlichen und technischen Hintergründe ökologisch bewussten und nachhaltigen Wirkens zu thematisieren. Die soziokulturellen Voraussetzungen beruflicher Umweltbildung ergeben sich aus den Werten, Normen und Weltbildern der Mitglieder der Gesellschaft, aus der Wirtschaftsordnung und dem gesellschaftspolitischen Sichtweisen der Akteure.

Im Themengebiet „Umweltschutz durch Instandhaltung“ und in einer entsprechend komplexen und ganzheitlich-instandhaltungsorientiert angelegten Lern- und Arbeitsaufgabe können grundlegende Inhalte aus der aktuellen Diskussion um Umweltschutz – Nachhaltigkeit, Umweltmanagement und Produktlebenszyklus – auf den Berufsalltag bezogen werden. Damit erscheint es möglich, durch ausgewählte Arbeitsfelder die Komplexität, aber auch die Lösbarkeit von Umweltproblemen durch angemessene Instandhaltung darzustellen.
Für den Bereich der Instandhaltung kommt es insgesamt darauf an,

- Produkte zu bewahren, um mit einem minimalen Verbrauch an Gütern und Stoffen auszukommen, die zugleich die Umwelt nur wenig belasten sowie

- die Maßnahmen zum Erhalt eines technischen Gerätes bzw. Systems im Zusammenhang mit den Tätigkeiten im Lebenszyklus des Produktes zu entwickeln.

Lernvoraussetzungen

Über grundlegende fachliche Kompetenzen hinaus stellt die folgende Unterrichtseinheit „Umweltschutz durch Instandhaltung“ einerseits höhere Anforderungen an selbstgesteuertes Lernens und Arbeiten (z. B. zur Organisation, Entscheidung, Kooperation). Andererseits ist der Erwerb bzw. die Vertiefung entsprechender Fähigkeiten auch Ziel der Lerneinheit. So sollte die instandhaltungsbezogene Lern- und Arbeitsaufgabe „Umweltschutz durch Instandhaltung“ nicht gleich zu Beginn einer Ausbildung in den Metallberufen, sondern im zweiten oder dritten Ausbildungsjahr stattfinden. Insbesondere für das nun folgende Beispiel sollte bereits auch eine Einführung in die Hydraulik und Pneumatik stattgefunden haben.

Lernende und Lehrende, die im Vorfeld dieser Lern- und Arbeitsaufgabe bereits andere handlungsorientiert angelegte, instandhaltungsbezogene Unterrichtsverfahren durchgeführt haben (Wartungsanalyse, Inspektionsaufgabe, Instandsetzungsanalyse etc.), sind im Vorteil, da sie bereits über Erfahrungen im Bearbeiten von Arbeitsaufgaben verfügen, die umfassendere Freiräume für selbstorganisiertes Lernhandeln aufweisen.

Unterrichtsziele und angestrebter Kompetenzzuwachs

Mit dieser Lerneinheit werden fachliche, soziale sowie allgemeine Kompetenzen angesprochen. Insbesondere geht es darum, auf der Basis von Fachlichkeit zur Instandhaltung und zum Umweltschutz für Belange zu sensibilisieren, die Verantwortlichkeit, einen menschengerechten Umgang sowie die Gestaltung von Arbeit und Technik ansprechen. Zukünftige Fachkräfte sollen nicht nur das technisch Machbare erfahren, sondern abwägen können, was für die Gesellschaft und sich selbst – auch bezogen auf die zukünftige Entwicklung – sinnvoll ist.

Im Einzelnen sind die Lernenden in der Lage,

- Objekte und Situationen auf (potentielle) umweltbelastende Fehler- oder Schadensquellen zu untersuchen;
- selbstständig Hypothesen aufzustellen und Lösungsansätze zu entwickeln;
- Ihre Entscheidungsfähigkeit auf der Basis eines kriterienorientierten Vorgehens zu verbessern;

- mit anderen Beteiligten über die konkrete Umweltthematik und deren Bezug zur Instandhaltung diskutieren;
- die Möglichkeiten zum Umweltschutz durch Instandhaltung zu kennen,
- Urteilsfähigkeit insbesondere in Konflikten zwischen technisch-ökonomischer Realisierbarkeit und umweltlicher Verträglichkeit zu verbessern.
- Eine komplexe Arbeitsaufgabe zu analysieren, in Teilschritte zu zerlegen und zu planen und zu lösen.

Didaktisch-methodische Struktur

Im Mittelpunkt des Lernvorhabens stehen zwei unterschiedliche Gruppenarbeitsphasen, in denen Arbeitsaufträge behandelt werden. Zunächst werden arbeitsgleich Aufgaben bearbeitet, bei denen Beziehungen zwischen Umweltschutz und Instandhaltung besprochen werden. Im zweiten großen Abschnitt wird arbeitsteilig vorgegangen. Hierbei erfolgt eine Spezialisierung auf drei verschiedenen Schwerpunktbereichen: allgemeine erweiterte Umweltschutzaspekte der Instandhaltung (A), spezifische Aspekte in der Hydraulik (B) sowie spezifische Aspekte in der Pneumatik (C). Bereits am Beginn wird das übergeordnete Ziel geklärt: das Gestalten einer entsprechenden Ausstellung im Schulgebäude. Folglich müssen die Ergebnisse der arbeitsteiligen Gruppenarbeit im weiteren Verlauf zusammengeführt werden, um die Ausstellung gestalten zu können.
Die Lerneinheit geht zwar weg von instrumentellen Verrichtungen der Instandhaltungsfacharbeit an technischen Systemen und mit Hilfe notwendiger technischer Ausstattung. Sie baut jedoch auf derart erworbenen Erfahrungen auf und weitet zugleich den Blick auf größere Zusammenhänge der Berufs- und Lebenswelt.

Handlungsablauf

Eine mögliche Unterrichtsstruktur wird nachfolgend in tabellarischer Form dargestellt.

Unterrichtsbeispiel 26: Komplexe Lern- und Arbeitsaufgabe: Umweltschutz durch Instandhaltung					
Nr.	**Lernphase**	**Handlungsablauf**	**Aktions- und Sozialform**	**Medien und didaktische Materialien**	**Didaktische Hinweise**
1	Aufgaben- und Problemstellung	Von der Lehrkraft wird eine Pressemitteilung über den Beamer ohne weiteren Kommentar vorgestellt. Nach ersten spontanen Äußerungen wird der Presseartikel über strahlungsarme Handys als Beitrag zum Umweltschutz diskutiert. Es stellt sich heraus, dass auch bei Handys instandhaltungsbezogene Umweltschutzfragen existieren. Die Lehrkraft gibt als übergeordnete Arbeitsaufgabe bekannt: Es soll eine schulische Ausstellung zum Thema „Umweltschutz durch Instandhaltung“ erarbeitet werden. Die Lern- und Arbeitsaufgabe wird an der Tafel notiert. Beim Diskutieren möglicher Vorgehensweisen im Plenum ergibt sich, dass es zunächst sinnvoll erscheint, in einem ersten Arbeitsabschnitt wesentliche Grundlagen zur Bedeutung der Instandhaltung für den Umweltschutz zu entwickeln. Dieses soll in arbeitsgleichen Gruppen geschehen. Erst in einem zweiten Arbeitsabschnitt sollen auch komplexere Themen wie die Hydraulik und Pneumatik als umweltschutzrelevante Bereiche der Instandhaltung einbezogen werden.	Lehrervortrag, fragend-entwickelnder Unterricht, Diskussion	Pressemitteilung (Informationsblatt 1) als Kopie oder Beamer- bzw. Overheadvorlage, Tafel oder Arbeitsprojektor	Die Schülerinnen und Schüler werden über alltägliche Erfahrungen an das Thema „Umweltschutz“ herangeführt. Sie stellen fest, dass der Einsatz von Handys bis in ihre berufliche Praxis hineinreicht. Die Lernenden erhalten Anregungen, sich mit grundlegenden Fragen des Bereiches „Umwelt und Instandhaltung“ zu befassen – was auch erste umweltschutzbezogene Einblicke und Fragen in die Pneumatik und Hydraulik eröffnet. Entsprechende fachliche Grundkenntnisse sind im Vorfeld der Lern- und Arbeitsaufgabe „aufgefrischt“ worden. Der durch den Arbeitsauftrag abgesteckte Rahmen verdeutlicht den Lernenden das Arbeitsziel, das sie erreichen sollen.

2	Präzisierung	Nun sind in arbeitsteiligen Gruppen drei instandhaltungsbezogene Bereiche weiter zu vertiefen, nämlich a) erweiterte Umweltaspekte der Instandhaltung, b) spezifische umweltbezogene Themenstellungen der Hydraulik sowie c) spezifische umweltbezogene Gesichtspunkte der Pneumatik. Die Lern- und Arbeitsaufgabe wird dahingehend präzisiert, dass die Schulausstellung von den Lernenden weitgehend selbstständig zu gestalten ist. Gefordert wird, alle Arbeitsresultate in einem geschlossenen Rahmen miteinander zu verknüpfen und zu präsentieren.	Plenum		
3	Strukturierung und Planung des ersten Arbeitsabschnitts (Grundlagen)	Der Auftrag an die Lernenden für den ersten Arbeitsabschnitt lautet: „Erstellen Sie bitte für die Ausstellung eine Collage mit grundlegenden Gedanken zum Umweltschutz durch Instandhaltung!" Die arbeitsgleichen Gruppen nutzen bzw. erhalten für diesen Auftrag neben den Arbeitsblättern auch entsprechendes schriftliches und bildliches Informationsmaterial sowie freien Zugang zum Internet. Sie planen und strukturieren alle erforderlichen Arbeitsschritte für ein sinnvolles Vorgehen, organisieren die Aufgabenverteilung sowie ihre Arbeitsumgebung und skizzieren mit Blick auf die Schulausstellung ein Präsentationskonzept für ihre Arbeitsresultate.	arbeitsgleiche Gruppen arbeit	Arbeitsblätter 1-3, schriftliche und bildliche Informationsmaterialien, Fachtechnologie, PC mit Internetzugang, Plakate und Folien, Schreibmaterial	Beim Planen und Strukturieren ihrer Arbeit lernen die Schülerinnen und Schüler, ihre bevorstehende Arbeit und das Arbeitsprodukt gedanklich vorweg zu nehmen. Dieses Antizipieren verdeutlicht ihnen mögliche Schwachpunkte und Engpässe frühzeitig.

4	Durchführen des ersten Arbeitsabschnittes (Grundlagen)	Nach den von ihnen selbst entwickelten Arbeitsplänen bearbeiten die Gruppen nun die Aufgabenstellungen des ersten Abschnittes. Es erfolgt eine arbeitsbegleitende Selbstkontrolle. Die Arbeitsresultate des ersten Abschnittes werden für die spätere Präsentation und Einbindung in die Schulausstellung an einem geeigneten Ort bereitgehalten.	arbeitsgleiche Gruppenarbeit	wie in Phase 3	Die Lernenden erhalten die Möglichkeit, ihre Planungsarbeit im Laufe der Durchführung zu überprüfen. Eine entsprechende Reflexion fließt eventuell ebenfalls in die Ergebnisdokumentation ein.
5	Strukturieren und Planen des zweiten Arbeitsabschnitts (Vertiefung)	Zusammen mit den Schülerinnen und Schülern formuliert die Lehrkraft die Arbeitsaufträge für die Vertiefungsbereiche A, B und C (vgl. Informationsblatt 2). Die Schülerinnen und Schüler ordnen sich einem jeweiligen Vertiefungsbereich A (erweiterte Umweltaspekte der Instandhaltung), B (spezifische umweltbezogene Themenstellungen der Hydraulik) oder C (spezifische umweltbezogene Gesichtspunkte der Pneumatik) zu. Auf der Grundlage von Orientierungshilfen, die den Schülerinnen und Schülern bei Bedarf gegeben werden, entwickeln die Lernenden jeweils gruppenspezifische Pläne für den weiteren Lernablauf. Diese Pläne enthalten Aussagen über die einzelnen Schritte und deren Abfolge, um die drei Themengebiete zu bearbeiten, sie anschließend miteinander zu verknüpfen und in einer Schulausstellung zu dokumentieren. Die Arbeitspläne der arbeitsteiligen Gruppen werden im Plenum vorgestellt und diskutiert. Mit Abschluss dieser Phase ist klar, welche Gruppen welche Aufgaben übernehmen, wie die Gruppenresultate inhaltlich beschaffen sein müssen und wie schließlich die Ausstellung selbst auszusehen hat.	arbeitsteilige Gruppenarbeit und Präsentation/Unterrichtsgespräch im Plenum	Informationsblatt, Arbeitsblätter A 1-4, B 1-4, C 1-4	Die Lernenden erkennen u. U. bereits im Vorfeld Problempunkte bei der Durchführung der Lern- und Arbeitsaufgabe. Falls erforderlich, geht die Lehrkraft näher auf spezifische theoretische Aspekte ein und verdeutlicht diese mediengestützt. Die Gruppen des Vertiefungsbereiches A erhalten mit Blick auf die abschließende Schulausstellung übergeordnete Koordinationsaufgaben. Schon in dieser Phase fällt ihnen so auch die Aufgabe zu, vorausschauend und beratend auf die bevorstehenden Gruppenarbeiten einzuwirken.

6	Durchführen des zweiten Arbeitsabschnittes (Vertiefung	Die Schülerinnen und Schüler bearbeiten die ihrer Gruppe zugeordneten Themen auf der Basis der von ihnen erstellten Ablaufplanung. Sie bereiten alle Arbeitsresultate präsentationsgerecht auf und erstellen das jeweilige Produkt des Gesamtvorhabens, um damit eine schulische Ausstellung zu gestalten. Die Gruppe A übernimmt die für die Ausstellung nötige Koordination der Arbeiten. Mit ihr müssen die anderen Gruppen die Zusammenführung der Arbeiten abstimmen.	arbeitsteilige Gruppenarbeit	Informationsunterlagen, Plakate, PC, Schreib- und Darstellungsmaterialien	Die Lehrkraft hält sich in dieser Phase beratend im Hintergrund. Vorausschauend und beratend agieren dagegen Lernende des Arbeitsbereiches A, die den Gesamtüberblick behalten müssen.
7	Bewertung/ Optimierung/ Präsentation	Alle Gruppen stellen ihre Resultate nun im Plenum vor. Ihre Arbeiten und Vorträge werden diskutiert. Von Bedeutung ist die Einschätzung der Lernenden des Arbeitsbereiches A. Sie haben die Gruppenergebnisse auf Möglichkeiten der inhaltlichen und formalen Verknüpfung und Anpassung untereinander zu bewerten. Anschließend sind gegebenenfalls Verbesserungsarbeiten vorzunehmen. An einem geeigneten Ort im Schulgebäude werden in einer Ausstellung die Arbeitsergebnisse präsentiert. Alle Resultate werden auf Stelltafeln zu einer Gesamtpräsentation vereint. Das Gesamtergebnis wird – eventuell im Rahmen einer Ausstellungseröffnung – vorgestellt.	Schülervorträge und Diskussion	Plakate, PC, Beamer, Arbeitsprojektor	Den Schülerinnen und Schülern wird die Relevanz und Exemplarik ihrer Resultate bewusst. Gerade eine Schulausstellung bietet ihnen die Möglichkeit einer umfassenden Selbstwahrnehmung.

8	Reflexion/ Transfer	In einer rückblickenden Selbsteinschätzung der Gruppen wird im Plenum das gesamte Produkt bewertet und insbesondere hinsichtlich weiterer Verbesserungsmöglichkeiten diskutiert. Prägnante Ergebnisse zur Ausgangsfrage „Umweltschutz durch Instandhaltung“ werden festgehalten. Abschließend benennen die Lernenden insbesondere auch außerberufliche Bereiche und Tätigkeiten, auf die sich die Resultate übertragen lassen.	Schülervorträge und Diskussion	Plakate, Arbeitsprojektor	Insgesamt erfahren die Schülerinnen und Schüler die berufliche und außerberufliche Tragweite des Bezuges von Instandhaltung und Umwelt.

Didaktische Materialien

Informationsblatt:
Pressemeldung

Erstes Handy mit Umweltzeichen

– umweltschutz-news vom 20.04.2009 –

Erstmals wurde nun ein Handy der Firma Kandy Mobile mit dem „Blauen Engel" ausgezeichnet. „Angesichts möglicher Gesundheitsrisiken durch Mobilfunkstrahlen haben Verbraucher ein Recht darauf, zu erfahren, in welchem Maße sie sich beim Telefonieren elektromagnetischen Wellen aussetzen", kritisiert ein Vorstand einer Verbraucherzentrale die bisherige Ignoranz der großen Handyanbieter.

Gut erkennbare Informationen sind für die Verbraucher wichtig

Die wichtigen Informationen zum Strahlungswert und zu den Umwelteigenschaften würden von den Herstellern nach wie vor eher versteckt. Vor allem für Eltern, die ihre Kinder mit dem Kauf des richtigen Handys einer möglichst geringen Strahlung aussetzen wollen, sei eine transparente Kennzeichnung unverzichtbar.
„Der Einsatz des Blauen Engels würde strahlungsarme Geräte auf einen Blick erkennbar machen". Der Vorstand hofft, dass das Beispiel Kandy Mobile Schule macht und weitere Hersteller ihre Informationspolitik den Kundenbedürfnissen anpassen.

Bereits seit 2002 kann der Blaue Engel von Handyherstellern beantragt werden. Neben einer geringen Strahlung (SAR-Werte von 0,6 Watt bezogen auf 1 Kilogramm Körpermasse) müssen dabei folgende Kriterien erfüllt werden:

- Die Gehäuse müssen recyclinggerecht sein,
- die Batterien dürfen weder Blei, Cadmium noch Quecksilber enthalten,
- es muss eine externe Hör- und Sprecheinrichtung mitgeliefert werden und
- die Produkte müssen umweltfreundlich verpackt sein.

Die Verbraucherzentralen empfehlen, beim Kauf eines Handys auf einen SAR-Wert von unter 0,6 Watt/kg zu achten. Der gesetzlich tolerierte Grenzwert liegt zurzeit bei 2 Watt pro Kilogramm. Die Unterschiede sind jedoch gravierend: Manche Mobiltelefone belasten bis zu sechsmal mehr als andere.

Das Bundesamt für Strahlenschutz prüft in regelmäßigen Abständen die Strahlung von Handys. Von 882 Geräten blieb im Juli 2007 ein gutes Drittel der Geräte unter dem 0,6-W/k-Maximalwert, wie ihn der Blaue Engel vorschreibt und die Verbraucherzentralen empfehlen.

Was sagt der SAR-Wert aus?

SAR steht für die Strahlungsabsorptionsrate (SAR) der Geräte. Sie ist die Vergleichsgröße für die vom Körper aufgenommene Wärmestrahlung und gibt an, wie viel der Energie aus den hochfrequenten elektromagnetischen Feldern in einer bestimmten Zeit vom Körper aufgenommen wird.

Für ein Handy ist vor allem die im Kopf aufgenommene Energie von Bedeutung. Es wird vermutet, dass vor allem Kinder durch die Strahlung von Handys besonders gefährdet sind, da ihr sich noch entwickelndes Nervensystem viel Strahlung absorbiert.

Artikel abrufbar unter: www.umweltschutz-news.de/123artikel1908.html (Zugriff am 20.04.2009)

Arbeitsblatt 1: Grundlagen zum Umweltschutz durch Instandhaltung

Name: .... Klasse: .... Datum: ....

Lern- und Arbeitsaufgabe:

Entwickeln Sie bitte eine Grafik zur Einhaltung umweltschutztechnischer Richtlinien bei der Instandhaltung! Nutzen Sie eine Darstellungsform dieser oder ähnlicher Art!

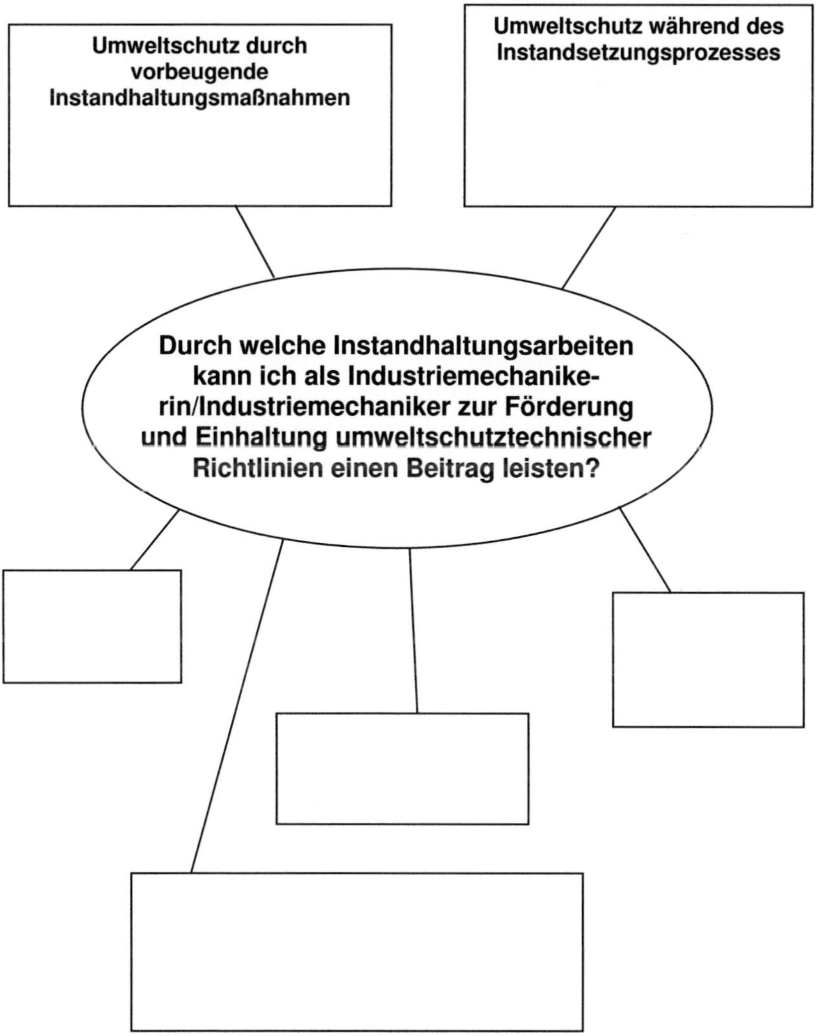

Lösungsbeispiel 1: Grundlagen zum Umweltschutz durch Instandhaltung

Name: .... Klasse: .... Datum: ....

Lern- und Arbeitsaufgabe:

Entwickeln Sie bitte eine Grafik zur Einhaltung umweltschutztechnischer Richtlinien bei der Instandhaltung! Nutzen Sie eine Darstellungsform dieser oder ähnlicher Art!

Umweltschutz durch vorbeugende Instandhaltungsmaßnahmen
Vermeidung umweltschutztechnischer Gefahrensituationen durch das rechtzeitige Ausführen von Instandhaltungsmaßnahmen

Umweltschutz während des Instandsetzungsprozesses
Vermeidung umweltschutztechnischer Gefahrensituationen während des Instandsetzungsprozesses durch Anwendung alternativer Verfahren und Stoffe

Durch welche Instandhaltungsarbeiten kann ich als Industriemechanikerin/Industriemechaniker zur Förderung und Einhaltung umweltschutztechnischer Richtlinien einen Beitrag leisten?

Verwendung umweltverträglicher Schmierstoffe

Verwendung von Bauteilen/Baugruppen aus umweltverträglicherem Material

Verwendung von Bauteilen/Baugruppen mit verbessertem Ausfallverhalten

Umweltschutz durch Modernisierung
Verbesserung der Öko-Bilanz einzelner Maschinen, Anlagen und Produktionsabschnitte auf der Grundlage der Öko-Audit-Verordnung durch Modernisierung im Rahmen von notwendigen Instandsetzungsarbeiten

Arbeitsblatt 2: Grundlagen zum Umweltschutz durch Instandhaltung

Name: .... Klasse: .... Datum: ....

Lern- und Arbeitsaufgabe:

Sammeln Sie bitte Beispiele für praktizierte technische Verfahrensweisen, die jeweils Umweltbelastungen bzw. -gefährdungen nach sich ziehen! Führen Sie auch Instandhaltungsverfahren zur Abhilfe sowie konkrete Instandhaltungstätigkeiten auf! Dokumentieren Sie Ihre Arbeit – z. B. tabellarisch (folgende Übersicht dient nur der Orientierung)!

Nr.	technische Problem-stellung	Umweltbelastung -gefährdung	Instandhaltungs-verfahren zur Abhilfe	konkrete Instandhaltungs-tätigkeiten
1	fehlende Schallentkopplung zwischen Motor und Motorgehäuse	Lärm	Verbesserungsaufgabe	Einbau schallentkoppelnder Materialien
2	Beispiel ...	Bodenverschmutzung		
3	Beispiel ...	hohes Abfallaufkommen		
4	Beispiel ...	hoher Materialverbrauch		
5	....	hoher Energieverbrauch		
6	....	Gewässerverschmutzung		
7	...	Luftverschmutzung		
8	....	Ressourcenverschwendung		

Arbeitsblatt 3: Grundlagen zum Umweltschutz durch Instandhaltung

Name: .... Klasse: .... Datum: ....

Lern- und Arbeitsaufgabe:

Entwickeln Sie bitte eine Übersicht instandhaltungsbezogener Arbeitstätigkeiten, und ordnen Sie dieser weitere Aspekte zu! Orientieren Sie sich an den folgenden Beispielen!

Arbeitstätigkeit/ -handlung	Umweltbeeinflussung	Schutzeinrichtungen Vorsorgeprinzip	
		Betriebseinrichtung	persönliche Vorsorge
Fräsen	Lärm Späne ölhaltige Kühlflüssigkeit	Auffangeinrichtung für Späne/Auffang- und Filtereinrichtung für Kühlflüssigkeit (Kreislauf)	Gehörschutz Schutzbrille Schutzschuhe
Demontieren und Reinigen von Baugruppen	Lösungsmittel Staub Öle/Fette Schmutz Lärm	Auffangeinrichtung für Abwasser Sammelbehälter für verschmutzte Öle und Fette	Schutzkleidung Atemschutz Schutzbrille Schutzschuhe
Sägen (von Hand oder Maschinensägen)	Lärm Späne Kühlflüssigkeit	Auffangeinrichtung für Späne/Auffang- und Filtereinrichtung für Kühlflüssigkeit (Kreislauf)	Gehörschutz Schutzschuhe
Schleifen	Schleifspäne Lärm Funkenflug (Wärme)	Absaugvorrichtung Kühlflüssigkeit Filterung schallschluckende Stellwände	Schutzbrille Gehörschutz Atemschutz Lederhandschuhe Schutzschuhe
Schweißen	Rauch/Dämpfe, Licht, Wärme, Geruch, Strahlung	Absaugeinrichtung nichtbrennbare Stellwände	Schutzbrille und -schuhe Lederschürze Lederhandschuhe Atemschutzmaske

Arbeitsblatt 4:
Umweltschutz durch Instandhaltung

Name: .... Klasse: .... Datum: ....

Aufgaben der Arbeitsgruppe(n) im Arbeitsbereich A

- Vertiefen Sie bitte die Grundlagen im Themengebiet „Umweltschutz durch Instandhaltung“! Dieses bildet gewissermaßen die „Einführung“ in die Schulausstellung.
- Entwerfen Sie eine Gestaltungskonzeption, in der alle Gruppenresultate als Schulausstellung zusammengeführt werden!
- Suchen Sie einen passenden Ausstellungsraum im Schulgebäude, sprechen Sie mit den für Raumfragen verantwortlichen Lehrkräften sowie der Schulleitung. Setzen Sie die geplante Ausstellung mit Hilfe der anderen Gruppen in die Realität um!

Aufgaben der Arbeitsgruppe(n) im Arbeitsbereich B

- Vertiefen Sie bitte das Themengebiet „Hydraulik und Umweltschutz“! Berücksichtigen Sie dazu die entsprechenden Arbeitsblätter!
- Bereiten Sie Ihre Gruppenergebnisse präsentationsgerecht auf!
- Sprechen Sie sich mit der Ausstellungskoordination ab! In welcher Form wird Ihre Präsentation in die Schulausstellung eingebunden – welche Vorgaben sind dazu Ihrerseits einzuhalten?

Aufgaben der Arbeitsgruppe(n) im Arbeitsbereich C

- Vertiefen Sie das Themengebiet „Pneumatik und Umweltschutz“ - Berücksichtigen Sie dazu bitte die entsprechenden Arbeitsblätter.
- Bereiten Sie Ihre Gruppenergebnisse präsentationsgerecht auf.
- Sprechen Sie sich mit der Ausstellungskoordination ab: In welcher Form wird Ihre Präsentation in die Schulausstellung eingebunden – welche Vorgaben sind dazu Ihrerseits einzuhalten?

Arbeitsblatt A 1: Vertiefung der Grundlagen
Umweltschutz durch Instandhaltung – Beurteilungsschema

Name: .... Klasse: .... Datum: ....

Ausgangssituation:
Für die Analyse und Beurteilung der Umweltverträglichkeit eines Produktes ist es ratsam, dessen Lebenszyklus und die dabei auftretenden Umwelteinwirkungen zu betrachten. Für die Beurteilung einzelner Phasen ist ein Beurteilungsschema günstig. Dabei können verschiedene Fragen als Richtschnur dienen (siehe Fragenkatalog auf Arbeitsblatt A 2).

Lern- und Arbeitsaufgabe:
Wählen Sie bitte ein konkretes Produkt bzw. Objekt aus dem Bereich der Maschinen- und Anlagentechnik aus! Beurteilen Sie dessen Umweltverträglichkeit anhand eines Beurteilungsschemas! Machen Sie anschließend Angaben darüber, wie sie das Umweltverhalten mit konkreten Instandhaltungstätigkeiten und -techniken des ausgewählten Produktes verbessern!

Umwelt-aspekte	**Lebenszyklus des Produktes**				
	Produkti-onsvor-stufe	**Produktion**	**Verpa-ckung und Vertrieb**	**Verwen-dung**	**Recycling/ Entsor-gung**
Abfallauf-kommen					
Bodenver-schmutzung					
Wasserver-schmutzung					
Luftver-schmutzung					
Lärm					
Energie-verbrauch					
Verbrauch natürlicher Ressourcen					

Arbeitsblatt A 2: Vertiefung der Grundlagen
Umweltschutz durch Instandhaltung – Fragenkatalog

Name: .... Klasse: .... Datum: ....

Fragenkatalog zur Beurteilung der Umwelteigenschaften im Produktzyklus und zu instandhaltenden Maßnahmen zur Verbesserung dieser Eigenschaften (vgl. Arbeitsblatt A1).

Abfallaufkommen

- Welche Art von (besonders) überwachungsbedürftigem Abfall tritt bei dem analysierten Produkt auf?
- Wie kann das Abfallaufkommen durch Instandhaltungsmaßnahmen verringert werden?

Bodenverschmutzung und -schädigung

- Tritt durch die Produktion, den Vertrieb und die Entsorgung des analysierten Produktes eine Bodenverschmutzung oder -schädigung auf?
- Wie können Verschmutzungen durch Instandhaltungsmaßnahmen verringert werden?

Wasserverschmutzung

- Treten im Produktionsprozess, bei der Verwendung und Entsorgung wassergefährdende Stoffe auf?
- Auf welche Weise können Instandhaltungstätigkeiten dazu beitragen, Wasserverschmutzungen zu verhindern?

Luftverschmutzung

- Welche Gase, Dämpfe und Gefahrstoffe treten bei der Produktion, der Verwendung und bei der Entsorgung auf?
- Durch welche Maßnahmen der Instandhaltung können diese Emissionen verhindert oder reduziert werden?

Lärm

- Welche Lärmverursacher treten auf?
- Kann die lärmverursachende Maschine/Anlage ersetzt werden, indem ein anderes Produktionsverfahren eingesetzt wird?
- Mit welchen instandhaltenden Verfahren könnte Abhilfe geschaffen werden?

Energieverbrauch

- Wo tritt Energieverschwendung auf?
- Wo und wie könnte durch Instandhaltungsmaßnahmen Energie eingespart werden?

Verbrauch von natürlichen Ressourcen

- Welche natürlichen Ressourcen werden bei der Produktion und bei der Verwendung oder Entsorgung verbraucht?
- Wie und womit können Instandhaltungstätigkeiten Abhilfe schaffen?

Arbeitsblatt A 3: Vertiefung der Grundlagen
Umweltschutz durch Instandhaltung

Name: .... Klasse: .... Datum: ....

Lern- und Arbeitsaufgabe:
Entwickeln Sie in Ihrer Gruppe bitte eine Grafik, die Beispiele dafür zeigt, wie durch Instandhaltungsmaßnahmen aktiver Umweltschutz betrieben wird (Vorschlag: DIN-A2-Plakat)!

Berücksichtigen Sie dabei Umweltbelastungen oder Umweltgefährdungen, die durch **Boden**-, **Luft**- oder **Gewässer**verschmutzungen, hohen **Material**verbrauch, **Lärm**, hoher **Energie**verbrauch u. a. entstehen können!
Die Gestaltung der Grafik ist Ihnen überlassen – sie könnte zum Beispiel so aussehen:

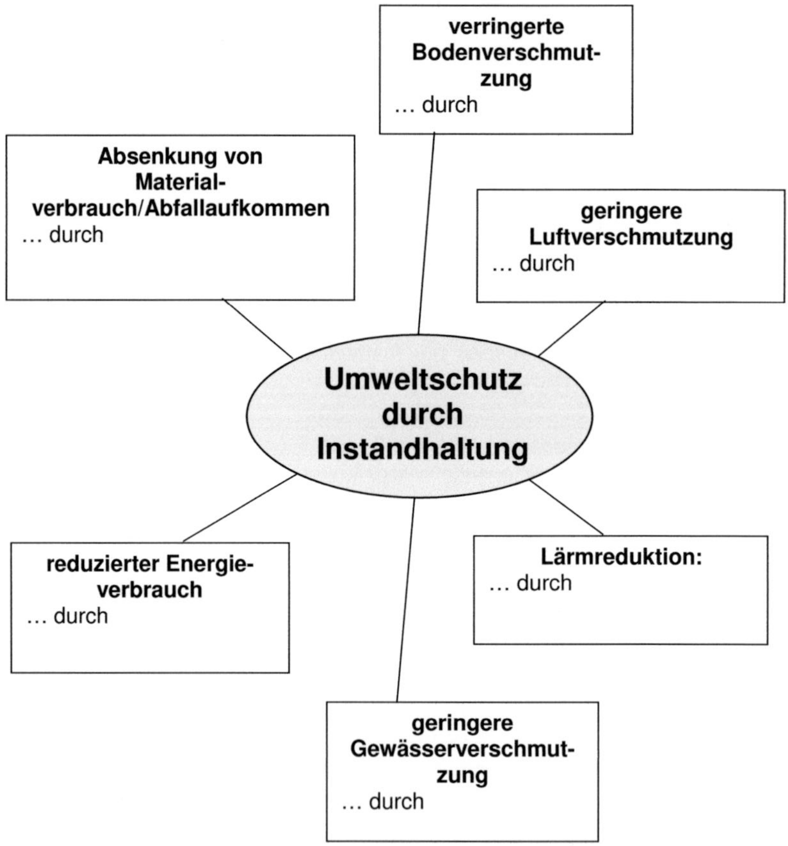

Lösung zu Arbeitsblatt A 3: Vertiefung der Grundlagen
Umweltschutz durch Instandhaltung

Name: .... Klasse: .... Datum: ....

Lern- und Arbeitsaufgabe:
Entwickeln Sie in Ihrer Gruppe bitte eine Grafik, die Beispiele dafür zeigt, wie durch Instandhaltungsmaßnahmen aktiver Umweltschutz betrieben wird (Vorschlag: DIN-A2-Plakat)!

Berücksichtigen Sie dabei Umweltbelastungen oder Umweltgefährdungen, die durch **Boden**-, **Luft**- oder **Gewässer**verschmutzungen, hohen **Material**verbrauch, **Lärm**, hoher **Energie**verbrauch u. a. entstehen können!
Die Gestaltung der Grafik ist Ihnen überlassen– sie könnte zum Beispiel so aussehen:

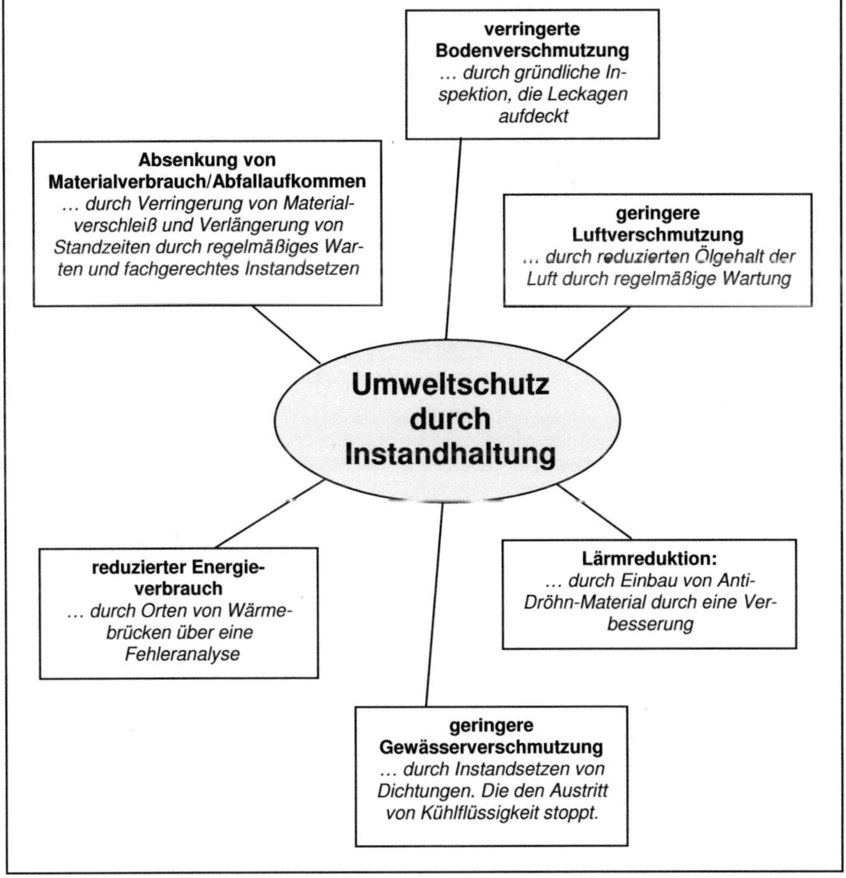

Arbeitsblatt A 4:
Vertiefung der Grundlagen
Umweltschutz durch Instandhaltung

Name: .... Klasse: .... Datum: ....

Lern- und Arbeitsaufgabe:

Fassen Sie Ihre Ergebnisse zusammen, und füllen Sie die folgenden Leerfelder mit anschaulichen und überzeugenden Beispielen zum Umweltschutz durch Instandhaltung!

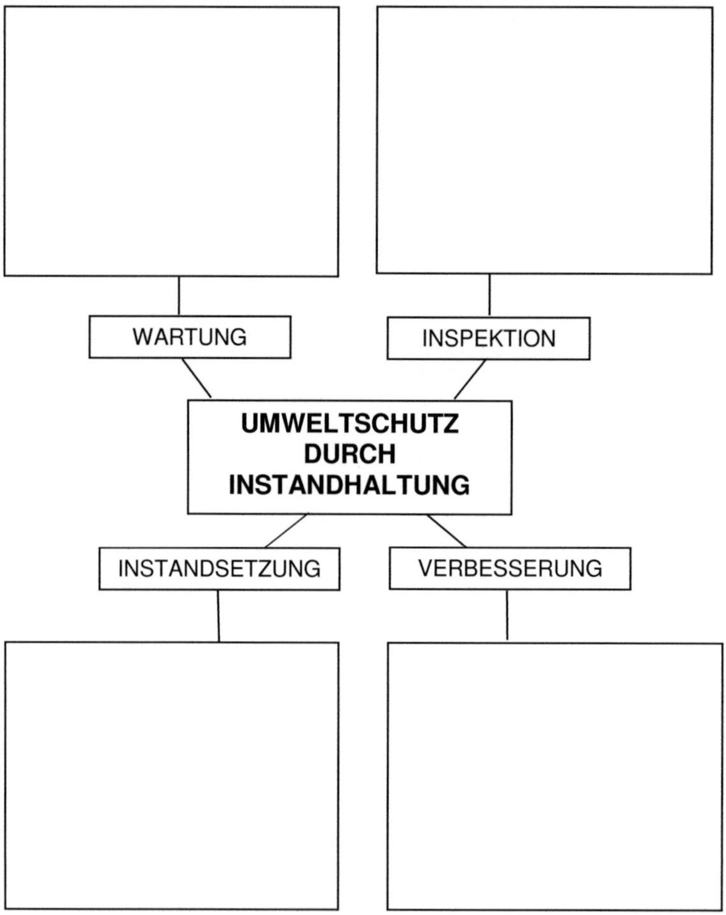

Arbeitsblatt B 1: Vertiefung Hydraulik
Umweltschutz durch Instandhaltung

Name: .... Klasse: .... Datum: ....

Ausgangssituation:

Beim Betätigen der Ladebordwand an einem Möbelauto bemerkt der Fahrer während des Be- und Entladens ungleichmäßige Bewegungen und auffällige Geräusche in der Hydraulik. Die Funktionsfähigkeit der Ladebordwand und damit auch die Arbeitssicherheit ist beeinträchtigt. Der Fahrer vermutet freie Luft im Hydrauliksystem. Die Entlüftung des Hydrauliksystems ist umgehend durchzuführen!

Lern- und Arbeitsaufgaben:

1. Beschaffen Sie sich bitte die notwendigen Unterlagen und Informationen über das Hydrauliksystem einer Ladebordwand!

2. Stellen Sie den Aufbau des Hydrauliksystems dar und kennzeichnen Sie die Strömung farblich!

Grün markierte Abschnitte: Aus diesen Abschnitten wird stets Volumenstrom zugeführt. Dieser Volumenstrom darf keine freie Luft mitführen!
Gelb markierte Abschnitte: Diese Abschnitte werden stets durchströmt. Der Volumenstrom trägt freie Luft zu den höchstgelegenen Stellen. Dort sammelt sich freie Luft und bildet Luftpolster. An diesen Stellen müssen sich Entlüftungsstellen (rot gekennzeichnet) befinden! (Anmerkung: Ein Teil der freien Luft wird mit der Strömung weitergetragen).
Blau markierte Abschnitte: Diese Abschnitte werden nur beim Zuschalten durchströmt. Dabei gelangt erneut freie Luft in die stets durchströmten (gelben) Abschnitte. Blindleitungen können nur über dort befindliche Entlüftungsstellen (rot) entlüftet werden!

Arbeitsblatt B 2: Vertiefung Hydraulik
Umweltschutz durch Instandhaltung

Name: .... Klasse: .... Datum: ....

Lern- und Arbeitsaufgaben:

Beantworten Sie bitte in Ihrer Gruppe die folgenden Fragen mit Hilfe der von Ihnen recherchierten Informationen!

1. Was ist unter „freier Luft“ in Hydrauliksystemen zu verstehen?

Freie Luft ist ein Gasgemisch, das nicht in der Hydraulikflüssigkeit gelöst ist. (Die Hydraulikflüssigkeit kann in Abhängigkeit von Temperatur und Druck nur eine begrenzte Menge Luft in sich lösen.)

2. Wie entsteht freie Luft in Hydrauliksystemen?

Freie Luft entsteht entweder durch Luftausscheidung aus der Hydraulikflüssigkeit bei zu niedrigem Druck bzw. bei zu niedriger Temperatur oder durch Ansaugen an undichten Stellen im Saugbereich.

3. Welche Fehlfunktionen bzw. Schädigungen kann freie Luft in Hydrauliksystemen verursachen?

Zylinderbewegungen können ungleichmäßig ablaufen. Zylinderdichtungen können beschädigt werden. Laute Geräusche können auftreten.

4. Wo und wie können Luftpolster entstehen?

Luftpolster bilden sich in nicht durchströmten Teilen des Hydrauliksystems (z. B. in Stichleitungen, Zylinderkammern, Ventilkammern...). Auch an höchsten Leitungsstellen des Hydrauliksystems können Luftpolster entstehen.

5. Welche Anlagenteile und „Wartungswerkzeuge“ ermöglichen die Entlüftung?

Verschraubungen oder Kupplungen (z. B. Messkupplungen) ermöglichen den Zugang zu den Luftpolstern. Sicher angeschlossene Messschläuche leiten die Entlüftungsleckage zum Behälter zurück.

6. Worin besteht der Unterschied zwischen Entlüften und Beruhigen der Hydraulikflüssigkeit?

Durch das Entlüften kann freie Luft, die in den Leitungen, Ventilen und Verbrauchern ein Luftpolster bildet, entweichen. Durch das Beruhigen der Hydraulikflüssigkeit kann Luft aus der Hydraulikflüssigkeit selbst entweichen.

Arbeitsblatt B 3: Vertiefung Hydraulik
Umweltschutz durch Instandhaltung

Name: .... Klasse: .... Datum: ....

Lern- und Arbeitsaufgabe:

Entwickeln Sie bitte einen Ablaufplan zur Entlüftung eines Hydraulikaggregates! Dokumentieren Sie alle wesentlichen Arbeitshandlungen und Auswirkungen auf das Verhalten der Anlage! Notieren Sie, was Ihnen als beachtenswert bei der Umsetzung von Sicherheitshinweisen und umweltschutztechnischen Maßnahmen erscheint!

AUFTRAGSDATEN	
Bezeichnung des Hydrauliksystems	
Auftraggeber	
Auftragsbeschreibung	
Durchführende/r	
Datum und Uhrzeit der Wartung	
Angaben zu Arbeitsbedingungen	

Nr.	Handlung	Umweltschutz- und Sicherheitsmaßnahmen	Auswirkungen

Bemerkungen

Arbeitsblatt B 4:
Vertiefung Hydraulik
Umweltschutz durch Instandhaltung

Name: .... Klasse: .... Datum: ....

Lern- und Arbeitsaufgabe:

Fassen Sie bitte Ihre Ergebnisse zusammen, und füllen Sie die folgenden Leerfelder mit passenden und anschaulichen Beispielen zum Umweltschutz durch Instandhaltung von hydraulischen Systemen aus!

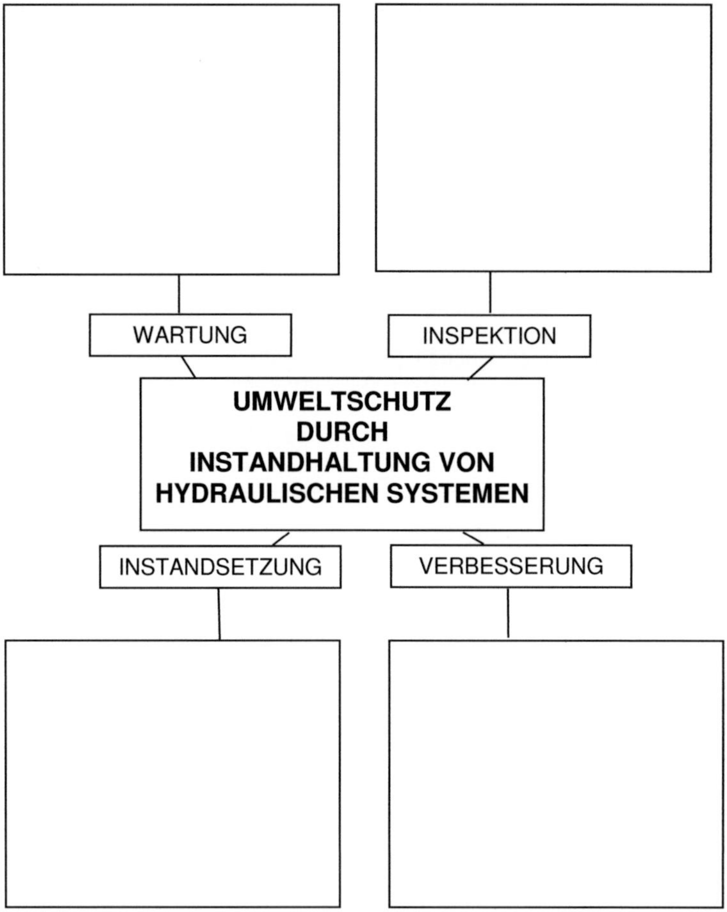

Arbeitsblatt C 1: Vertiefung Pneumatik
Umweltschutz durch Instandhaltung

Name: .... Klasse: .... Datum: ....

Ausgangssituation:
Tageszeitungen und Fachzeitschriften berichten regelmäßig über neue technische Lösungen zum umweltgerechten Betreiben von Maschinen und Anlagen. Oft nehmen wir diese Meldungen nicht sonderlich ernst, weil die vorgestellte Lösung gerade entwickelt worden ist. Ist sie also „nicht praxisgerecht“ oder doch?

Lern- und Arbeitsaufgabe:
Lesen Sie bitte die unten abgebildete Zeitungsnotiz!
Schreiben Sie auf, was Ihnen dabei zum Umweltschutz beim Betreiben der Druckluftanlage in Ihrer Firma einfällt!

Druckluftbilanzierungssystem

Das neue, digitale Messsystem Variomass von Dielen erlaubt eine Druckluftbilanzierung und damit Kostenoptimierung eines jeden Druckluftnetzes. Ein Sensor misst den Druckluftvolumenstrom druck- und temperaturkompensiert mit einem Messbereichsverhältnis von 1:1000 bei gleichbleibender Genauigkeit. Dadurch werden auch kleinste Durchflussmengen oder Leckagen direkt überwacht und ausgewertet.
Der Sensor ist so beschaffen, dass durch ihn kein messbarer Druckverlust in der Rohrleitung entsteht und dass er einfach und kostengünstig einzubauen ist. Eine separate Auswert-Elektronik zur Betriebsdatenerfassung erlaubt über Grenzwerterfassung und -überwachung, Grenzwertspitzenanzeige und Summierung in definierbaren Zeiträumen die zeitlich programmierbare Überwachung und Auswertung des Druckluftverbrauchs. Messbereich und die Rohrnennweite lassen sich ebenso wie alle notwendigen, analogen und digitalen Ausgangssignale direkt vor Ort über Tastatur vorgeben.

Zum Umweltschutz zur Druckluftanlage in meinem Betrieb fällt mir ein:

....

....

....

....

....

....

....

....

Lösungsvorschlag zum Arbeitsblatt C 1 (Beispiel): Vertiefung Pneumatik
Umweltschutz durch Instandhaltung

Name: .... Klasse: .... Datum: ....

Ausgangssituation:
Tageszeitungen und Fachzeitschriften berichten regelmäßig über neue technische Lösungen zum umweltgerechten Betreiben von Maschinen und Anlagen. Oft nehmen wir diese Meldungen nicht sonderlich ernst, weil die vorgestellte Lösung gerade entwickelt worden ist. Ist sie also „nicht praxisgerecht" oder doch?

Lern- und Arbeitsaufgabe:
Lesen Sie bitte die unten abgebildete Zeitungsnotiz!
Schreiben Sie auf, was Ihnen dabei zum Umweltschutz beim Betreiben der Druckluftanlage in Ihrer Firma einfällt.

Druckluftbilanzierungssystem

Das neue, digitale Messsystem Variomass von Dielen erlaubt eine Druckluftbilanzierung und damit Kostenoptimierung eines jeden Druckluftnetzes. Ein Sensor misst den Druckluftvolumenstrom druck- und temperaturkompensiert mit einem Messbereichsverhältnis von 1:1000 bei gleichbleibender Genauigkeit. Dadurch werden auch kleinste Durchflussmengen oder Leckagen direkt überwacht und ausgewertet.
Der Sensor ist so beschaffen, dass durch ihn kein messbarer Druckverlust in der Rohrleitung entsteht und dass er einfach und kostengünstig einzubauen ist. Eine separate Auswert-Elektronik zur Betriebsdatenerfassung erlaubt über Grenzwerterfassung und -überwachung, Grenzwertspitzenanzeige und Summierung in definierbaren Zeiträumen die zeitlich programmierbare Überwachung und Auswertung des Druckluftverbrauchs.
Messbereich und die Rohrnennweite lassen sich ebenso wie alle notwendigen, analogen und digitalen Ausgangssignale direkt vor Ort über Tastatur vorgeben.

Zum Umweltschutz zur Druckluftanlage in meinem Betrieb fällt mir ein:

Oft hört man es im Druckluftnetz zischen. Besonders Anschlussstellen sind oft undicht. Druckluftwerkzeuge und Druckluftpistolen werden oft nicht abgesperrt, wenn sie nicht mehr benötigt werden.

Dadurch entweicht unnötig Druckluft, und es geht Energie verloren. Wir verbrauchen insgesamt sehr viel Druckluft und damit Energie, die relativ teuer ist.

Sicher können wir Druckluft sparen und dabei auch Sicherheitsbestimmungen besser beachte. Man muss z. B. nicht mit Druckluft die Werkbank oder die Werkstatt reinigen.

Unsere Druckluft ist ziemlich ölig. Das riecht unangenehm und ist keinesfalls gesund. Öl dürfte für die Umwelt schädlich sein.

Unser Kompressor ist auch ziemlich laut und steht in der Nähe der Arbeitsplätze.

Arbeitsblatt C 2: Vertiefung Pneumatik
Umweltschutz durch Instandhaltung

Name: .... Klasse: .... Datum: ....

Ausgangssituation:
Druckluft ist ein notwendiges, aber teures Arbeitsmedium. Zum Erzeugen der Druckluft wird Energie benötigt. Verluste beim Erzeugen, Aufbereiten, Verteilen und Verwenden der Druckluft belasten unsere Energieressourcen unnötig.

Lern- und Arbeitsaufgabe:
Denken Sie bitte darüber nach, welche Verluste in der Druckluftanlage auftreten können! Ordnen Sie diese Verluste den Bereichen zu: Erzeugen, Aufbereiten, Verteilen, Verwenden! Ordnen Sie den Verlusten mögliche Ursachen zu! Markieren Sie bitte vermeidbare Verluste! Entwickeln Sie dazu eine Grafik – z. B. nach folgendem Schema!

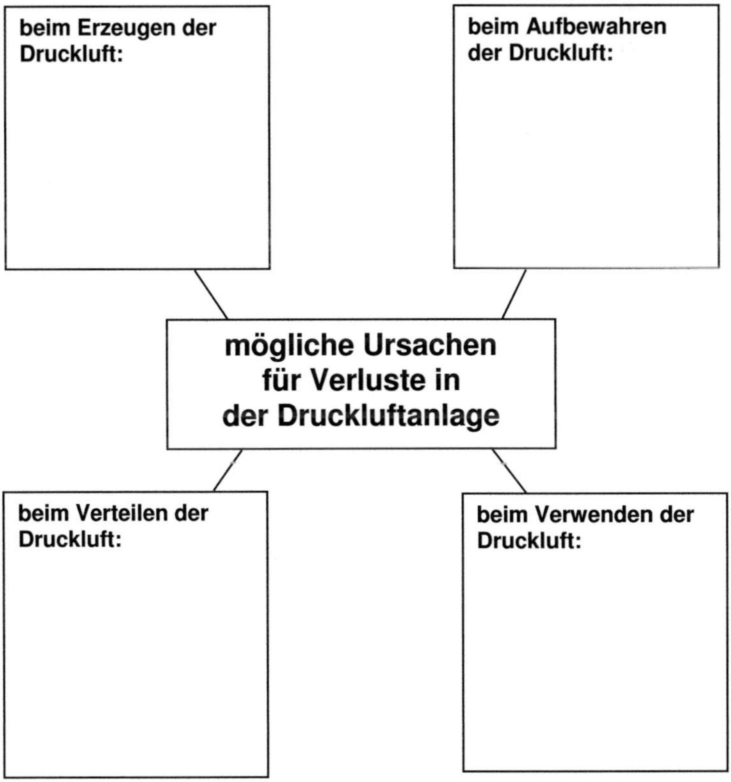

Lösungsvorschlag zum Arbeitsblatt C 2 (Beispiel): Vertiefung Pneumatik
Umweltschutz durch Instandhaltung

Name: .... Klasse: .... Datum: ....

Ausgangssituation:
Druckluft ist ein notwendiges, aber teures Arbeitsmedium. Zum Erzeugen der Druckluft wird Energie benötigt. Verluste beim Erzeugen, Aufbereiten, Verteilen und Verwenden der Druckluft belasten unsere Energieressourcen unnötig.

Lern- und Arbeitsaufgabe:
Denken Sie bitte darüber nach, welche Verluste in der Druckluftanlage auftreten können! Ordnen Sie diese Verluste den Bereichen zu: Erzeugen, Aufbereiten, Verteilen, Verwenden! Ordnen Sie den Verlusten mögliche Ursachen zu. Markieren Sie bitte vermeidbare Verluste! Entwickeln Sie dazu eine Grafik – z. B. nach folgendem Schema!

beim Erzeugen der Druckluft:

elektrische Verluste durch kostengünstige Kompressorregelung

(bedingt vermeidbar)

beim Aufbewahren der Druckluft:

Luftverluste beim Regenerieren der Einsätze in den Lufttrockner

(bedingt vermeidbar)

mögliche Ursachen für Verluste in der Druckluftanlage

beim Verteilen der Druckluft:
Luftverluste an undichten Verbindungsstellen (Leckageverluste) (vermeidbar)
Druckverluste in zu engen, langen oder winkligen Leitungen (bedingt vermeidbar)

beim Verwenden der Druckluft:
Luftverluste durch undichte Druckluftwerkzeuge (Leckge/vermeidbar)
Luftverluste durch unnötigen Luftverbrauch (z. B. zum Reinigen von Arbeitsplätzen)

Arbeitsblatt C 3: Vertiefung Pneumatik
Umweltschutz durch Instandhaltung

Name: .... Klasse: .... Datum: ....

Ausgangssituation:
Instandsetzungsarbeiten an Druckluftanlagen dulden in der Regel keinen Aufschub. Dabei sind Sofortmaßnahmen und langfristige Maßnahmen zu unterscheiden. Sofortmaßnahmen mindern eine zu große Belastung von Gesundheit und Umwelt. Langfristige Modernisierungsmaßnahmen sollten diese Belastungen ganz vermeiden oder vorgegebene Grenzwerte deutlich unterschreiten.

Lern- und Arbeitsaufgabe:
Schlagen Sie bitte erforderliche Sofortmaßnahmen sowie sinnvolle Modernisierungsmaßnahmen für die Druckluftanlage in Ihrem Betrieb vor! Planen Sie die erforderlichen Sofortmaßnahmen, und führen Sie die Instandsetzung durch! Nutzen Sie eine Dokumentationsform wie beispielsweise die Folgende!

Instandsetzungsmaßnahmen für eine Druckluftanlage (Vorschlag):

unnötige Belastung	abzustellende Ursache	Instandsetzungsmaßnahme			wann durchführen	
		kurze Beschreibung	Instandsetzung	Verbesserung	sofort	langfristig

Lösungsvorschlag zum Arbeitsblattblatt C 3 (Beispiel): Vertiefung Pneumatik
Umweltschutz durch Instandhaltung

Name: .... Klasse: .... Datum: ....

Ausgangssituation:
Instandsetzungsarbeiten an Druckluftanlagen dulden in der Regel keinen Aufschub. Dabei sind Sofortmaßnahmen und langfristige Maßnahmen zu unterscheiden. Sofortmaßnahmen mindern eine zu große Belastung von Gesundheit und Umwelt. Langfristige Modernisierungsmaßnahmen sollten diese Belastungen ganz vermeiden oder vorgegebene Grenzwerte deutlich unterschreiten.

Lern- und Arbeitsaufgabe:
Schlagen Sie bitte erforderliche Sofortmaßnahmen sowie sinnvolle Modernisierungsmaßnahmen für die Druckluftanlage in Ihrem Betrieb vor! Planen Sie die erforderlichen Sofortmaßnahmen, und führen Sie die Instandsetzung durch! Nutzen Sie eine Dokumentationsform wie beispielsweise die Folgende!

Instandsetzungsmaßnahmen für eine Druckluftanlage (Lösungsbeispiel):

unnötige Belastung	**abzustellende Ursache**	**Instandsetzungsmaßnahme**			**wann durchführen**	
		kurze Beschreibung	**Instandsetzung**	**Verbesserung**	**sofort**	**langfristig**
Leckage	*undichte Schnellkupplungen*	*Kupplungen austauschen und instandsetzen*	**x**		**x**	
Leckage	*undichte Verbindungsmuffen*	*Muffen tauschen, ggf. Strang ersetzen, z. B. durch Kunststoffrohr mit Klebetechnik*	**x**		**x**	
Leckage	*Ausblasen ölhaltiger Luft*	*Abluft rückführen und filtern*	**x**		**x**	
ölhaltiges Kondensat	*nicht ölfreier Verdichter, Öl im Druckluftnetz*	*Umstellen auf Komponenten für ölfreie Luft, neuer Verdichter/neue Wartungseinheiten*		**x**		**x**
Schall über 70 dBA	*Kolbenverdichtung*	*neuer Kompressor (z. B. Schraubenkompressor)*		**x**		**x**

Arbeitsblatt C 4: Vertiefung Pneumatik
Umweltschutz durch Instandhaltung

Name: .... Klasse: .... Datum: ....

Lern- und Arbeitsaufgabe:

Fassen Sie bitte Ihre Ergebnisse zusammen, und füllen Sie die folgenden Leerfelder mit passenden Beispielen zum Umweltschutz durch Instandhaltung von pneumatischen Systemen aus!

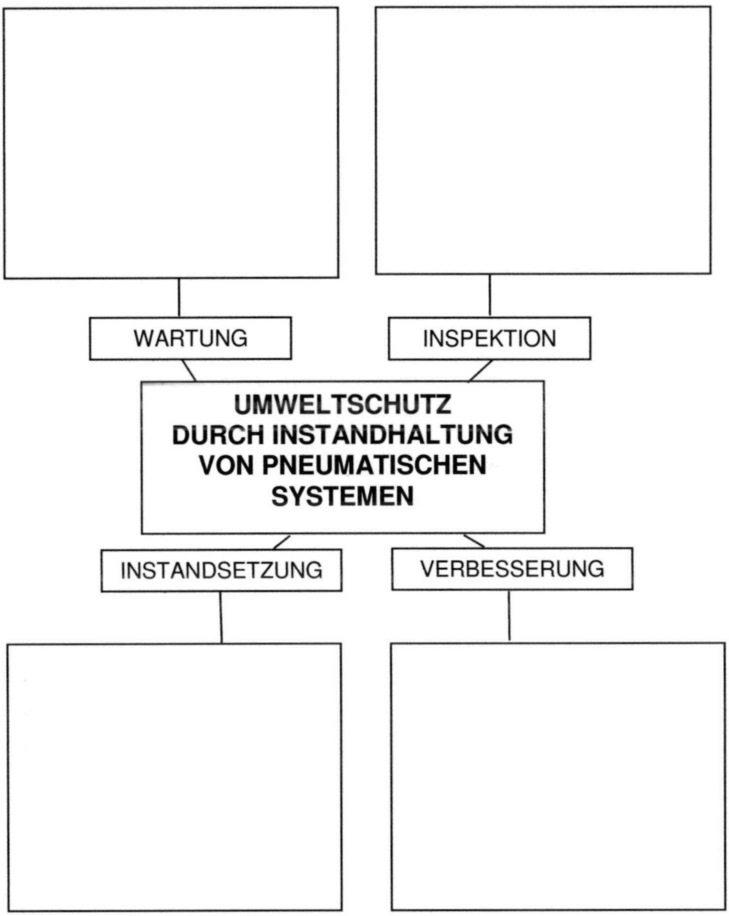

Reflexion der Unterrichtseinheit

Es hat sich gezeigt, dass mit durchgeführten Vorhaben in Form einer übergeordneten Lern- und Arbeitsaufgabe, die in Teilaufträgen bearbeitet worden ist, den Lernenden die große Bedeutung und Tragweite der Instandhaltung für den Umweltschutz verdeutlicht werden kann. So haben die Schülerinnen und Schüler die Gelegenheit, sowohl Grundsätzliches, aber auch spezifische Möglichkeiten des Umweltschutzes durch Instandhaltung zu erarbeiten und ihre Ergebnisse anderen mitzuteilen. Dabei geht es insgesamt nicht ausschließlich um einzelne Bezüge zwischen Technik und Umwelt, sondern insbesondere auch um die Verknüpfung unterschiedlicher Schwerpunkte dieses komplexen Themenfeldes zu einem weitgehend geschlossenen Ganzen.

Es erscheint aus unterrichtsplanerischer Sicht empfehlenswert, die komplexe Lern- und Arbeitsaufgabe – insbesondere wenn die Schülerinnen und Schüler selbstständiges Lernen und Arbeiten noch nicht so gewöhnt sind – in Teilschritte aufzulösen. So können in einem ersten Arbeitsbereich Grundlagen gemeinsam erarbeitet werden – eine Basis also, von der aus die Lernenden in einem aufbauenden zweiten Arbeitsbereich Schwerpunkte vertiefen.

Der Grad und der Umfang selbstgesteuerten Lernens und Arbeitens kann – je nach den Erfahrungen und dem Vorwissen der Lernenden im Umgang mit offenen Lernformen – wahlweise erhöht bzw. verringert werden. So ist von der Lehrkraft beispielsweise zu entscheiden, ob die Schülerinnen und Schüler die Arbeitsblattvorlagen im Maßstab 1:1 übernehmen oder nur als Orientierungshinweise erhalten. Eine in hohem Maß auf Selbstständigkeit von Lernenden angelegte Umsetzung der Lern- und Arbeitsaufgabe verzichtet dagegen teilweise oder sogar ganz auf die Ausgabe der Arbeitsblätter und gibt stattdessen nur eine skizzenhafte Umschreibung der einzelnen Arbeitsaufträge. Vorstellbar ist bei leistungsstarken Lerngruppen überdies eine Beschränkung von konkreten Lernaufträgen im gemeinsamen ersten Arbeitsbereich – als inhaltliche Basis für die gänzlich freie Themenwahl im zweiten Arbeitsbereich.

Insgesamt ist auf einen inhaltlichen und thematischen Zusammenschluss unterschiedlicher Bearbeitungsschwerpunkte am Ende des Verfahrens hinzuwirken. Gerade diese Vorgabe fördert neben dem selbstständigen Arbeiten (im ersten Arbeitsschnitt) gerade auch das kooperative Vorgehen der Lernenden (im zweiten Arbeitsbereich), was sich schließlich durch die mediale Orientierung der Unterrichtskonzeption auf die Maßgabe einer schulischen Ausstellung nachdrücklich unterstützen lässt.

Abschließende Bemerkungen

Mit der vorgelegten Sammlung ausgewählter Unterrichtsbeispiele kann selbstverständlich nicht die gesamte Bandbreite möglicher und in den berufsbildenden Schulen vorliegender Konzepte für Lernsituationen oder Lernsequenzen aus dem Bereich der Instandhaltung abgedeckt werden. Die Auswahl der hier vorgestellten innovativen Beispiele ist zwar in gewissem Grade auch vom Zufall bestimmt, aber selbstorganisiertes und kooperatives Lernen sollte in jedem einzeln betrachteten Fall im Mittelpunkt stehen. Als nicht möglich bzw. auch nicht sinnvoll wird eingeschätzt, in einer überschaubaren Sammlung Unterrichtsbeispiele aus sehr verschiedenen Technikbereichen einzubeziehen. Selbstverständlich bietet z. B. der Unterricht in Klassen des Ausbildungsberufs „Kraftfahrzeugmechatroniker/-in“ eine große Palette solcher instandhaltungsbezogener Beispiele, weil Wartung, Inspektion und Instandsetzung (sowie in begrenztem Maße auch Verbesserung) eine wesentliche Komponente der Facharbeit für jenen Beruf darstellt. In dieser Zusammenstellung werden vielmehr vorrangig die industriellen Metallberufe und dabei in erster Linie der Ausbildungsberuf „Industriemechaniker/-in“ bedient, u. a. auch deshalb, weil er noch immer zu den am stärksten nachgefragten Ausbildungsberufen überhaupt zählt und ein breites Spektrum „klassischer“ Metallfacharbeit abdeckt. Selbstverständlich können die Beispiele aber Anregungen nicht nur Lehrkräften aus dem Metallbereich geben, da Ideen, methodische Kniffe, Arbeitsmaterialien etc. durchaus auch für Unterricht in anderen Berufen und Berufsfeldern übernommen werden können. Dass hierzu eine Modifikation entsprechend der spezifischen Bedingungen vor Ort notwendig ist, muss nicht extra betont werden. Die vorgestellten Unterrichtsbeispiele haben allerdings ihre Praxiserprobung – oft in mehreren Durchläufen – bereits hinter sich. Das bedeutet aber nicht, dass sie nicht auch durch zusätzliche Erfahrungen weiter verbessert werden könnten.

Berücksichtigt werden sollte außerdem, dass in den Unterrichtsbeispielen zum Teil sehr verschiedene Anspruchsniveaus angesprochen werden. Damit soll der berufsschulischen Realität Rechnung getragen werden, da dort Schülerinnen und Schüler mit unterschiedlichen Lernvoraussetzungen zusammenkommen.

Wie Unterrichtskonzepte zur Instandhaltung in kommenden Jahren oder Jahrzehnten aussehen werden, kann niemand seriös vorhersagen. Sicherlich wird die Einbindung von Computertechnik zunehmen. Zu erwarten ist u. a., dass virtuelle Lernumgebungen das Lernen für die Instandhaltungsfacharbeit in dreidimensionalen Räumen auf dem Bildschirm zumindest ergänzen, wenn nicht sogar in einigen Bereichen dominieren wird. Das kann aber den Realkontakt mit Objekten nicht ersetzen.

Wir bedanken uns bei allen mitwirkenden Lehrkräften für die entwickelten Unterrichtskonzepte, die Ideen und vielfältigen Rückmeldungen. Zudem hoffen wir, dass wir mit der Veröffentlichung dieser Sammlung von Unterrichtsbeispielen der Lehrerschaft auch einiges zurückgeben konnten.

Mitwirkende

An der Ausarbeitung der Unterrichtsmaterialien zur Instandhaltungsausbildung waren bei den Projektpartnern viele Personen beteiligt. Deren Planungen und Konzepte flossen teilweise in den vorliegenden Band ein. Im Einzelnen wirkten an der Entwicklung der Unterrichtsbeispiele mit:

Mitwirkende an den Modellversuchsschulen

Oberstufenzentrum Elbe-Elster (OSZ EE), Schulteil Elsterwerda:

Katharina Trautmann-Blasius, StR, Dipl.-Ing.
Arnfried Haubold, StR, Ing.-Päd.
Ulrike Kühn-Meinert, Dipl.-Päd.
Bernd Schmidt, Ing.-Päd.
Frank Thiemig, StR, Ing.-Päd.

Staatliches Berufsbildungszentrum Saale-Orla-Kreis (SBBZ SOK), Schulteil Pößneck:

Frank Mylius, Ing.-Päd.
Ralf Johannes, Ing.-Päd.
Ulrich Walther, StR

Weitere Mitwirkende:

Detlef Böse, OStR
Stefan Jungblut, StR
Maike-Svenja Pahl, StR
Lars Wichmann, StR
Helge Winkler, StR

Rahmen-curriculum Instandhaltung

Jörg-Peter Pahl,
Volkmar Herkner (Hg.)
Rahmencurriculum Instandhaltung
Berufsbildung, Arbeit und Innovation – Studientexte, 3
2007, 222 S.,
14,90 € (D)/26,90 SFr
ISBN 978-3-7639-3407-2
Best.-Nr. 6001697

Unter Berücksichtigung der Neuordnung der Metall- und Elektroberufe sowie der DIN 31051 und der EN 13306

Der Bereich Instandhaltung ist für viele Berufe wie auch für gewerblich-technische Ausbildungen relevant. Die Autoren legen ein Curriculum für den abgegrenzten Handlungsbereich Instandhaltung vor, das für mehrere Berufe anwendbar ist.

Das Curriculum entwirft keinen Gegenplan zu den bestehenden Bildungsplänen, sondern stellt eine Ergänzung für den Bereich Instandhaltung vor und bietet die Möglichkeit, Teilcurricula für Ausbildungsphasen verschiedener Berufe und Lernorte abzuleiten.

www.wbv.de

W. Bertelsmann Verlag

Bestellung per Telefon **0521 91101-11** per E-Mail **service@wbv.de**

wbv

Handlungs- und prozessorientiertes Lernen

Methodische und didaktische Modelle zur Instandhaltung

Die Instandhaltung von Maschinen und Anlagen ist ein anspruchsvoller Teil der gewerblich-technischen Aus- und Weiterbildung. Zu diesem Thema stellt der Band 25 Unterrichtsverfahren vor, mit denen Lehrkräfte das berufliche Lernen im Bereich "Arbeit und Technik" gemäß §3 der Ausbildungsordnung handlungs- und prozessorientiert gestalten.

Dazu nutzen die vorgestellten Verfahren verschiedene Medien und leiten zu hoher Selbststeuerung und Koordination an. Die Verfahren sind in erster Linie für den Einsatz an gewerblich-technischen Schulen konzipiert, können aber auch in der betrieblichen Aus- und Weiterbildung eingesetzt werden.

Jörg-Peter Pahl,
Volkmar Herkner (Hg.)
Instandhaltungs-orientierte Unterrichtsverfahren
Eine Arbeitsunterlage für den unterrichtspraktischen Gebrauch
Berufsbildung, Arbeit und Innovation – Studientexte, 4
2007, 185 S.,
14,90 € (D)/26,90 SFr
ISBN 978-3-7639-3406-5
Best.-Nr. 6001696

www.wbv.de

W. Bertelsmann Verlag

Bestellung per Telefon **0521 91101-11** per E-Mail **service@wbv.de**